Führungswissen

Von
Prof. Dr. Heinz K. Stahl

ERICH SCHMIDT VERLAG

Bibliografische Information der Deutschen Nationalbibliothek
Die Deutsche Nationalbibliothek verzeichnet diese Publikation in der
Deutschen Nationalbibliografie; detaillierte bibliografische Daten
sind im Internet über http://dnb.d-nb.de abrufbar.

Weitere Informationen zu diesem Titel finden Sie im Internet unter
ESV.info/978 3 503 14418 1

Gedrucktes Werk: ISBN 978 3 503 14418 1
eBook: 978 3 503 14419 8

Alle Rechte vorbehalten
© Erich Schmidt Verlag GmbH & Co. KG, Berlin 2013
www.ESV.info

Dieses Papier erfüllt die Frankfurter Forderungen
der Deutschen Nationalbibliothek und der Gesellschaft für das Buch
bezüglich der Alterungsbeständigkeit und entspricht
sowohl den strengen Bestimmungen der US Norm Ansi/Niso
Z 39.48-1992 als auch der ISO-Norm 9706

Satz: Andreas Quednau, Haan
Druck und Bindung: Hubert & Co., Göttingen

Prolog

„Sein Fachwissen in allen Ehren, aber in der neuen Position wird er Führungsqualitäten beweisen müssen." Ermahnungen dieser Art sind nicht neu. Sie stellen unserer Wirtschaft an sich kein schlechtes Zeugnis aus, denn Fachwissen ist eine kostbare Ressource, die nicht einfach so im Vorübergehen zu haben ist. Das Wort „aber" in diesem Zeitungsbericht über eine große Bank signalisiert allerdings Vorsicht oder sogar Bedenken. Hat der neue Mann (die neuen Frauen werden schon noch kommen!) diese Führungsqualitäten in die Wiege gelegt bekommen? Dann bräuchte er sie ja nur abrufen, und die Welt wäre in Ordnung. Außerdem schafft auch das Elternhaus Voraussetzungen dafür, im späteren Leben einmal anderen vorangehen zu können. Und wenn „der Neue" diese Führungsfähigkeiten erst „erlernen" müsste? Ja, dann wäre es zwar etwas spät, aber mit gesundem Menschenverstand (und den hat er offensichtlich), mit den richtigen Vorbildern (davon kann man nie genug haben) und etwas maßgeschneidertem Coaching ist das sicher zu schaffen.

„Führung" wird auf diese Weise – vielleicht unbeabsichtigt, das sei schon konzediert – zu einem Nachgedanken. Zuerst muss die Tüchtigkeit, im Sinne des „Tauglichseins", bewiesen werden; und das geschieht am besten durch die Anwendung von Sachwissen. Dann darf geführt werden. Ein internationaler Versicherungskonzern, der sich mit diesem Widerspruch seit langem auseinandersetzt, schrieb sich den Wahlspruch „Führung als Profession" auf seine Fahne (die nach den Finanzkrisen der letzten Zeit wieder gehisst wurde). Wer Führung als seine Profession betrachtet, braucht dafür ein bestimmtes Wissen. Ein Wissen, das er dann mit bestimmten Fähigkeiten und Fertigkeiten zu einer „Kompetenz", der Führungskompetenz, verknüpfen kann.

Anders als in den Naturwissenschaften, wo Begriffe wie etwa Energie, pH-Wert oder Gen eindeutig definiert sind, ist das Führungswissen nur schwer zu greifen. Das liegt zum einen an seiner Nähe zu den Sozialwissenschaften, die auf das Interpretieren von Beobachtetem angewiesen sind. Zum anderen ist es heute trendig geworden, Begriffe rund um das Gebiet „Management" in die Alltagssprache einzuschleusen und so lange zu kneten, bis ihr Inhalt beliebig geworden ist. Einige dieser Begriffe wie Kommunikation, Motivation, Macht oder Team wieder zurechtzurücken, ist das erste Anliegen dieses Buches. Das zweite besteht darin, aktuelle Führungsthemen aufzugreifen und ihren momentanen Wissensstand zu skizzieren. Schließlich sollen auch Erfahrungen aus der Führungspraxis vermittelt und die Leserin und der Leser zu praktischen Anwendungen angeregt werden.

Die beiden Eckpunkte des Spektrums an Themenfeldern – A wie „Abbilden" und Z wie „Zuhören" – verdanke ich, wie viele andere Gedanken zu diesem Buch, meinen lernfreudigen Seminar-TeilnehmerInnen. So zitierte einmal die Marketingleiterin eines Markenartikelunternehmens ihren obersten Chef mit den Worten:

„Meine Manager sollen mir die Welt da draußen so exakt wie möglich abbilden, und ich treffe dann die richtigen Entscheidungen." Und beim Buchstaben Z erinnerte ich mich an die Restaurantleiterin eines großen Tourismusunternehmens, die klagte: „Ich habe jahrlange darum gekämpft, wenigstens einmal im Jahr ein vernünftiges Gespräch mit meinem Vorgesetzten zu führen. Jetzt darf ich zwar reden, aber er hört mir nicht zu."

„Alles Wissen ist vorläufig", meinte einmal der Philosoph KARL POPPER. Dass aus „vorläufig" nicht „beiläufig" geworden ist, verdanke ich drei Freunden, die sich wissenschaftlich und praktisch der Philosophie einer professionellen Führung verschrieben haben: HANS RUDI FISCHER, Gründer und Leiter des Zentrums für systemische Forschung und Beratung in Heidelberg, einem der Vordenker postklassischer Führung, der als Philosoph und Therapeut in Goethes Mephisto nicht nur den Geist sieht, „der alles verneint", sondern auch den gestandenen Praktiker: „Was ihr nicht tastet, steht euch meilenfern, was ihr nicht fasst, das fehlt euch ganz und gar ..."; JOHANNES STEYRER, Professor in der Interdisziplinären Abteilung für Verhaltenswissenschaftlich Orientiertes Management an der Wirtschaftsuniversität Wien, der seit vielen Jahren das Thema Führung aus verschiedensten Perspektiven ausleuchtet; und nicht zuletzt ROLF NEGELE, Personalvorstand des Diakonischen Werkes Rosenheim, der es versteht, postklassische Führungsphilosophie in dem höchst anspruchsvollen Gebiet der sozialen Dienste erfolgreich in die Praxis umzusetzen.

Innsbruck, im November 2012   Heinz K. Stahl

Inhaltsverzeichnis

Prolog 5
    Abbilden 9
    Achtsamkeit 13
    Alter 17
    Alternsmanagement 21
    Angst 25
    Authentizität 28

    Balancieren 32

    Charisma 35
    Coaching 38
    Commitment 41

    Delegieren 44
    Distanz 47

    Emergenz 51
    Emotionen 54
    Emotionsarbeit 57
    Empathie 60
    Empowerment 63
    Entscheiden 65
    Entschleunigen 68

    Flow 71
    Fragen 74
    Führung 78
    Führungsbeziehung 82
    Führungsgrundsätze 84
    Führungspathologien 87
    Führungsstil 90

    Gerechtigkeit 93
    Geschlechter 96

    Heuristische Kompetenz 100
    Humankapital 103

    Individualisierung 106
    Information 110
    Inszenatorische Kompetenz 114

    Kommunikation 117
    Komplexität 121
    Konflikt 124
    Konfliktdynamik 126

Konflikthandhabung	129
Kontingenz	132
Kooperation	135
Lachen	138
Leistungsmotivation	141
Lob	145
Macht	149
Machtprozess	152
Machtquellen	154
Meditation	158
Menschenbild	161
Mentoring	165
Mikropolitik	168
Moral	171
Narzissmus	174
Organisationskultur	178
Persönlichkeit	182
Persönlichkeitstests	187
Ressourcenorientierung	192
Schwarmverhalten	195
Selbstmanagement	199
Sinn	203
Sprache	207
Storytelling	211
Symbole	214
Team	218
Überzeugen	222
Vertrauen	226
Vision	229
Vorbildwirkung	233
Wertedynamik	236
Zufriedenheit	240
Zuhören	244
Epilog	247
Literaturverzeichnis	249
Personenregister	259
Stichwortregister	263

Abbilden

Vor einigen Jahren verbot der Stadtrat der italienischen Stadt Monza, Goldfische in Kugelaquarien zu halten. Der Initiator erklärte das Verbot unter anderem damit, dass es grausam sei, einen Fisch in einer Goldfischkugel schwimmen zu lassen, da er beim Blick durch die gekrümmten Wände ein verzerrtes Bild der Wirklichkeit erhalte (HAWKING/MLODINOW 2010). Zur Ehrenrettung der Monzeser Tierfreunde muss gesagt werden, dass sie einfach einer uralten Erkenntnistheorie folgten, die sich bis heute hartnäckig hält. Für den ionischen Naturphilosophen DEMOKRIT (ca. 460–380 v. Chr.), der sich die Welt – gar nicht so verkehrt – aus unendlich vielen kleinsten Elementen, den Atomen, zusammengesetzt dachte, war Erkenntnis (als Ergebnis des Erkenntnisvorgangs) einfach ein *Spiegelbild* des zu Erkennenden.

Irgendwie erscheint uns die Annahme einer objektiven, unabhängig von uns existierenden Realität, die wir im Kopf widerspiegeln, plausibel und einigermaßen alltagstauglich zu sein. Das ist bei Führung nicht anders. Wer andere Menschen führen will, muss eben imstande sein, „die Welt", sofern sie für ihn wichtig ist, so präzise wie möglich „abzubilden", um daraus die „richtigen" Entscheidungen abzuleiten. Nach der klassischen Führungslehre wird dem Führenden diese Fähigkeit entweder in die Wiege gelegt oder sie wird durch Erfahrung erworben.

Hier kommt ein zweites historisches Erbe zum Tragen, das mechanistische Weltbild des siebzehnten Jahrhunderts. Zwar nötigen uns die Exzesse dieses Weltbilds heute nur mehr ein Schmunzeln ab. Man denke an die reichlich bebilderten Bücher des Philosophen RENÉ DESCARTES (1596–1650), in denen der menschliche Körper meist als Automat dargestellt wird (wobei DESCARTES vermutlich gar nicht so technizistisch dachte, wie ihm unterstellt wird; es dürften vielmehr die Illustratoren und Herausgeber gewesen sein, die sich hier austobten). Egal, die Vorstellung des Abbildens lebt heute weiter: Ein Objekt erzeugt im Beobachter auf physikalischem Wege bestimmte Sinneseindrücke, die zu dem wahrgenommenen Objekt in einer Abbildbeziehung stehen. Auf der Netzhaut entstehen dann die Sehbilder, im Innenohr die Hörbilder, und so fort.

Sowohl aus dem Blickwinkel der Philosophie als auch dem der Naturwissenschaft ist die Abbildtheorie nicht mehr zu halten. Die Aufnahme von Reizen über die Sinne bewirkt keineswegs eine Abbildung der „Realität". Überspitzt formuliert, sehen wir nicht mit den Augen und hören wir nicht mit den Ohren, sondern mit dem Gehirn. Blinde Menschen berichten, dass sie immer noch in Bildern träumen. Im Traum werden Hör- und Tastreize in erlebte Bilder umgewandelt (PÖPPEL 2008). Auch sehen wir oft etwas „Unwirkliches", belegen es aber in Gedanken rasch mit dem passenden Begriff. Der Expressionist FRANZ MARC malte z. B. blaue Pferde, grüne Kühe und lila Füchse. Dennoch haben die meisten Menschen kein Problem, hinter dieser „Entartung" (ein Lieblingsbegriff des NS-Regimes) das zu erkennen, was ihrer Erfahrung nach „stimmt".

Unser Gehirn ist ferner ständig auf der Suche nach Mustern, um neu entstandene Informationen in bereits vorhandene einzuordnen. Dies ist notwendig, um die

Fülle an Reizen überhaupt bewältigen zu können. Wahrnehmungen hängen auch vom Kontext ab, in den ein Objekt eingebettet ist. So wird z. B. eine Kugel. die von kleineren Kugeln umrahmt ist, als größer wahrgenommen, als exakt dieselbe Kugel, die von größeren Kugeln umgeben ist. Wahrnehmung ist ferner mit den Einstellungen gegenüber Dingen verbunden. Die physisch gleich große Münze erscheint dem Bettler größer als dem Reichen. Experimentelle Demonstrationen und Analysen zeigen zudem, dass Wahrnehmungen auch Merkmale besitzen, die aus den physischen Merkmalen gar nicht ableitbar sind. So werden z. B. „fehlende" Teile eines Bildes durch sinnvolle *Extrapolation* vervollständigt, wie Abbildung 1 zeigt (nicht in allen Kulturen läuft diese Komposition allerdings auf einen Dalmatiner hinaus; eine Gruppe thailändischer Studenten, denen dieses Bild in einem Seminar gezeigt wurde sahen darin eine Meeresgischt, einen löchrigen Boden oder nichts Bestimmtes). Unser Gehirn wird jedenfalls von Geburt an trainiert, intensiv mit Analogieschlüssen und Hypothesen zu arbeiten.

Abb. 1: *Das kluge Gehirn weiß, was es zu sehen hat.*
Quelle: RICHARD L. GREGORY 2001, S. 27.

Wer Führungsverantwortung übernommen hat, muss Abschied nehmen von der Vorstellung eines Abbildens von Wirklichkeit. Die Wissenstheorie des *Konstruktivismus* bietet hierfür mehr als einen bloß adäquaten Ersatz. Ihr geistiger Vater, der Philosoph ERNST VON GLASERSFELD (1917–2010), entdeckte schon früh den Umstand (den man auch „sprachliches Relativitätsprinzip" nennt), dass der Zugang zur Welt in jeder Sprache ein anderer ist und dass damit jede Sprache eine andere begriffliche Welt bedeutet. Wir haben keinen Zugang zu einer *ontischen* (das Sein betreffenden) Welt, die einfach da ist, um von uns „erkannt" zu werden. Das Gehirn als zentrales Wahrnehmungsorgan ist operational geschlossen. Es kann zwar über seine Sinnesorgane durch Signale aus der Umwelt erregt werden. Diese Erregungen enthalten jedoch keine bedeutungshaften und verlässlichen Informationen über diese Umwelt.

Die Biologen HUMBERTO MATURANA und FRANCISCO VARELA (2011) bestehen z. B. darauf, dass in einem in der visuellen Hirnrinde entstehenden optischen Bild nur ein Hundertstel von den Nervenverbindungen der Netzhaut stammt. 99 % rührten von Nervenverbindungen her, die von bereits in der Vergangenheit angelegten Strukturen gespeist werden. Das Gehirn muss also über den Vergleich und die Kombination von sensorischen Elementarereignissen Bedeutungen erzeugen und diese Bedeutungen anhand interner Kriterien überprüfen. Aus solchen Bausteinen wird dann Wirklichkeit geschaffen.

Die Begriffe „Wahrheit" und „Objektivität" geraten damit zur Illusion. GLASERSFELD (1997) schlägt deshalb vor, sie durch „Wissen" zu ersetzen. Wirklichkeit besteht für ihn aus jenem Wissen, das sich in unseren bisherigen Erfahrungen als angemessen oder brauchbar erwiesen hat. Diese Auffassung zeigt, wie eng die Wissenstheorie des Konstruktivismus mit der Philosophie des *Pragmatismus* verbunden ist. Dessen Credo lautet – in Abwandlung des Bibelzitats „An ihren Früchten sollt ihr sie erkennen" –, dass man eine Sache nur an ihrer *Wirkung*, nicht aber an ihren Wurzeln erkennen könne. Wissen entsteht aus dem praktischen Umgang mit den Dingen.

Wenn die *Wirklichkeit* ein Konstrukt des Gehirns ist, so muss es eine Welt geben, in der das Gehirn, der Konstrukteur, tatsächlich existiert (ROTH 1998, S. 324). Diese außerhalb unseres Bewusstseins liegende Welt ist die *Realität*. Sie ist uns, erkenntnistheoretisch gesehen, vollkommen unzugänglich. Mit der Unterscheidung zwischen Wirklichkeit und Realität lässt sich nun erklären, wie die wahrgenommenen Dinge aus dem Kopf „nach draußen" kommen (die Tastatur zu meinem PC ist zweifellos „real", und das Auto, in das ich einsteige, ist kein „Hirngespinst"). Das Gehirn besitzt – teils angeborene, teils erworbene – Prinzipien, nach denen es die unterschiedlichen Dinge den passenden Bereichen zuordnet: Die Tastatur gehört zur Außenwelt, mein Bein zu meinem Körper, meine Gefühle zu meinem Ich. Alle drei – die Außenwelt, mein Körper und das Ich – sind *„wirklich"*, aber nicht *„real"*. Sind bestimmte Hirnfunktionen gestört, dann kann diese Zuordnung zusammenbrechen. Dann kann jemand die Schatten und Stimmen fremder Leute in seinem Kopf erleben oder seinen Körper als etwas Fremdes empfinden.

Wirklichkeit entsteht also weder durch ein Abbilden von Realität, noch entsteht Realität dadurch, dass Wahrgenommenes über die Sinnesbahnen quasi nach außen projiziert wird. Alle erlebten Vorgänge zwischen mir und meinem Körper, zwischen mir und der Außenwelt, zwischen meinem Körper und der Außenwelt laufen innerhalb der Wirklichkeit ab (ROTH 1998, S. 316). Sie ist definitionsgemäß immer subjektiv und kann daher weder „richtig" noch „falsch" sein. Sie muss lediglich „passen", das heißt, sie muss sich im praktischen Handeln bewähren und damit zum erfolgreichen Überleben ihres „Konstrukteurs" beitragen. Sie muss, in den Worten ERNST VON GLASERSFELDS (1992), „viabel" sein. Die *Viabilität* ist das entscheidende Kriterium des Konstruktivismus.

Wer andere Menschen führen will, wird dies nur mit einer Grundhaltung der Toleranz anderen Menschen und anderen Meinungen gegenüber bewerkstelligen können. Um andere Wirklichkeiten zu respektieren, ist es sinnvoll, „Deutungsgemeinschaften" zu bilden, in denen man sich in unterschiedliche Wirklichkeiten hineindenken kann und dabei vielleicht auch noch eigene „blinde Flecken" entdeckt („Wir sind blind gegenüber unserer eigenen Blindheit", so der Physiker und Philosoph HEINZ VON FOERSTER). Diese Konstruktionen der Welt sind aber nicht nur individuelle Konstruktionen. Sie sind immer auch – sieht man von den Eremiten ab – in sozialen Beziehungen verankert. Wenn jedes Individuum seine eigene Welt konstruierte, gäbe es kaum Gemeinsamkeiten. Wissen über die Welt ist jedoch immer auch von kulturellen und historischen Faktoren geprägt. Die Bildung von „Deutungsgemeinschaften" bedeutet nun z. B., dass Organisationen mehr (!) Meetings benötigen. Allerdings nicht zur taktischen Absicherung, als Feigenblattfunktion oder um Entscheidungen aufzuschieben, sondern um innere Bilder untereinander auszutauschen und gemeinsame Bilder entstehen zu lassen (STAHL/HEJL 1997).

Der Psychologe KENNETH GERGEN, ein Vertreter des Sozialen Konstruktionismus (kein Druckfehler, GERGEN möchte sich damit vom Konstrukt*ivis*mus abgrenzen), greift die Idee der Deutungsgemeinschaften auf seine Weise auf. Er tritt für eine Polyphonie, eine Vielstimmigkeit möglicher Sichtweisen ein, die alle berücksichtigt und respektiert werden sollten (GERGEN 2002). Viele unterschiedliche Geschichten zur ähnlichen Situation erweitern aus GERGENs Sicht unsere Möglichkeiten, neue Wirklichkeiten zu schaffen. GERGEN selbst gibt z. B. seinen Studierenden seit einigen Jahren die Gelegenheit, eine Hausarbeit ihrer Wahl auch als Bild, Theaterstück, Film oder Ähnliches einzureichen. Solche individuellen Ausdrucksformen erweiterten das Spektrum des Miteinanders. Diese Vielstimmigkeit regt auch zum Nachdenken über sich selbst an. Selbstreflexivität befähigt uns, all das anzuzweifeln, was wir normalerweise für „wahr" halten. Wir erkennen plötzlich die Grenzen jener Werte, die wir in unserem Leben als grundlegend betrachten. Indem wir andere ermutigen, dasselbe zu tun, lassen sich, so GERGEN, neue gemeinschaftliche Wirklichkeiten schaffen und Gegnerschaften abbauen.

Achtsamkeit

Achtsamkeit (engl. *mindfulness*) geht sowohl über die bloße Konzentration als auch die schon bei Kindern angemahnte Aufmerksamkeit hinaus. *Konzentration* bedeutet, dass wir unsere Gedanken ausschließlich auf ein Objekt richten. *Aufmerksamkeit* ist wiederum die Voraussetzung für Konzentration, denn wir müssen aus den unzähligen Reizen, denen wir ständig ausgesetzt sind, zuerst jene auswählen, die unser Interesse verdienen und somit in unser Bewusstsein gelangen dürfen. Aufmerksamkeit ist ein immer knapper werdendes Gut, wie GEORG FRANCK (1998) als einer der ersten zeitkritisch feststellte. Und sie ist kulturabhängig. So sind für Menschen westlicher Kulturen Details sehr wichtig (etwa beim Betrachten eines Bildes), während es Menschen ostasiatischer Herkunft vorziehen, Objekte stärker mit ihrem Hintergrund zu verbinden (was mit dem Vorrang der Harmonie gegenüber der Eingrenzung erklärt werden könnte).

Achtsamkeit ist noch voraussetzungsreicher als Aufmerksamkeit. Achtsame Menschen sind imstande, auf Stereotypen zu verzichten und sich vielleicht sogar von festgefahrenen Vorurteilen zu befreien. Der Ursprung der Achtsamkeit liegt im Buddhismus mit seiner dreifachen Ausrichtung auf Körper, Rede und Geist. In der Achtsamkeit registrieren wir das Wahrgenommene, ohne es sofort mit unseren Gedanken und Gefühlen und unserer Sprache gefangen zu nehmen. Wir werden uns bewusst, wie sehr unsere Sichtweise unzweckmäßig, eingeschränkt oder verengend sein kann, und dass man die Dinge eben auch aus anderen Blickwinkeln betrachten kann.

Achtsam sind wir *nicht*, wenn wir uns vom „Autopiloten" im Gehirn steuern lassen. Dieser leistet uns zwar unverzichtbare Dienste, indem er sich energiesparend um jene unfassbare Menge von 11 Millionen Bits (immerhin 1,4 Megabytes) kümmert, die in jeder Sekunde des bewussten Erlebens auf uns einprasseln. Hier haben die eingeschliffenen Gewohnheiten den Vorrang. Veränderungen und neue Lösungswege sind im Autopiloten nicht vorgesehen. Dafür muss unser Bewusstsein einspringen, und zwar mit mickrigen 40 bis 50 Bits pro Sekunde. Nur in diesem Modus können wir achtsam und präsent agieren.

Führung ist unter den aktuellen Bedingungen zunehmender Unüberschaubarkeit („Wo ist der Anfang und wo ist das Ende?") und Unbestimmtheit („Morgen kann alles schon ganz anders sein!") auf Achtsamkeit geradezu angewiesen. Wer hingegen versucht, mehrere Dinge gleichzeitig zu erledigen und sich damit der Illusion des *„Multitasking"* hingibt, wird mit seinem Führungsverhalten Schiffbruch erleiden. Der präfrontale Cortex unseres Gehirns vermag immer nur *eine* Funktion auf einmal auszuführen. Durch Training wird es möglich, schneller zwischen zwei Aufgaben hin und her zu schalten, was dann die Empfindung vermeintlicher Gleichzeitigkeit auslöst. Scheitern wird auch, wer sich in seinem Führungsverhalten vom Autopiloten treiben lässt und sich dabei auf seine „Intuition" oder „Erfahrung" beruft.

Der Schlüssel der Achtsamkeitspraxis liegt nicht so sehr in der *Richtung* unserer Aufmerksamkeit, sondern in der *Qualität* der Aufmerksamkeit, die wir dem Augenblick entgegenbringen. Ein stilles unparteiisches Beobachten passt allerdings so gar nicht in das Bild einer ständig agierenden Führungskraft. Genau dieses reine und urteilsfreie Wahrnehmen der Moment-zu-Moment-Erfahrung ist jedoch ein Kennzeichen zeitgemäßer Führung. Mit einem solchen Wahrnehmen blockiert man sowohl vorschnelles Zensieren („So kann das doch nie funktionieren") als auch unergiebiges Intellektualisieren („Logisch betrachtet können wir nur so vorgehen") und unaufhörliches Nachdenken.

Achtsamkeit kann auf zweierlei Weisen eingeübt werden. Die formvollendete Weise ist die →*Meditation*. Mit ihr lernt man, die Gegenwart in ihrer Vielfältigkeit wahrzunehmen. Spezielle Übungen zielen auf die Beobachtung und Wahrnehmung der Atmung, des eigenen Körpers sowie den damit einhergehenden Empfindungen, Gedanken und Gefühlen ab. In der Achtsamkeitspraxis des sogenannten „*Body-Scan*" „tastet" der Übende seinen Körper langsam von den Zehen bis zum Kopf gedanklich ab. Wer in die Meditation des *Zen* eintaucht, versucht im Augenblick zu leben, ohne ihn zu beurteilen. Er strebt danach, den Geist zu beruhigen, konzentriert zu handeln, nichts erreichen zu wollen und unabhängig von allem zu sein.

In der formlosen Weise der Achtsamkeitspraxis geht es darum, immer wieder „nachzuschauen", ob wir tatsächlich achtsam sind. Achtsamkeit ist keine Mentaltechnik, sondern eine Haltung. Die grundsätzliche Frage lautet, ob und inwieweit wir willens sind, wach bei der Entfaltung unseres Lebens dabei zu sein. Der durch seine Arbeiten zur Stressreduktion bekannt gewordene Molekularbiologe JON KABAT-ZINN sieht dieses Dabeisein als ein Sich-Zurückziehen aus dieser Welt. Die Energie der Achtsamkeit erwächst für ihn aus der Bereitschaft, sich der Neugier, des Wissensdrangs, der Offenheit und des übermäßigen Engagements zu enthalten (KABAT-ZINN 2010). „Jeden Moment, in dem sich etwas unserer bemächtigt – ein Verlangen, eine Emotion, ein unhinterfragter Impuls oder eine unhinterfragte Vorstellung oder Meinung – werden wir ganz real augenblicklich gefangen genommen von der gewohnheitsmäßigen Art und Weise, wie wir reagieren, sei es die Gewohnheit, uns zurückzuziehen und zu distanzieren, ... sei es dass wir aufbrausen und emotional von unseren Gefühlen mitgerissen werden ... Solche Momente gehen immer mit einer Anspannung sowohl im Geist als auch im Körper einher", schreibt KABAT-ZINN, wenn er seine „108 Momente der Achtsamkeit" (KABAT-ZINN 2009, S. 31) vorstellt.

Wer Führungsverantwortung ausübt, ist mit Komplexität konfrontiert. Er neigt daher berufsbedingt dazu, seine bewussten Wahrnehmungen sehr rasch zu ordnen und in Kategorien des Entweder-oder zu platzieren. Gegenüberstellungen wie etwa „gut oder schlecht", „brauchbar oder unbrauchbar", „erwünscht oder unerwünscht" sind Beispiele dafür. Dieser Automatismus ist zwar den meisten Menschen eigen, er wird aber überall dort, wo das „Rauschen" an Signalen aus der Umwelt besonders intensiv ist, zur berufsmäßigen Routine. Da diese Routine gerade in der Führung immer auch andere Menschen betrifft, kann sie fatale

Folgen haben. Achtsamkeit kann helfen, diese Vorliebe des Kategorisierens zu erkennen und sogar abzulegen. Wem es gelingt, Inhalte, so wie sie sind, in seinem Geist präsent halten und dem Hang zum Kategorisieren zu widerstehen, vermag Erfahrung als neu zu erleben (WALACH et al. 2004).

Wer achtsam sein will, muss einen gesunden Respekt vor Unsicherheit kultivieren. Die in (anspruchsvolleren) Führungsseminaren manchmal erwähnte *Ambiguitätstoleranz* (die Fähigkeit, Vieldeutigkeit und Unsicherheit aushalten zu können) kommt dem sehr nahe. Einer Sache achtsam begegnen zu wollen, heißt auch, ganz bewusst nach Unterschieden zu suchen. Das tut jedoch nicht, wer glaubt, ein Ding, einen Ort oder einen Menschen bereits in- und auswendig zu kennen. Die Bereitschaft, ein Ding, einen Ort oder einen Menschen auch *anders* zu sehen, öffnet dagegen den Weg zur Achtsamkeit. In diesem Zustand werden Gedanken, Gefühle, Aufwallungen, Körperempfindungen und dergleichen nicht nur aufmerksam und vorurteilsfrei wahr, sondern auch freundlich-wohlwollend angenommen (WALACH et al. 2004).

Achtsamkeit wird heute vielfach als Instrument verwendet, so als wäre sie in der Welt einfach vorhanden und bräuchte nur „entdeckt" zu werden. Umso beachtenswerter ist der sorgsame Umgang mit Achtsamkeit, den die Psychologen um HARALD WALACH an den Tag legen. Ihre Arbeiten resultierten unter anderem in dem „Freiburger Fragebogen zur Achtsamkeit" (FFA), der vor allem als Forschungsinstrument konzipiert wurde (Abb. 2). Natürlich sind Fragebögen zur Selbstbeurteilung immer subjektiv. Andererseits ist Achtsamkeit von außen schwer beobachtbar. Für Führungskräfte, die sich ernsthaft mit dem Thema Achtsamkeit auseinandersetzen möchten, könnten deshalb die Fragen des FFA durchaus hilfreich sein (Die Antworten sollten so ehrlich und spontan wie möglich sein; es gibt zudem kein „Richtig" oder „Falsch").

		fast nie	eher selten	relativ oft	fast immer

1. Ich bin offen für die Erfahrung des Augenblicks. ☐ ☐ ☐ ☐
2. Ich erkenne, dass ich nicht mit meinen Gedanken identisch bin. ☐ ☐ ☐ ☐
3. Ich spüre in meinen Körper hinein, sei es beim Essen, Kochen, Putzen, Reden. ☐ ☐ ☐ ☐
4. Wenn ich merke, dass ich abwesend war, kehre ich sanft zur Erfahrung des Augenblicks zurück. ☐ ☐ ☐ ☐
5. Ich kann mich selbst wertschätzen. ☐ ☐ ☐ ☐
6. Ich nehme wahr, wie sich meine Gefühle im Körper ausdrücken. ☐ ☐ ☐ ☐
7. Ich bleibe mit unangenehmen, schmerzhaften Empfindungen und Gefühlen in Kontakt. ☐ ☐ ☐ ☐
8. Ich achte auf die Motive meiner Handlungen. ☐ ☐ ☐ ☐
9. Ich lasse mich von meinen Gedanken und Gefühlen leicht wegtragen. ☐ ☐ ☐ ☐
10. Ich merke, dass ich nicht auf alles reagieren muss, was mir gerade in den Sinn kommt. ☐ ☐ ☐ ☐
11. Ich beobachte meine Gedanken, ohne mich mit ihnen zu identifizieren. ☐ ☐ ☐ ☐
12. Ich beobachte meine Gedanken, wie sie kommen und gehen. ☐ ☐ ☐ ☐
13. Ich verliere mich im Inhalt meiner Gedanken. ☐ ☐ ☐ ☐
14. Ich bin mir der Flüchtigkeit und Vergänglichkeit meiner Erfahrungen bewusst. ☐ ☐ ☐ ☐
15. Ich betrachte Dinge aus mehreren Perspektiven. ☐ ☐ ☐ ☐
16. Ich sehe, wie ich mir selbst Leiden schaffe. ☐ ☐ ☐ ☐
17. Ich sehe meine Fehler und Schwierigkeiten, ohne mich zu verurteilen. ☐ ☐ ☐ ☐
18. Ich nehme meine Gefühle wahr, ohne auf sie reagieren zu müssen. ☐ ☐ ☐ ☐
19. Ich akzeptiere mich so wie ich bin. ☐ ☐ ☐ ☐
20. Ich spüre auch in unangenehme Empfindungen hinein. ☐ ☐ ☐ ☐
21. Ich bin in Kontakt mit meinen Erfahrungen, hier und jetzt. ☐ ☐ ☐ ☐
22. Ich nehme unangenehme Erfahrungen an. ☐ ☐ ☐ ☐
23. Ich beobachte das Kommen und Gehen von Erfahrungen. ☐ ☐ ☐ ☐
24. Ich bin mir selbst gegenüber freundlich, wenn Dinge schief laufen. ☐ ☐ ☐ ☐
25. Ich beobachte meine Gefühle, ohne mich in ihnen zu verlieren. ☐ ☐ ☐ ☐
26. In schwierigen Situationen kann ich innehalten. ☐ ☐ ☐ ☐
27. Ich wehre mich innerlich gegen unangenehme Gefühle. ☐ ☐ ☐ ☐
28. Ich erlebe Momente innerer Ruhe und Gelassenheit, selbst wenn äußerlich Schmerzen und Unruhe da sind. ☐ ☐ ☐ ☐
29. Ich bin ungeduldig mit mir und meinen Mitmenschen. ☐ ☐ ☐ ☐
30. Ich kann darüber lächeln, wenn ich sehe, wie ich mir manchmal das Leben schwer mache. ☐ ☐ ☐ ☐

Abb. 2: Eine 30-Item-Version des Freiburger Fragebogens zur Achtsamkeit.
Quelle: WALACH et al. 2004, S. 769 f.

Alter

Mit diesem Stichwort soll eine wissenschaftliche Sensation in Erinnerung gerufen werden. JOACHIM MÜLLER-JUNG schrieb am 16. Juli 2008 in der Frankfurter Allgemeinen Zeitung: „Hätte man die Neurowissenschaftler vor wenigen Jahren gefragt, was sie von der These halten, dass unser Zentralorgan auch im fortgeschrittenen, ja womöglich sogar im hohen Alter noch zu Wachstum und Entwicklung imstande ist, man hätte im besten Fall ein mitleidiges Kopfschütteln geerntet. Das Bild vom sukzessiven Verlust an Hirnzellen nach der Geburt hat sich über Jahrzehnte verfestigt. Heute ist alles anders."

Es gilt mittlerweile als erwiesen, dass sogar im Alter durch die sogenannte *adulte Neurogenese* noch neue Nervenzellen gebildet werden. Das Gehirn ist als lebendes System zu einer dauernden Anpassung an die Umwelt gezwungen. Dabei wird seine Struktur von der Umgebung mit geformt, denn die aktive Auseinandersetzung mit der Welt führt zu einer physischen Veränderung des Gehirns. Dieses komplexe Netzwerk von Nervenzellen, das im frühesten Entwicklungsstadium noch wesentlich durch die Gene bestimmt wird, entwickelt sich Schritt um Schritt durch Wechselwirkung mit seiner Umgebung weiter. Diese Fähigkeit des Gehirns wird *Neuroplastizität* genannt. Das Gehirn ist somit eine lebenslange Baustelle.

Durch eigenverantwortliche, selbstgesteuerte, bewusst gewollte, vielseitige und emotionsbegleitete Tätigkeiten wird die Hirnentwicklung gefördert – ein Leben lang. Bewegungstraining (bekannt geworden sind die Versuche mit dem Jonglieren von Bällen) kann einen beträchtlichen Zuwachs an grauer Substanz bewirken. Bei Profimusikern, die ja schon sehr früh mit dem musikalischen Training beginnen und bis ins hohe Alter an ihren musikalischen Fertigkeiten arbeiten, konnten vielfältige neuroanatomische und neurophysiologische Anpassungen festgestellt werden. Ein passiver, unbeteiligter, emotionsloser Lebensstil ohne Herausforderungen führt hingegen zum genauen Gegenteil.

Das Phänomen der Plastizität lässt sich durch die unterschiedliche synaptische Erregung erklären. Das Überleben von Neuronen und die Qualität ihrer synaptischen Verbindungen hängen von der Intensität und vor allem Regelmäßigkeit ihrer Erregung ab. Diese Tatsache wurde schon vor einem halben Jahrhundert von dem Psychologen DONALD HEBB (1904–1985) entdeckt. Wiederholte Reize verstärken die betroffenen Nervenzellenverbindungen und die dazugehörigen Neuronenverbände. Bleiben die Reize aus, so geschieht das Gegenteil. Dies entspricht dem Funktionsprinzip der Neuronen: *„Use it or lose it* – Nutz mich oder ich gehe zugrunde." (Abb. 3)

Dieses Prinzip ist zwar mittlerweile kein Geheimnis mehr, dennoch geht die Gesellschaft mit dieser Erkenntnis in sehr zwiespältiger Weise um. Bundespräsidenten, Künstlerinnen und Wissenschaftlern wird auch jenseits der 70 bedenkenlos eine hohe Leistungsfähigkeit zugebilligt. Der „normale" Nichtselbständige trägt hingegen bereits mit 50 sein „Verfallsdatum" mit sich und wird, wenn es hoch kommt, mit 60 in seiner Firma ein kurzes Dasein als Fossil fristen. Schon der Begriff „Ruhestand" – mit der noch schlimmeren Variante des „Vorruhestands" – belegt, wie sehr die Vorstellung des Arbeitsleids und einer naturgesetzlich festgeschriebenen Degeneration der körperlichen und geistigen Leistungsfähigkeit in vielen Köpfen verankert ist.

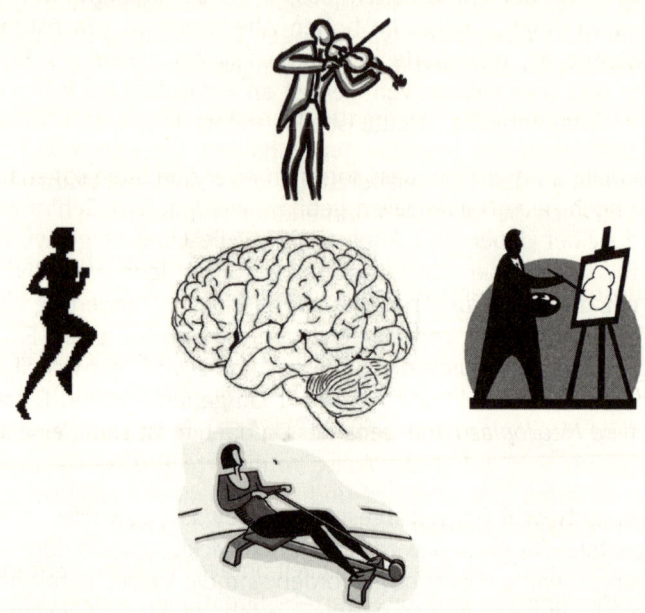

Abb. 3: „Use it or lose it!" – Das Gehirn will beansprucht werden

Klar ist, dass man Dachdecker, Hochofenarbeiter oder Straßenbauer nicht mit „Schreibtischtätern" vergleichen kann. Aber in den letzten Jahrzehnten wurde gerade in Deutschland und Österreich an Legionen von Beschäftigten ein riesiges Feldexperiment vollzogen (die skandinavischen Länder und die Schweiz haben hier nicht mitgemacht). Durch Frühverrentung wurden diesen „Human-Ressourcen" genau jene „eigenverantwortlichen, selbstgesteuerten, bewusst gewollten, vielseitigen und emotionsbegleiteten Tätigkeiten" entzogen, mit denen die Hirnentwicklung auch im reiferen Alter noch gefördert werden kann. Wer dabei nicht mit persönlichen Aktivitäten gegegensteuerte, dessen Gehirn reagierte aufgrund seiner neuronalen Plastizität in Richtung Abbau.

Der Alterungsprozess kann nicht aufgehalten, aber er kann verzögert werden. Ein trainierter und geistig aktiver Sechzigjähriger ist heute einem untrainierten und passiven Fünfunddreißigjährigen leistungsmäßig eindeutig überlegen. Das sogenannte „Defizit-Modell" des Alterns, das den Alterungsprozess als schicksalhaften, körperlichen, psychischen und sozialen Abbau darstellt, wird, wenn auch nur langsam, von dem „Disuse-Modell" abgelöst. Es beruht auf dem Credo, dass der Alterungsprozess durch Aktivität und Funktionserhalt aufgehalten oder ihm sogar entgegen gewirkt werden kann. Deshalb stellt das Lebensalter bestenfalls einen

Richtwert für die Einschätzung der Leistungsfähigkeit dar. Ohnedies ist das kalendarische Alter gar nicht so wichtig. Es kann erheblich vom psychologischen („Man ist so alt, wie man sich fühlt"), vom soziologischen („Man ist so alt, wie man eingeschätzt wird") und vom biologischen Alter („Man ist so alt, wie es dem körperlichen und geistigen Zustand entspricht). Das Pauschalurteil, dass Über-Fünfzigjährige etwa nicht mehr mit Computer, Internet & Co. zu Rande kämen, fällt in dieselbe Kategorie wie die zahlreichen Geschlechtervorurteile. Das Problem ist nur, dass diese Stereotypisierungen Erwartungen erzeugen, die dann im Alltag immer wieder eine Bestätigung verlangen.

Wenn man schon darangeht, bestimmte Merkmale älterer Beschäftigter aufzulisten, dann sollte man sich Festlegungen enthalten. Die passende Formulierung wäre „Mit zunehmenden Lebensalter steigt oder sinkt die Wahrscheinlichkeit, dass ..." So sind auch die folgenden Anmerkungen zu lesen.

- Die *körperliche Leistungsfähigkeit*, ausgedrückt etwa in Schnelligkeit, Beweglichkeit, Ausdauer, maximaler Sauerstoffaufnahme, Kraft, Hörvermögen und Sehfähigkeit, nimmt ab. Koordinative Defizite zeigen sich bei Älteren vor allem in der Gleichgewichtsfähigkeit. Muskuläres und motorisches Training aktivieren das Gehirn, was sich auch positiv auf das Kurzzeitgedächtnis auswirkt.

- Die *kristalline Intelligenz* (jene Denkmuster, die sich im Lauf der Zeit ausbilden und anreichern und auf diese Weise routinierte Problemlösungen ermöglichen) bleibt lange Zeit konstant und kann sogar mit Hilfe anspruchsvoller Tätigkeiten gesteigert werden.

- Die *fluide Intelligenz* (die Geschwindigkeit, in der Probleme verstanden, neues Wissen aufgenommen und unerwartete Situationen eingeschätzt werden) nimmt ebenso wie der Übergang von der kristallinen zur fluiden Intelligenz langsam und stetig ab. Wer jedoch bis ins hohe Alter offen bleibt für Neues und seine Neugier kultiviert, kann diesem Abbau entgegen wirken.

- Die *Konzentrationsfähigkeit* sinkt nicht linear mit zunehmendem Alter ab. Die Abstände werden vielmehr mit jeder Altersstufe größer. Ab dem sechsten Lebensjahrzehnt ist die Abnahme deutlich. Allerdings hat der Bildungsgrad und die Art der beruflichen Tätigkeit einen wesentlichen Einfluss darauf, ob die Konzentrationsfähigkeit auch im höheren Alter erhalten bleibt. Mit zunehmendem Alter wird es schwieriger, die Konzentrationsfähigkeit durch Übungen zu verbessern.

- Die Entwicklung der *sozialen Fähigkeiten* – vor allem die Fähigkeit, mit einer Vielfalt von Menschen Kontakte zu knüpfen und Beziehungen einzugehen – wird mit zunehmendem Alter von zwei Einflüssen bestimmt. Negativ wirkt sich auf diese Fähigkeiten aus, das sich der ältere Mensch auf seine erworbenen und „liebgewonnenen" sozialen Schemata (quasi „persönliche Brillen", mit denen wir Personen und Situationen deuten) verlässt und immer weniger bereit ist, sich neue Schemata anzueignen. Im Alltag wird dies meist als Mangel an „Flexibilität" gewertet. Positiv wirkt sich die Tatsasche aus, dass Ältere in Konflikten ausgewogener urteilen und sich weniger emotional engagieren – etwas, das man als Teil der „Altersweisheit" werten könnte.

Ohne pauschlieren zu wollen, können folgende Arbeitsbedingungen die Leistungsfähigkeit und -bereitschaft älterer Menschen maßgeblich beeinträchtigen (WIFI 2009):

- Kurzzyklische, taktgebundene, gleichförmige Tätigkeiten mit Zeitdruck und rein quantitativen oder unklaren Leistungsvorgaben;
- eine belastende Arbeitszeitgestaltung wie Schichtarbeit mit wechselndem Dienstbeginn sowie fehlende oder unregelmäßige Pausen;
- isoliertes Arbeiten ohne Kontakt mit anderen MitarbeiterInnen.

Hingegen antworten ältere Mitarbeiter in der Regel mit großem Engagement,

- wenn sie Aufgaben erfüllen sollen, die eine Zusammenschau unterschiedlicher Arbeitsschritte erfordern;
- wenn Routine und Erfahrungswissen ausdrücklich gefragt sind;
- wenn sie mit Vermittlungs- und Verhandlungsaufgaben betraut werden.

Alternsmanagement

Der Begriff ist nicht schön, aber die deutsche Sprache stößt eben manchmal an ihre ästhetischen Grenzen: Alternsmanagement. *Altern* (nicht Alter) soll auf den Prozess, den wir alle irgendwann einmal durchlaufen, aufmerksam machen. Und *Management* steht für zielorientierte und systematische Gestaltung. Alternsmanagement ist weder Mode noch Marotte. Sie ist die überfällige Antwort auf etwas, das keine Prognose, sondern unabwendbare Tatsache ist: Die Bevölkerungszahl schrumpft, es gibt weniger Kinder und dafür mehr ältere Menschen, die zudem noch länger leben werden und auch länger arbeiten müssen.

Natürlich fällt die Verantwortung für ein Alternsmanagement in erster Linie der Funktion des Human Resource Managements zu. Dennoch sind es gerade die Personen mit direkter Führungsverantwortung, die das entscheidende Bindeglied zwischen wohlgemeinten theoretischen Konzepten und den betroffenen Menschen bilden. Wer heute führen will, muss sich in den Prozess des Alternsmanagements aktiv einschalten. Angeregt durch MIRKO SPORKET vom Max-Planck-Institut für demografische Forschung in Rostock könnte man die drei Eckpunkte eines Alternsmanagements wie folgt definieren:

- Es darf keine Benachteiligung oder gar Diskriminierung von Beschäftigten aufgrund ihres Alters geben, weder bei Einstellungen und internen Vakanzen noch beim Zugang zu betrieblicher Weiterbildung.

- Die Arbeitsprozesse sind so zu gestalten, dass ein gesundes Arbeiten bis ins höhere Erwerbsalter möglich ist und die Eigenmotivation der Beschäftigen gefördert und nicht gehemmt wird.

- Sowohl die Beschäftigten selbst als auch die Verantwortlichen der Organisation müssen die Überzeugung teilen, dass *beide* Seiten vom Erhalt der Leistungsfähigkeit älterer Arbeitnehmer und der Sicherung relevanten Erfahrungswissens profitieren.

Führungskräfte müssen sich in das Alternsmanagement einmischen. Ihnen ist nicht nur Humankapital anvertraut worden, das sie zumindest erhalten oder besser noch weiter entwickeln sollen. Alternsmanagement bedeutet auch eine gesellschaftliche Verantwortung. Die folgenden Punkte mögen dazu dienen, dieses „Einmischen" etwas zu konkretisieren (Abb. 4).

- Der Startpunkt eines systematischen Alternsmanagements ist die Erhebung des aktuellen „Altersmix" in der Organisation. Diese Momentaufnahme wird mit Hilfe bestimmter Annahmen (Wachstum, Einstellungspolitik, Fluktuation etc.) auf eine Zeitmarke in der Zukunft (z. B. in fünf Jahren) projiziert. Die so ermittelte mögliche zukünftige *Altersstruktur* lässt so manche Handlungserfordernisse schon auf Anhieb erkennen (Abb. 5).

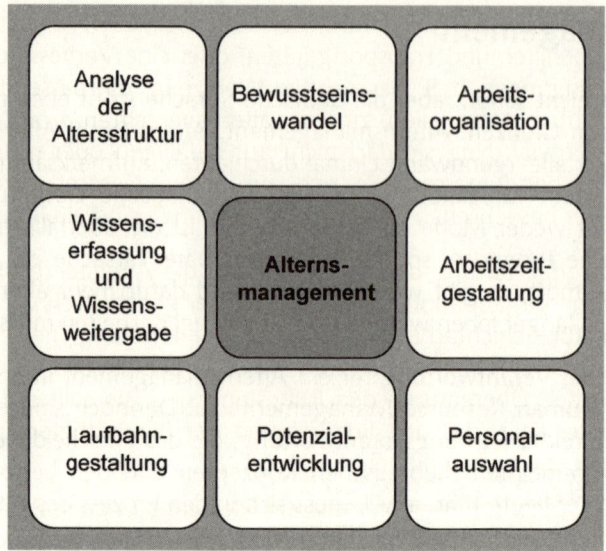

Abb. 4: Wichtige Handlungsfelder für Führungskräfte im Alternsmanagement

- Der für ein Alternsmanagement notwendige *Bewusstseinswandel* – etwa durch den Abbau von Vorurteilen gegenüber älteren Beschäftigten – sollte durch Hilfe von außen vorbereitet und gefördert werden (SPORKET 2009). Es gibt genügend Experten – von Gerontologen bis Neurobiologen – die hier dem Vorgang des Alterns das Stigma nehmen können. Altersgemischte Teams, Alt-Jung-Tandems, Mentoring- und Patensysteme sind weitere Möglichkeiten, die Barrieren zwischen den „Generationen", die sich in immer kürzeren Zeiträumen von einander abgrenzen, abzubauen.

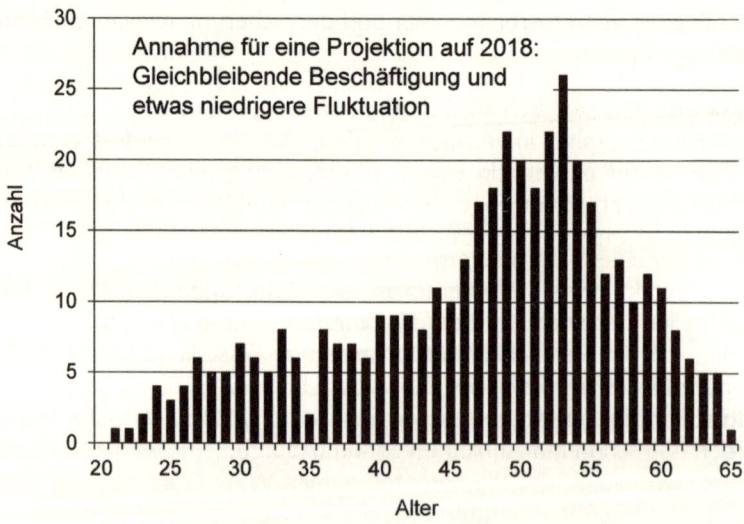

Abb. 5: Beispiel einer möglichen zukünftigen Alterstruktur

- Dass die ergonomische Gestaltung der Arbeitsplätze (z. B. der Einsatz von flexiblen Hebehilfen und Transportgeräten) oder eine Verbesserung der technischen Bedingungen (z. B. das richtige Werkzeug, die passende Schutzausrüstung, leichtere Materialien) zu einer altersgerechten *Arbeitsorganisation* gehören, ist trivial. Nur, sie darf nicht auf zufälligen oder notgedrungenen Maßnahmen beruhen, sondern sich aus einem Gesamtkonzept ableiten. „Leitlinien der betrieblichen Gesundheitsförderung" sind ein Beispiel dafür.

- Die *Arbeitszeitgestaltung* darf sich nicht auf die Altersteilzeit beschränken. Fortschrittliche Organisationen gehen auch hier ganzheitlich vor. Ob es Kontenmodelle für Schichtarbeiter, Auszeiten zur Erholung, flexiblere Arbeitszeiten für Ältere, Lebensarbeitskonten, Kurz-Sabbaticals oder Stafettenmodelle für den Übergang in den Ruhestand sind, sie sollten Teil eines Gesamtkonzeptes sein, das den Bedürfnissen der Beschäftigten in den unterschiedlichen Lebensphasen Rechnung trägt.

- Das Human Resource Management (in kleineren Organisationen steht die Geschäftsführung in der Pflicht) hat sicherzustellen, dass es bei der *Personalauswahl* zu keiner Benachteiligung oder Diskriminierung von Beschäftigten aufgrund ihres Alters kommt. Für diese Funktion stehen heute viele erprobte Verfahren zur Verfügung, vom multimodalen Interview über →*Persönlichkeitstests* bis zu „Mini-Assessment-Centers". Die Personalauswahl auf ein unstrukturiertes Gespräch zu beschränken wäre sträflich.

- Potenziale sind Kompetenzen für die Zukunft. Sie offenzulegen und einzuschätzen, ist Aufgabe des systematischen Mitarbeitergesprächs. Oft werden Beschäftigte über 50 zu solchen Gesprächen gar nicht mehr eingeladen. Damit entfällt auch die *Potenzialentwicklung*, und das anvertraute Humankapital erodiert. Kleine Organisationen verlassen sich zu oft auf ihre „Informalität" und schneiden hier besonders schlecht ab. Für die Potenzialentwicklung älterer Beschäftigter bieten sich Konzepte an wie z. B. altersgemischte Teams, Know-how-Tandems, die Übernahme von Projektverantwortung, die Koordination und Moderation von Qualitätszirkeln und Lernstätten, Arbeiten, die besondere Umsicht und das Zusammenfügen von Einzelschritten erfordern etc.

- Bei der *Laufbahngestaltung* gibt es heute, gerade in den größeren Organisationen, drei Optionen. Statt das Augenmerk nur auf die Führungslaufbahn zu richten (die durch flachere Organisationsformen und höhere Leitungsspannen ohnedies rarer geworden ist), rücken zwei weitere Optionen in den Vordergrund, die der Führungslaufbahn in Status und materieller Ausstattung möglichst gleichgestellt werden: die *Experten*- und die *Projekt*laufbahn. Beide bieten gerade im Rahmen des Alternsmanagements die Möglichkeit, (a) noch in der Mitte des Berufslebens („mid-carreer") Weichen zu stellen, (b) Jobs periodisch an die Fähigkeiten und Interessen der Mitarbeiter anzupassen (diese Umkehrung des normalen, starren Stellenmanagements wird *„Job Sculpting"* genannt, wofür z. B. das Pionierunternehmen W. L. GORE bekannt geworden ist) und (c) älteren Beschäftigten soziale Anerkennung und persönliche Wertschätzung entgegenzubringen.

- Die *Wissenserfassung* und *Wissensweitergabe* hat die Aufgabe, das implizite (nicht ausdrückbare und größtenteils auf Erfahrung beruhende) Wissen älterer Beschäftigter in ein explizites (für die Organisation verfügbares) Wissen zu verwandeln. Diese sogenannte *Externalisierung*, das Nachaußenbringen des Wissens, ist die große Hürde des Wissensmanagements. Deshalb sollten Wissenserfassung und Wissensweitergabe nicht am Anfang eines Alternsmanagements stehen, sondern an deren Ende. Wer sich etwa durch sinnvolle Ergonomie und flexible Arbeitszeitgestaltung, durch ehrlich gemeinte Potenzialgespräche und eine offene Laufbahnplanung anerkannt fühlt, dem wird eine Weitergabe seines Wissens – bei all den naturgemäßen Schwierigkeiten – leichter fallen.

Angst

Der Unternehmensberater HERMANN SIMON – Entdecker der „Hidden Champions", also jener eher kleinen aber feinen und im Verborgenen agierenden Unternehmen, die oft Weltmarktführer in ihrer Branche sind – zitierte einmal den Jungmanager eines Großunternehmens mit den Worten: „Bei uns wird mit zwei Methoden geführt, mit Angst und mit Controlling". Wobei beide trefflich miteinander kombiniert werden können. Controlling funktioniert als Regler, mit dem man das Angstniveau beliebig steuern kann. Jene, die die Angst vor der Angst nicht verstehen können, fragen: Was ist eigentlich so schlimm an der Angst? Der Blitzableiter wurde schließlich aus Angst vor einem Blitzeinschlag erfunden und die aktuelle Energiewende verdankt sich der Angst vor einem Super-GAU. Außerdem: Jede Entwicklung, jeder Reifungsschritt ist mit Angst verbunden. Denn er führt uns in etwas Neues, bisher nicht Gekanntes und Gekonntes, in innere oder äußere Situationen, in denen wir uns noch nicht erlebt haben. Alles Neue, Unbekannte, Erstmals-zu-Tuende und Kreative enthält, neben dem Reiz des Neuen, auch Angst. Also zumindest ein bisschen Angst könnte sicher nicht schaden.

Im Change-Management ist Angst ohnedies unverzichtbar. Der Organisationsberater KLAUS DOPPLER z. B. kann sich Veränderungen ohne Angst nicht vorstellen. Wir brauchten die lang anhaltenden Gefühle von Angst, Verzweiflung und Ohnmacht samt der damit einhergehenden unkontrollierbaren Stressreaktionen, um die im Gehirn angelegten Verschaltungsmuster zu löschen. Angst sei „in unseren Breitengraden der sozialen Verwöhnung ein nahezu unverzichtbarer Antriebsfaktor" (DOPPLER 2010, S. 100). Das in den USA häufig praktizierte „forced ranking", nach dem regelmäßig die Besten und die Schlechtesten in einem Unternehmen identifiziert werden, um dann letztere ohne Feedback zu feuern, erzeugt mit Sicherheit dieses „langanhaltende Gefühl" von Angst. Damit wird zumindest eines erreicht: Die Menschen sind gezwungen, die berühmte „Komfortzone" zu verlassen, in der sie sich im Energiesparmodus auf den Erhalt des inneren Gleichgewichts eingerichtet hatten.

Interessant ist dabei, dass Angst nicht unbedingt zu den grundlegenden Gefühlen des Menschen gezählt wird. In den meisten Klassifikationen der Basisgefühle scheint neben Zorn, Freude, Traurigkeit, Vertrauen, Ekel, Überraschung oder Neugierde nicht Angst, sondern *Furcht* auf. Ist das bloß eine semantische Unschärfe? In der Alltagssprache wird ja kaum zwischen den beiden Begriffen unterschieden. Hier lohnt es sich, bei GUY KIRSCH, dem Philosophen unter den Ökonomen, in die Schule zu gehen. Er sieht einen fundamentalen Unterschied zwischen Angst und Furcht. Während die *Angst* in dem Gefühl einer potentiellen, nicht definierten Bedrohung bestehe, sei unter dem Begriff der *Furcht* jenes Gefühl zu verstehen, das man angesichts einer identifizierten Gefahr hat. Die Angst ist gleichsam blind, während die Furcht die Aufmerksamkeit auf eine bestimmte Bedrohung richtet (KIRSCH 2005). Anders gesagt: Ein gezieltes und konstruktives Handeln ist dem Verängstigten nicht möglich. Dies steht in diametralem Gegensatz zu demjenigen, der Furcht vor etwas bzw. vor jemandem empfindet: Er weiß, wovor oder vor wem er fliehen bzw. wem er offensiv begegnen soll.

Angst hat also ihre Ursache darin, dass man von der Welt zwar weiß, dass sie gefährlich sein kann, dass man aber nicht weiß, woher, wann, welche Gefahr konkret droht. Angst ist somit die Folge von Wissensdefiziten. Dies hat erhebliche Konsequenzen für Führung. Wissensdefizite sind unvermeidlich, weil Wissen aus Informationen entsteht. Informationen werden aber nicht von einem Sender zum Empfänger transportiert, sondern sie entstehen im Empfänger, der aus der Unmenge von Signalen, die ständig auf ihn einprasseln, das herausfiltert, was für ihn *relevant* ist. Dieses Bombardement reicht von einem undeutlichen „Rauschen" bis zu konkreten Mitteilungen. *Relevanz* ist der entscheidende Begriff. Und da die Vorstellungen von dem, was relevant ist und was nicht, immer mehr voneinander abweichen, muss Führung diese Unterschiede immer mitdenken. Das kann mühsam, energieaufwändig und auch lästig sein. Zeitgemäße Führung kommt jedoch an der Leitlinie der →*Individualisierung* nicht vorbei. Auf diese Weise können Ängste nicht ausgeschaltet, aber verringert werden. Oder noch bescheidener, wie es ein Manager aus der Versicherungsbranche formulierte: „Ich kann zumindest diffuse Angst in konkretes Fürchten umwandeln." Angst, in ihrer anhaltenden, nicht verschwinden wollenden Variante, ist ein hoffnungsloser Fall. Furcht kann hingegen „therapiert" werden.

Das Fatale an der Angst ist, dass ein bestimmtes Handeln, das unter ihrem Einfluss zustande kommt, im Gehirn genau an dieses Gefühl angekoppelt wird. Dies führt dazu, dass in Zukunft alles, was mit vergleichbarem Handeln zusammenhängt, auch mit Angst in Verbindung gebracht wird. Handeln ist dann nicht mehr selbstbestimmt, weil nicht mehr die individuellen Eigenschaften, Fähigkeiten, Wünsche und Überzeugungen dafür maßgebend sind, sondern das Diktat der *Amygdala*. Diese mandelkernartige Struktur im stammesgeschichtlich älteren Teil des Gehirns, die unter anderem für das Entstehen und die Steuerung von Emotionen zuständig ist, beginnt, immer mehr Hirnfunktionen zu kontrollieren. Schließlich übernimmt sie auch die Instanzen des Denkens und Lernens, der Aufmerksamkeit und Erinnerung. „Angst macht dumm", „Angst überfällt einen", „Angst lähmt", heißt es schon im Volksmund.

Wenn sich eine solche Haltung der Resignation und Entmutigung erst einmal festgesetzt hat, ist sie nur schwer korrigierbar. Angst verschwindet eben nicht so rasch, wie sie vielleicht aufgetaucht ist. Sie setzt sich als Stimmung in Gruppen oder ganzen Organisationen fest und lähmt so die Leistungsmotivation. Anhaltende Angst kann auch zu dem führen, was der Psychologe Martin Seligman (1979) *„erlernte Hilflosigkeit"* nennt. Sie ist eine Konsequenz des andauernden Gefühls, das Ergebnis von Ereignissen nicht mehr beeinflussen zu können. Das Verhaltensrepertoire wird so sehr eingeschränkt, dass Versuche, die missliche Situation zu ändern, gar nicht erst unternommen werden (Abb. 6). Diese Hilflosigkeit kann unter bestimmten Bedingungen in die *Depression* führen. Vor allem dann, wenn sich die Person die Ursache der Misere *selbst* und nicht äußeren Umständen zuschreibt; wenn sie die Lage *universell* und nicht als etwas Besonderes sieht; und wenn sie das Problem als *permanent* und nicht als vorübergehend interpretiert.

Abb. 6: Die „Karriere" anhaltender Angst hin zur erlernten Hilflosigkeit und Depression

Authentizität

Die Frage, ob Führungskräfte „authentisch" sein sollen, ist ein Dauerbrenner der Führungstheorie. Ein Grund dafür liegt schon im Begriff der Authentizität (griech. *authentikós* = echt) selbst. Was bedeutet „echt", wenn doch jeder Mensch aus vielen verschiedenen „Selbsten" besteht (→*Persönlichkeit*)? Außerdem suggeriert „echt", dass das, was beobachtet wird, mit dem einzig „Wahren" übereinstimmen muss. Wer aber entscheidet, was „wahr" ist? Und hat der Soziologe ERVING GOFFMAN (1922–1982) nicht recht, wenn er behauptet, dass wir alle unser ganzes Leben lang „Theater spielen"? Restaurant, Krankenhaus und Büro waren für ihn die natürlichen Bühnen, auf denen er rollenspezifisches Verhalten in Reinform beobachten konnte (GOFFMAN 1959).

Praktiker machen sich ihren eigenen Reim auf die Authentizität. Als authentisch gilt, wer „glaubwürdig und aufrichtig rüberkommt", wer „nicht aufgesetzt wirkt und auch Gefühle zeigen kann". So lässt sich die Meinung von Führungskräften zusammenfassen, die BERHARD FISCHER zum Thema →*Inszenatorische Kompetenz* befragte. Allerdings sind die genannten Beispiele keine Eigenschaften, die einer Person innewohnen oder gar „objektiv" vorhanden und somit nachprüfbar sind. Diese Attribute werden einer Person vielmehr aufgrund beobachteter Verhaltensweisen *zugeschrieben* (FISCHER 2007). GOFFMAN spricht von einer Authentizität des Schauspiels und meint damit genau dieses subjektive Beimessen.

Wenn Mitarbeiter eine Führungskraft im Hinblick auf ihre „Authentizität" beobachten, so hegen sie bestimmte *Erwartungen* an diese Person. Werden diese Erwartungen dauerhaft erfüllt, so honorieren dies die Mitarbeiter mit Zustimmung und manchmal sogar mit Loyalität. Der Soziologe RALF DAHRENDORF (1929–2009) nannte sie *Soll*-Erwartungen, weil sie zwar nicht rechtlich bindend, aber dennoch mehr als bloß freiwilliger Natur sind. Allerdings sind solche Erwartungen längst nicht mehr so uniform wie früher. Manche mögen heute von einer Führungsperson vor allem Strenge und Distanz erwarten, andere wiederum menschliche Züge, die sie als wünschenswerte Abwesenheit totaler Selbstkontrolle interpretieren. Für manche Mitarbeiter ist eine Führungskraft authentisch, wenn sie „nicht abhebt" und damit eine deutliche Nähe zur Lebenswelt der Mitarbeiter signalisiert. Andere hingegen erwarten Berechenbarkeit über alle möglichen Situationen hinweg, weil dies die Komplexität des betrieblichen Ablaufs verringert.

Diese Erwartungen sind nicht nur oberflächlich. Vom Ausmaß ihrer Erfüllung hängt die von den Mitarbeitern empfundene Zufriedenheit mit der Führungsbeziehung ab. Wer z. B. souveräne Distanz erwartet, jedoch Kumpelhaftigkeit erfährt, wer sich an stoischer Führung aufrichten möchte, stattdessen aber ein häufiges Ausrasten erlebt, der wird Authentizität vermissen. Und diese Erwartungen sind auch nicht nur flüchtig. Wer führt, muss Konsistenz anbieten. Dies kann nur gelingen, wenn das Führungsverhalten stimmig ist und Worte und Taten zusammenpassen. Der Wutausbruch eines ansonsten betont sachlich agierenden Managers mag zwar als „menschlich" durchgehen, das Verhalten ist aber nicht widerspruchsfrei und damit auch nicht authentisch.

Die Wahrnehmung von Authentizität variiert erheblich zwischen den Menschen. Es gibt nicht *die* Authentizität. Außerdem ist Authentizität situationsabhängig. Es ist unwahrscheinlich, dass eine Führungskraft in jeder Situation die ohnehin höchst unterschiedlichen Erwartungen zu erfüllen vermag. Und schließlich verlangt Authentizität – wie bereits angemerkt –, dass sich die Führungskraft auf die Erwartungen der Mitarbeiter einstellt. Sich einstellen heißt aber auf sich wirken lassen, darauf reagieren und folglich *inszenieren*. Damit entfällt die Trennlinie zwischen *authentisch* = echt und *inszeniert* = unecht. Authentizität ist das Ergebnis einer besonderen, einfühlsamen Form der Inszenierung. Sie kann, innerhalb persönlicher Grenzen, „erlernt" werden. Wer als angehende Führungskraft schon früh geübt hat, über sich selbst zu reflektieren, hat hier einen deutlichen Vorsprung.

Authentische Führung wirft auf jeden Fall einen Bonus ab. Er besteht aus dem raren Gut der Vertrauenswürdigkeit, die in schwierigen Zeiten als Gefolgschaft der Mitarbeiter sichtbar werden kann. Den Gegenpol zur authentischen Führung bildet die schablonenhafte, berechnende und theatralisch überspitzte Inszenierung. Sie ist anstrengend und im wechselhaften Führungsalltag nicht lange durchzuhalten. Aus der Vertrauensforschung (z. B. KRAMER 1996) wissen wir, dass Führungskräfte von ihren Mitarbeitern viel genauer beobachtet werden als jene sich dessen bewusst sind. Die Mitarbeiter entwickeln mit der Zeit ein Sensorium für widersprüchliches Verhalten. Eine Schauspiellehrerin, die seit Jahrzehnten Führungskräfte begleitet, drückt dies so aus: „Alles was ein Mensch von sich aus gut kann, ist authentisch; alles was er nicht kann, ist eine Quelle der Gefahr."

Die „authentisch" inszenierte Führung lässt sich auch mit einer Regel charakterisieren, die RUTH COHN (1912–2010), eine prominente Vertreterin der humanistischen Psychologie, sinngemäß so formuliert: „Sei authentisch in deinen Äußerungen, aber sage nicht alles, was du denkst." Offenheit um jeden Preis ist für sie genauso abwitzig wie Verschwiegenheit und Heuchelei. COHN plädiert für ein dynamisches Einpendeln, das sie *selektive* Authentizität nannte (COHN 1991). Diese ist das Ergebnis von Balanceakten (→ *Balancieren*) etwa zwischen Loslassen und Prinzipientreue, zwischen dem Ausspielen der eigenen Stärken und einer vorsichtigen Beschränkung auf die jeweilige Umgebung, zwischen vernünftigem Schweigen und ebensolcher Kommunikation.

Ein Begriff, der häufig mit Authentizität in Verbindung gebracht wird, ist die *Ausstrahlung*. Oft mit → *Charisma* verwechselt, stellt sie eine besonders subtile Form der sozialen Interaktion dar. Ausstrahlung „besitzt", wer seine positiven Gefühle oder Stimmungen in passende und wahrnehmbare Signale zu übersetzen oder zu *codieren* vermag. Die Kunst dieses Codierens besteht darin, einzelne Elemente, z. B. Variationen der Stimmlage, Gesichtsmuskulatur, Pupillengröße, Körperhaltung, Gestik etc. so aufeinander abzustimmen, dass sie von anderen als „natürlich" und sinnvoll empfundene *„chunks"* (Signalbündel) empfangen werden können. In diesem Fall *decodiert* der Empfänger die Signale in eigene positive Gefühle oder Stimmungen. Diese Rückübersetzung ist immer abhängig von den persönlichen Einstellungen und Erfahrungen des Empfängers. Wer Ausstrahlung bewusst produzieren möchte, geht daher naturgemäß das Risiko des Misslingens ein.

Versucht z. B. die Chefin freudige Anerkennung auszustrahlen und der Mitarbeiter decodiert die aufgenommenen Signale aufgrund seiner Einstellungen und Erfahrungen tatsächlich als Lob, so ist die Ausstrahlung gelungen. Die Chefin wirkt auf den Mitarbeiter „authentisch". Sie vermag beim Mitarbeiter eine Resonanz auszulösen, die über das normale Verstehen hinausgeht. Übersetzt der Mitarbeiter die empfangenen Signale hingegen nicht in Wertschätzung, sondern in „O Gott, sie ist schon wieder auf einem Führungsseminar gewesen", so ist die Interaktion missglückt und die Chefin war für den Mitarbeiter nicht authentisch. Das wäre nicht weiter schlimm, würde sie damit nicht auch an Vertrauenswürdigkeit einbüßen. Der Mitarbeiter wird sich in der Folge eher defensiv verhalten und kaum bereit sein, seiner Vorgesetzten Blankoschecks des Vertrauens auszustellen.

Kann Ausstrahlung „erlernt" werden? Eine gute Adresse, sich mit dieser Frage näher auseinander zu setzen, ist die Psychoanalytikerin MAJA STORCH vom Institut für Selbstmanagement und Motivation Zürich (ISMZ). Das Geheimnis der Ausstrahlung liegt für sie in der *Koordination* der mannigfaltigen Elemente des Gefühlsausdrucks und der Körpersprache. Dieses Aufeinander abstimmen entzieht sich nämlich weitgehend der bewussten Kontrolle (STORCH 2006). Wohlmeinend formulierte *Handlungsziele* („Ich *möchte* jetzt ruhig und konzentriert sein") sind deswegen meist wirkungslos. Ausstrahlung könne nur dann bewusst herbeigeführt werden, wenn die entsprechende Gefühlslage vorhanden ist.

STORCH setzt daher in ihrem Ausstrahlungs-Training nicht bei den Fertigkeiten an, sondern versucht zu allererst die Gefühle der Übenden zu aktivieren. Das scheint ihr zu gelingen, indem sie die TeilnehmerInnen dazu anregt, *Haltungsziele* („Ich *bin* die Ruhe selbst") zu formulieren. Haltungsziele beschreiben eine bestimmte innere Verfassung, die am zweckmäßigsten in Form von *Mottosätzen* poetisch-bildhaft artikuliert und so nach außen gekehrt wird: „Ich stehe fest wie eine Eiche an der Atlantikküste" (für Souveränität); „George Clooney lebt in mir" (für Lockerheit); „Steter Biber nagt den Stamm" (für Beharrlichkeit). Damit, so STORCH, kann die *bewusste* Absicht einer Person mit ihren *unbewussten* Bedürfnissen in Einklang gebracht werden (STORCH/SCHETT 2009).

Ausstrahlungstraining ist ohne Zweifel die „Hohe Schule" authentischer Interaktion. Führungskräfte, die sich einige Stufen darunter der Idee einer authentischen Führung annähern möchten, könnten von den folgenden Tipps eines altgedienten Führungstrainers profitieren. Wer authentisch sein will,

- sollte gelernt haben, seine Stärken mit der angemessenen Distanz einzuschätzen und bereit sein, seine weniger starken Seiten nicht zu verleugnen;
- sollte in der Lage sein, seine Gefühle in bestimmten Situationen zu erkennen, was die Fähigkeit einschließt, *Affekte* (das sind heftige, spontan auftretende Gefühlswallungen) zu kontrollieren, um der *langfristigen* Wirkung auf andere immer den Vorrang einzuräumen;

- sollte offen sein für die vielfältigen Rückmeldungen aus seiner sozialen Umgebung und den Mut aufbringen, sich die möglichen Folgen solcher Rückmeldungen auch einzugestehen;
- sollte ernsthaft – und eventuell sogar mit Hilfe eines auf Führungskräfte abgestimmten Schauspielunterrichts – an seinem „Auftritt" arbeiten.

Balancieren

Führungskräfte sind heute in ihrem Arbeitsalltag ständig mit Widersprüchen und Dilemmata konfrontiert. Die klassische Führungslehre hilft hier nicht viel weiter. Sie erschöpft sich in der Aufforderung oder zumindest Empfehlung, sich bei Gegensätzen konsequent *entweder* für die eine *oder* die andere Alternative zu entscheiden. Dieses Entweder-oder spiegelt die Sehnsucht nach einem widerspruchsfreien Agieren wider. Wie wenig diese Vorstellung der Realität von Führung und Management entspricht, erkannte der Managementpionier CHESTER BARNARD (1886–1961) schon vor dem 2. Weltkrieg. Für ihn bestand die Aufgabe des „Managens" (was bei vielen Managementtheoretikern auch das Führen von Menschen einschließt) darin, „widerstreitende Kräfte, Interessen, Bedingungen, Positionen und Ideale miteinander zu versöhnen."

Drei Generationen später sekundiert ihm der kanadische Querdenker HENRY MINTZBERG: „Wer versucht, ihnen [den widerstreitenden Kräften; HKS] zu entkommen, verfällt einem Managementdogma, von denen wir schon mehr als genug hatten" (MINTZBERG 2010, S. 249). Für ihn besteht kein Zweifel: Die Kunst des Managements und damit Führens darin, die richtige *Balance* zu finden. Ein Manager müsse nicht nur einen Drahtseilakt vollführen, sondern dies auch noch auf den unterschiedlichsten Seilen in einem vieldimensionalen Raum.

Auch der Organisationspsychologe OSWALD NEUBERGER wehrt sich gegen die vereinfachende Sicht des Entweder-oder. Er ist überzeugt, dass Vorgesetzte notwendigerweise mit Widersprüchen leben müssen, aus denen es einen eindeutigen und gesicherten Ausweg nicht gibt. Die innere Zwiespältigkeit des Führens fordere Kompromisse zwischen an sich unverzichtbaren Alternativen. Führungsdilemmata entstünden, weil eine Situation an die Führungskraft gegensätzliche, als unvereinbar empfundene Ansprüche stelle, gleichzeitig aber eine Wahl oder Stellungnahme erfordere (NEUBERGER 1995). Typisch für den Führungsalltag sind solche Widerspruchspaare wie Effizienz oder Redundanz, Straffen oder Lockern, Beschleunigen oder Entschleunigen, Misstrauen (als Kontrolle) oder Vertrauen, Distanz oder Nähe, und so fort.

Wer z. B. *ausschließlich* auf Effizienz setzt, entscheidet sich nicht nur gegen eine Verschwendung von Ressourcen, sondern auch gegen jede Form von Redundanz. Diese kann jedoch, z. B. als Sicherheitspuffer oder in Form von Mehrfachstrukturen, die einen Wettbewerb der Ideen am Laufen halten, überaus nutzenstiftend sein. Wer *nur* auf äußere Kontrolle setzt, darf nicht mit Vertrauensbereitschaft der Mitarbeiter rechnen. Wer in seiner Organisation einen „Heldenkult" pflegt, wird Leute verlieren, denen der Sinn nach Vielfalt und Emanzipation steht. Wenn Führungskräfte vor solchen Dilemmata stehen, schlagen sie sich allzu oft auf die Seite der „Strenge", bei der es um Straffung, Kontrolle, Effizienz, Geschlossenheit, Beschleunigung etc. geht. Offenbar passen solche Leitlinien besser in das Bild einer starken, konsequenten Führung als Lockerung, Vertrauen, Redundanz, Offenheit, Entschleunigung etc.

Diese scheinbare Unversöhnlichkeit von Gegensatzpaaren kann jedoch durch ein Ausbalancieren sehr wohl aufgelöst werden. So ist es etwa möglich, Gegensätze bewusst nebeneinander oder nacheinander zur Geltung zu bringen. Extreme Pendelausschläge – z. B. eine anarchische Offenheit, die durch sektenartige Geschlossenheit ersetzt wird oder naive Vertrauensbereitschaft, auf die Kontrollbesessenheit folgt – können vermieden werden, wenn die Balance auf eine handhabbare Zone begrenzt wird (Abb. 7). Diese Art der *balancierenden* (als Vorgang) und *balancierten* (als Ergebnis) Führung erhöht die Handlungsmöglichkeiten einer Führungskraft. Dies ist ganz im Sinne des „handlungsethischen Imperativs" des konstruktivistischen Vordenkers HEINZ VON FOERSTER (1998): „Handle stets so, dass die Anzahl der Wahlmöglichkeiten größer wird!" Ein Handeln im Entweder-oder spitzt hingegen alles auf die eine Option zu – und übertreibt dann notgedrungen.

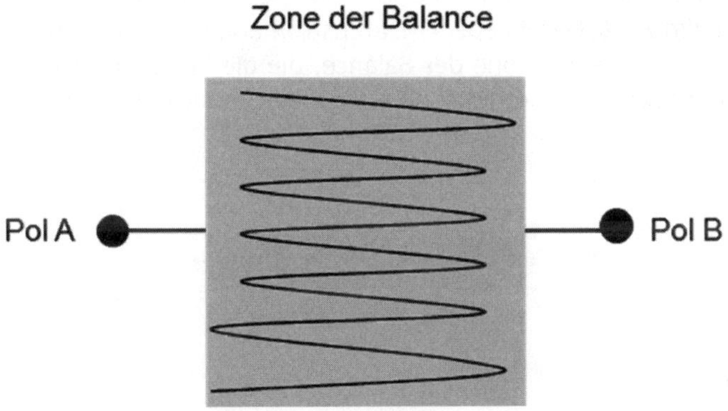

Zone der Balance

Pol A ●━━━━━━━━━━━━━━● Pol B

Abb. 7: Die Zone der balancierenden und balancierten Führung

Der Vergleich mit einer Seiltänzerin liegt hier nahe. Wenn sie balanciert, spürt sie die Kräfte eines Spannungsfeldes. Sie kann sich nur innerhalb einer bestimmten Zone auf dem Seil halten, darf nicht zu viel nach der einen oder anderen Seite pendeln, muss immer wieder die Goldene Mitte suchen. Sie bleibt dabei aber ständig in Bewegung und bedient sich eines wirkungsvollen Hilfsmittels, der Balancierstange. Mit dieser kann sie ein fallweises Ungleichgewicht ausgleichen (MÜLLER-CHRIST/WEßLING 2007). Was der Seiltänzerin die Balancierstange, ist für den Führenden die Differenz zwischen *Beobachtetem* (z. B. „Immer mehr Mitarbeiter agieren zurückgezogen") und *Vorgenommenen* (z. B. „Wir sollen uns mehr Zeit zum Austausch von Ideen nehmen"). Schritt für Schritt lernt die Führungskraft aus diesen Rückmeldungen, sich innerhalb der „passenden" Zone der Balance zu bewegen. Sie bleibt für ihre Mitarbeiter *unberechenbar*, weil sie eben viele Handlungsmöglichkeiten nutzen kann. Sie bleibt jedoch zugleich *berechenbar*, weil sie bewusst auf Extreme verzichtet, was ihre Mitarbeiter inzwischen erkannt und vielleicht sogar schätzen gelernt haben.

Das Gegensatzpaar Misstrauen und Vertrauen bietet ein anschauliches Beispiel für dieses Balancieren. So kann es z. B. ratsam sein, innerhalb einer Organisation generell Vertrauen zu praktizieren – quasi als *„basso continuo"*, um einen Vergleich aus der Barockmusik zu bemühen – und zugleich kritische Teilbereiche oder Prozesse durch konsequentes Misstrauen zu kontrollieren. Misstrauen ist nichts Anrüchiges. Es muss auch nicht unbedingt in einer sich selbstverstärkenden Spirale enden. Es gibt eben auch, wie beim Vertrauen, ein gesundes Misstrauen („healthy mistrust"). Dieses speist sich nicht so sehr aus ständig enttäuschtem Vertrauen, sondern vielmehr aus einem intuitiven Umgang mit Unsicherheit. Die Devise des gesunden Misstrauen lautet: „Bis hierhin, aber nicht weiter".

„Misstrauenspunkte", die gezielt auf einer Grundlage von Vertrauensbereitschaft aufsetzen, wären z. B. die Einhaltung ethischer Grundsätze zur Abwehr aktiver oder passiver Bestechung; eine rigorose Überprüfung der Spesenabrechnungen auch für relativ autonome Einheiten wie dem Außendienst oder F&E; der Ablauf und die Bearbeitung der Ergebnisse eines Beschwerdemanagements; das Verhalten von Mitarbeitern, die kritische Unsicherheitszonen kontrollieren oder als „Schleusenwärter" („Gatekeeper") Datenströme lenken; usw. Auf diese Weise bewegt man sich in einer Zone der Balance, die die beiden Extrempole des blinden Vertrauens und des chronischen Misstrauens vermeidet.

Charisma

Das Konstrukt *Charisma* (griech. *kharis* = Gnadengabe) wurde von MAX WEBER in die Soziologie eingeführt. Damit wollte er den Unterschied zur *bürokratischen* Herrschaft hervorheben. Charisma war für ihn das Exzeptionelle, „Außeralltägliche", „nicht jedermann Zugängliche" im Erscheinungsbild eines Herrschenden. Durch seine „vorbildliche" und exemplarische Handlungsweise gelingt es einem solchen Führer, Menschen zu einer „ganz persönlichen Hingabe" zu veranlassen. WEBER sprach sogar von einem Zustand der „Erregung" und „Hoffnung", der in weiterer Folge eine „Umformung von innen her" bzw. eine „Neuorientierung aller Einstellungen" nach sich ziehen kann (WEBER 1976, S. 140).

Ein Ziel der neueren Charisma-Forschung ist es, jene Attribute und Verhaltensweisen eines Führenden herauszuarbeiten, die Geführte dazu veranlassen, dem Führenden Charisma *zuzuschreiben*. Charisma wird heute nicht mehr als „natürliche Gabe" gesehen, sondern als das Ergebnis höchst subjektiver Einschätzungen, zu denen Menschen bei der Beobachtung anderer gelangen. Dabei wenden sie bestimmte Regeln an, die sich aus ihrer Sicht bislang bewährt haben. Eine wichtige Quelle für die Zuschreibung von Charisma scheint die Art und Weise zu sein, wie sich eine Führungskraft in *Krisen* verhält und wie sie die *Zukunft* zu gestalten versucht. Dazu drei beispielhafte Aussagen aus der Praxis (STEYRER/ STAHL 2008).

- Eine charismatische Führungskraft vertritt enthusiastisch eine *Vision*, die deutlich dem Status quo widerspricht. Damit verbundene Werthaltungen werden von ihr nicht nur in Worten ausgedrückt, sondern *demonstrativ* vorgelebt.
- Sie ist bereit, für die Verwirklichung dieser Vision ihren persönlichen Status, Geld oder die Mitgliedschaft in ihrer Organisation zu *riskieren*. Durch diese *Selbstbindung* versucht sie, ihre ehrlichen Absichten zu unterstreichen.
- Sie weist bislang erfolglose oder nur mäßig erfolgreiche Lösungswege energisch zurück und bedient sich stattdessen *unkonventioneller*, gegen die vorherrschende Meinung verstoßender Handlungsweisen.

Neben der besonderen Art der Krisen- und Zukunftsbewältigung speist sich Charisma natürlich auch aus persönlichen Merkmalen:

- Eine charismatische Führungskraft signalisiert starkes *Selbstvertrauen* und hohe *Kompetenz* (im Sinne des Beherrschens eines bestimmten Metiers) und verbindet beides mit einem entschiedenen *Führungsanspruch*.
- Sie verfügt über ausgeprägte *kognitive* Fähigkeiten, um komplexe Situation rasch einzuschätzen, Gelegenheiten beim Schopf zu packen und möglichen Fallen aus dem Weg zu gehen.
- Sie zeichnet sich im positiven Fall durch moralische *Integrität* aus (z. B. Fairness, Redlichkeit, Stimmigkeit von Worten und Taten) und im negativen Fall durch *mikropolitische* Raffinesse (z. B. sich ins Gespräch bringen, Eindruck schinden, „Zähne zeigen").

Schließlich tragen auch die Art der *Kommunikation* und *Selbstdarstellung* dazu bei, inwieweit eine Person charismatisch wirkt oder nicht:

- Eine charismatische Führungskraft verwendet zur Durchsetzung ihrer Ziele allgemein verständliche *Symbole* und *dramatisierende* Verhaltensweisen (indem sie z. B. ihre Opferbereitschaft hervorhebt).
- Sie fungiert als Sprachrohr einer Gemeinschaft und übermittelt ihre Botschaften auf *einfallsreiche* und *emotional* anregende Weise, was auch die Wahl der „richtigen" *Sprache* einschließt.
- Sie wendet viel Zeit und Energie auf, um ein *positives* Bild von sich zu zeichnen; dabei überlässt sie nichts dem Zufall, sondern *steuert* den Eindruck auf andere Menschen durch eine gewiefte Inszenierung.

Aus diesen neun Quellen des Charismas kann man unschwer erkennen, dass sich charismatisches Verhalten für eine Überzeichnung geradezu anbietet. Eine enthusiastisch verkündete Vision und demonstrative Opferbereitschaft, eine emotionale Aufladung und symbolisierende Auftritte bedeuten einen Ritt auf einem sehr schmalen Grat. Zu wenig der sozialen Dramatisierung, und die Führungskraft hebt sich von der Masse ihrer Konkurrenten nicht genügend ab. Zuviel der Inszenierung, und das Charisma kippt in ein *Stigma* um. Ein Stigma erleidet, wer in unerwünschter Weise anders ist als erwartet. So kann z. B. ein „leidenschaftlich" agierender Anführer mit nur wenigen Übertreibungen als „fanatischer" Irreführer stigmatisiert werden. „Tolerante Gelassenheit" kann charismatisch wirken, läuft aber auch die Gefahr, als teilnahmslos oder gleichgültig interpretiert und damit zum Stigma zu werden.

Ist es möglich, Charisma zu „erlernen"? Wer Charisma mit angeborener „Ausstrahlung" (→ *Authentizität*) gleichsetzt, wird diese Frage verneinen. Wer hingegen von der Allmacht der Gene weniger überzeugt ist, könnte dem Erlernen durchaus etwas abgewinnen. Aus den neun Quellen des Charismas lässt sich nur wenig Angeborenes und dafür aber viel Erworbenes ableiten. Die frühkindliche Erziehung ist wie bei vielen anderen Aspekten der Persönlichkeitsentwicklung auch hier ein wichtiger Faktor. Gleichwohl müssen Versuche, Charisma gleichsam „mitten im Leben" „erlernen" zu wollen, zu Enttäuschungen führen. Es können wohl Elemente des Charismas weiterentwickelt werden – z. B. Gestik, Mimik, Sprache, Aufmerksamkeit –, aber die Ganzheit des Phänomens Charisma wird dabei mit hoher Wahrscheinlichkeit verfehlt. Menschen, denen Charisma zugeschrieben wird, haben sich diese Wirkung durch unzählige soziale Rückkopplungen über sehr lange Zeit erworben. Ihnen wird dieses Charisma meist erst dann bewusst, wenn sie die nahezu bedingungslose Gefolgschaft anderer Menschen erfahren.

Bei all dem sollte bedacht werden, dass es neben dem Risiko der Stigmatisierung noch einen weiteren Grund gibt, warum es sich bei Charisma um ein so schwer fassbares Phänomen handelt. Menschen folgen einem charismatischen Führer, solange sich dessen Handeln als nutzbringend erweist. Bleibt diese Bewährung dauerhaft aus, so schwindet auch die charismatische Autorität. MAX WEBER begründete dies damit, dass die Begnadeten ihre magische oder sogar als göttlich vermutete Heldenkraft ganz einfach verloren hätten. Das Problem mit dem Charisma ist jedoch, dass es immer „nur" durch Zuschreibungen entsteht. Diese folgen einfachen, oft „naiven" Regeln (z. B. hagerer Mann mit Brille = belesen, attraktive Blondine = doof). In unbeständigen Zeiten ändern sich auch solche Regeln rasch, sodass Charismatiker damit rechnen müssen, dass ihnen die Zuschreibung des „Außeralltäglichen" ebenso rasch entzogen werden kann. Besonders die Politik liefert dafür anschauliche Beispiele.

Coaching

Die Bezeichnung „Coaching" teilt das Schicksal mit Kompetenz, Strategie, Motivation und anderen managementnahen Begriffen. Sie sind alle zu Worthülsen verkommen. Es gibt mittlerweile ein Gesundheits-, Finanz- und Pferdecoaching genau so wie ein Verkehrs, Lern- und Heiratscoaching. Es ist zudem Mode geworden, den Chef durch den Coach zu ersetzen. (Bei der Chefin wird es schwieriger, weil das weibliche Pendant zum Coach – die Coachess?, die Coachin? – noch nicht gefunden wurde.) Hieß es früher „Der Chef ruft", so hat man nun ein Meeting mit seinem „Coach". In den allermeisten Fällen hat ein solches Gespräch überhaupt nichts mit Coaching im professionellen Sinn zu tun, aber es klingt zumindest partnerschaftlich. Inzwischen gehen Organisationen dazu über, im Rahmen ihrer Management-Ausbildung so etwas wie die „Grundlagen des Coachings" zu vermitteln, wobei meist ein Crash-Kurs von wenigen Tagen reichen muss. Ein Affront für alle hauptberuflichen Coachs, die viele Jahre in ihre Ausbildung investierten.

Coaching ist Hilfe zur Selbsthilfe, wobei sich der helfende Coach und der von ihm betreute Coachee „auf gleicher Augenhöhe" befinden. Coaching kann als „Learning *with*" charakterisiert werden. Andere Interaktionsformen wie Beratung, Erziehung oder Mentoring sind asymmetrischer Natur und damit ein „Learning *from*". Führung als Mentoring zu verstehen kann durchaus sinnvoll sein, wenn der „Reifegrad" (ein gewöhnungsbedürftiger Begriff, der hier dem situativen Führungsmodell von Paul Hersey und Ken Blanchard entlehnt wird) des Mitarbeiters gering ist. Eine solche Führungsbeziehung zwischen dem Vorgesetzten als Mentor und dem Mitarbeiter als Mentee hat nichts mit Coaching gemein. Dessen Gleichheitsprinzip spießt sich mit der Asymmetrie der Führung. Deshalb endet der Versuch, Führung als Coaching zu betreiben, unweigerlich in einer *Doppelbindung* („double bind"). In eine solche Zwickmühle gerät, wer sich zwischen zwei gleichwertigen, jedoch widersprüchlichen Botschaften entscheiden soll (z. B. „Lesen Sie diesen Satz nicht"). So kann der Mitarbeiter als Coachee von seinem Vorgesetzten-Coach verbal die Botschaft „Wir sind ebenbürtig", auf der nonverbalen Ebene jedoch „Ich bin der Vorgesetzte" signalisiert bekommen.

Eine Führungskraft wird nur unter eher selten gegebenen Bedingungen behaupten können, gegenüber ihrem Mitarbeiter tatsächlich als *Coach* zu fungieren:

- Die Führungskraft muss imstande sein, *glaubhaft* und *standhaft* von der Rolle der Machtüberlegenen in die des ebenbürtigen Coachs zu wechseln, ohne die Führungsrolle als Rückfallposition zu behalten für den Fall, dass das Coaching-Gespräch nicht nach ihren Vorstellungen verläuft.

- Will die Führungskraft ihre Glaubhaftigkeit signalisieren, ist sie auf die *Gutwilligkeit* des Mitarbeiters angewiesen. Will sie Standhaftigkeit beweisen, muss sie bereit sein, sich für einige Zeit aus der Führungsrolle *zurückzuziehen*.

- Um einer Doppelbindung entgehen, muss die Führungskraft gewohnt sein, *Metakommunikation* zu praktizieren, also die Kommunikation selbst zum Gesprächsthema zu machen („Wie gehen wir eigentlich miteinander um?").

Gesetzt den Fall, es gelingt der Führungskraft tatsächlich, eine symmetrische partnerschaftliche Coaching-Beziehung mit dem Mitarbeiter herzustellen, dann wartet eine nächste Einschränkung auf sie. Die Führungskraft darf sich nicht anmaßen, etwas beeinflussen zu können, von dem sie gar nicht Teil ist. Weder der Coachee selbst noch die sozialen Systeme, denen der Coachee angehört, können Gegenstand des Coachings sein. Die Coaching-Expertin SONJA RADATZ macht dies an folgendem Unterschied deutlich.

Beratung beruht auf einer „Gucklochhaltung". Hier beobachtet der Berater quasi durch ein Guckloch, was dahinter passiert, um dann mit Hilfe seines Wissens und seiner Erfahrung dem Beobachteten „objektiv" zu raten, was zu tun ist. *Coaching* nimmt hingegen eine „Teil-der-Welt-Haltung" ein. Der Coach kann nichts ändern, von dem er nicht Teil ist. Er kann weder in die Person selbst noch in die Abteilung oder das Team, denen der Coachee angehört, „hineinregieren". Er kann jedoch versuchen, mit dem Coachee eine gemeinsame „Welt" in Form eines zwischen beiden geteilten Lösungsfeldes zu schaffen (RADATZ 2006). Durch gekonntes →*Fragen* oder durch ein „Verstören", durch einen Wechsel der Perspektiven oder indem man der Situation einen „neuen Rahmen" verpasst etc. ist es möglich, Veränderungen im Coachee auszulösen. Diese Interventionen müssen jedoch genau zu den Befindlichkeiten des Coaching-Partners passen, was ein hohes Maß an Sensibilität beim Coach voraussetzt.

Ein professioneller Coach wird von Fall zu Fall auch „paradoxe Interventionen" einsetzen. Hier verschreibt er das Gegenteil dessen, was er erreichen will. Wenn es z. B. für eine Veränderung nötig ist, dass der Coachee ein bestimmtes Verhalten nicht mehr zeigt, so wird er genau dieses Verhalten fordern, nach dem Motto „Mach weiter so!". Paradoxe Interventionen sind überall dort angebracht, wo sich soziale Beziehungen den naheliegenden oder scheinbar bewährten Wegen zur Veränderung widersetzen (FISCHER 1998).

Im Coaching-Prozess treffen zwei Experten aufeinander: Der Coach als Experte für den lösungsorientierten Umgang mit Problemen und der Coachee als Experte für die Umstände, die ihn unmittelbar betreffen – oder um im Fachjargon zu bleiben – für den „Kontext", in dem er tätig ist (TOMASCHEK 2003). Führungskräfte, die ihre Mitarbeiter erfolgreich coachen wollen, brauchen deshalb die Fähigkeit, sich in die Lage des „Nichtwissens" und der Bescheidenheit zu begeben. „Wir besitzen beide nicht den Stein der Weisen, also suchen wir doch gemeinsam einen Weg aus dieser Situation". Eine Führungskraft als Coach muss sich immer wieder aufs Neue davon überraschen lassen, dass der Coachee eine unerwartet andere Lösung gefunden hat. Die Wertschätzung solcher Lösungsideen ermutigt den Coachee, seine Ressourcen in den Coaching-Prozess einzubringen.

Ein Coaching von Mitarbeitern bedeutet, viel Zeit damit zu verbringen, bedingungslos zuzuhören und die eigenen Ziele loszulassen. Wer dazu nicht imstande ist und stattdessen versucht, seine Mitarbeiter auf Umwegen dorthin zu bekommen, wo er sie haben will, sollte kein Coaching anbieten. Coaching ist auf die Freiwilligkeit beim Mitarbeiter angewiesen. Es darf für den Coach nicht darum gehen, seinem Gegenüber ein „Coaching-Gespräch" zu verpassen, weil es wieder einmal an der Zeit ist. In Organisationen, in denen eine sehr *offene* Kultur (→*Organisationskultur*) gelebt wird, sind es die Mitarbeiter, die sich ein Coaching durch den Vorgesetzten (den sie aber deswegen auch nicht gleich „Coach" nennen) wünschen. Damit wird nochmals klar, wie selten Führungskräfte in der Praxis tatsächlich als Coach agieren werden. Am ehesten werden sie ein →*Mentoring* betreiben, was mit seiner einfühlenden Grundhaltung durchaus einen Platz im Führungsalltag hat.

Commitment

Den Begriff „Commitment" umgibt eine Aura der Ernsthaftigkeit und vielleicht sogar Strenge. In ihm schwingt das Verbindliche, die Verpflichtung und die Festlegung mit. Im Kern geht es in den meisten Fällen um *Bindung*. Wenn sich Menschen an andere Menschen „binden", spricht man von *persönlichem* Commitment. Binden sich Menschen an Organisationen, so entsteht *organisationales* Commitment. Und gehen Organisationen langfristige Beziehungen mit anderen Organisationen ein, wobei das gegenseitige Vertrauen wichtiger ist als Verträge, dann ist *interorganisationales* Commitment gefragt. Gegenstand der folgenden Überlegungen ist das organisationale Commitment.

Commitment ist im nächsten Schritt abzugrenzen von den Begriffen Involvement und Identifikation. *Involvement* meint die innere Zuwendung zu einer Sache oder einer Aufgabe. Es geht in die Tiefe (z. B. durch Detailbesessenheit), während Commitment zukunftsbezogen (mit einem nicht zu engen Zeithorizont) zu sehen ist. *Identifikation* steht für die belastbare Verinnerlichung von Ideen, Werten und Normen. Während sich Involvement vor allem aus konkreten Bedürfnissen (z. B. Selbstentfaltung, Spontaneität) speist, entsteht Identifikation eher aus der Suche nach Orientierung (z. B. durch die Beantwortung der Sinnfrage). Identifikation kann, muss aber nicht in Commitment münden. Jemand kann sich mit den Werthaltungen einer Organisation sehr wohl identifizieren, ohne an eine Bindung zu denken, weil er eben noch über andere Optionen verfügt. Umgekehrt wird sich jemand aus Mangel an Alternativen an eine Organisation binden (müssen), obwohl er ihre Ideen nicht verinnerlicht hat.

In der einschlägigen Literatur wird häufig zwischen emotionalem, kalkulierendem und normativem Commitment unterschieden (MEYER/ALLEN 1991). Obwohl sich emotionales und normatives Commitment offensichtlich überschneiden (eine Bindung an Normen hat immer auch mit →*Emotionen*, oder präziser mit Gefühlen zu tun), wird diese Unterscheidung gerne zur Messung von Commitment mit Hilfe von Fragebögen verwendet. Ein anderer Zugang besteht darin, Commitment als das Ergebnis laufender Abwägungen zu verstehen, mit denen Antworten auf vier grundlegende Fragen (Abb. 8) gesucht werden.

- Wie *attraktiv* ist für mich die Beziehung zwischen mir und der Organisation, für die ich tätig bin?
- Gibt es *Alternativen* zu der aktuellen Beziehung und wenn ja, wie attraktiv sind diese für mich?
- Würde ich die Organisation jetzt verlassen, wie hoch wäre dann der Verlust der *Investitionen*, die ich für die Beziehung aufgebracht habe?
- Wie hoch wären die *Gewissenskosten*, die ich erleiden müsste, wenn ich die Organisation verließe?

Die *Attraktivität* einer Beziehung ergibt sich somit aus einer Gegenüberstellung des Nutzens aus der Beziehung und den Aufwendungen für den Erhalt der Beziehung. Für beide kommen sowohl *materielle* als auch *immaterielle* Größen in Frage. Beim Nutzen wären das neben Geld- und Naturalleistungen das Betriebs- und Arbeitsklima, Entfaltungsmöglichkeiten, Karrierechancen, Lob, Anerkennung, Wertschätzung etc. Bei den Aufwendungen zählt vor allem der über das „Normalmaß" hinausgehende Arbeits- und Zeiteinsatz. Als Maßstab für diese Vergleiche dienen Erfahrungen aus ähnlichen Beziehungen in der Vergangenheit. Dabei wirken neuere Erfahrungen stärker auf den Vergleich ein als Erfahrungen, die lange zurückliegen.

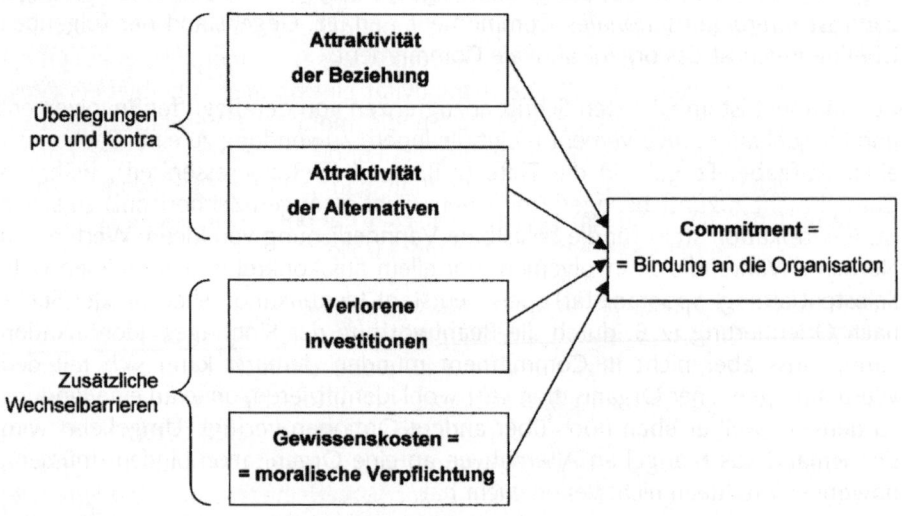

Abb. 8: Ein Modell für organisationales Commitment

Beim Vergleich der aktuellen Beziehung mit den verfügbaren *Alternativen* sind verschiedene Konstellationen möglich. Dazu drei Beispiele:

- Die aktuelle Beziehung ist *attraktiv* und es ist keine vergleichbare Alternative in Sicht: Hier besteht eine hohe *Abhängigkeit* von der Organisation, was ein ebenso hohes Commitment erwarten lässt.
- Die aktuelle Beziehung wird als *attraktiv* empfunden und es gibt eine Alternative, die alle bisherigen Erfahrungen übertrifft: Die Person gewinnt dadurch Handlungsspielräume – was allerdings auch zur Qual der Wahl werden kann. Sieht man von eventuellen Investitionsverlusten und Gewissenskosten ab, so wäre ein Commitment in dieser Konstellation unvernünftig.
- Die aktuelle Beziehung ist nach allen bisherigen Erfahrungen *unattraktiv* und die beste verfügbare Alternative ist noch weniger attraktiv: Hier ist man in einer unattraktiven Beziehung *gefangen* – eine Situation, die für viele Minderqualifizierte typisch ist und von Arbeitgebern nicht selten ausgenutzt wird.

Die Bindungsbereitschaft an eine Organisation wird nicht nur von der Attraktivität der aktuellen Beziehung und der verfügbaren Alternativen bestimmt, sondern auch von eventuellen *Investitionsverlusten* („sunk costs"), die beim Verlassen der Organisation zu Buche schlagen. Ein Ortswechsel z. B., der mit all seinen familiären Konsequenzen bewusst in Kauf genommen wurde, um den Nutzen aus der Beziehung zu generieren, zählt ebenso zu solchen Vorleistungen, wie das Erlernen einer exotischen Fremdsprache oder die mühsame Aneignung einer sehr spezifischen Fertigkeit, die anderswo nicht gefragt wäre.

Schließlich stellen auch die *Gewissenskosten*, die bei einer eventuellen Abwanderung entstehen könnten, eine Wechselbarriere dar. Üblicherweise fühlt sich gut, wer nach seinem Gewissen handelt, sich also z. B. an eine eingegangene Verpflichtung hält, auch wenn daraus ein moralischer Aufwand erwächst. „Das tut man nicht", lautete eine Maxime der Nachkriegsgeneration. Sie wirkte immer dann bremsend, wenn es galt, die Attraktivität eines neuen Arbeitgebers (Vollbeschäftigung war damals normal) gegen die moralische Verpflichtung abzuwägen, doch bei der jetzigen Firma zu bleiben. Für die sogenannte „Generation Y" (→ *Wertedynamik*), deren frühe Sozialisation häufig durch Patchwork-Verhältnisse und einen häufigen Job-Wechsel der Eltern geprägt war, spielt diese Komponente des Commitments eine viel geringere Rolle.

Führungskräfte können das organisationale Commitment ihrer Mitarbeiter nicht beliebig beeinflussen. Von den vier Möglichkeiten (Abb. 8) ist dies am ehesten bei der Attraktivität der Beziehung der Fall, wobei die nichtmateriellen Nutzenelemente, vom Lob bis zum Betriebsklima, oft unterschätzt werden. Wechselbarrieren durch spezifische Investitionen sind Grenzen gesetzt, zumal sie vom Mitarbeiter leicht als „Fesselung" interpretiert werden können. Eine typische Reaktion auf eine solche Einschränkung der Wahlfreiheit ist die *Reaktanz*. Der Mitarbeiter überreagiert, um sich Luft zu verschaffen. Er wird die Attraktivität der momentanen Bindung drastisch abwerten (z. B. verbunden mit harscher Kritik in den sozialen Netzen) und die Option der Unabhängigkeit entsprechend aufwerten. Was schließlich die Gewissenskosten anlangt, so wird schon sehr früh in der Persönlichkeitsentwicklung entschieden, welche Rolle sie bei zukünftigen Entscheidungen spielen werden.

Delegieren

Delegation bezeichnet ein Steuerungsprinzip, nach dem die Entscheidungsbefugnisse innerhalb einer hierarchischen Organisation auch auf untere Ränge verteilt werden sollen, statt sie möglichst weit „oben" zu konzentrieren. ROLF WUNDERER (2009) spricht von *delegativer* Führung, wenn er möglichst vielen Mitarbeitern Frei- und Experimentierräume zuweisen will. Dies deckt sich mit dem Prinzip des →*Empowerment*. In einem gedanklichen Drei-Ebenen-Modell der Führung von Organisationen wäre die Delegation auf der *normativen* Ebene, und damit über der strategischen und der operativen Ebene angesiedelt. Dieses normative Aufgabenfeld wird üblicherweise durch eine Unternehmenspolitik, Verhaltenskodizes, Leitbilder oder Ähnliches konkretisiert, in der Erwartung, dass sich diese Vorgaben auch in der Kultur der Organisation widerspiegeln.

Der Begriff *delegieren* ist *operativer* Natur. Er wird üblicherweise für das Übertragen von Aufgaben verwendet (worauf sich die folgenden Ausführungen konzentrieren). Dem Organisationsberater ALEC MACKENZIE (1995) muss man beipflichten, wenn er schreibt: „Wer nicht delegieren kann, kann auch nicht führen." Es ist die Unsicherheit, die viele Führungskräfte dazu antreibt, sich ständig selbst beweisen zu müssen. Wer jedoch zu anderen nicht Nein sagen kann oder zum Perfektionismus neigt, wird Aufgaben geradezu magisch an sich ziehen und damit als Führungskraft abdanken. Eben deshalb ist die „Kunst des Delegierens" ein Standardthema der Führungslehre. Das Dilemma des Delegierens besteht darin, dass sich genau die persönlichen Merkmale, die einen Menschen in eine Führungsposition bringen können, einem Übertragen von Aufgaben im Wege stehen. Dazu einige Anmerkungen.

Führungskräfte sind mit einem hohen Maß an *Fleiß* und *Ehrgeiz* ausgestattet. Ihr Pflichtbewusstsein, alles prompt und akkurat zu erledigen, bringt diese Menschen dann dazu, Aufgaben lieber selbst zu erledigen, als an andere zu übertragen. „Wenn ich es selbst mache, dann kann ich mir wenigstens sicher sein, dass es auch richtig gemacht wird." Wer Führungssituationen immer wieder auf eine solche Weise definiert, darf sich nicht wundern, wenn Mitarbeiter ganz nach dem Prinzip der selbsterfüllenden Prophezeiung reagieren: „Das kann ich nicht …", „Dafür bin ich nicht der Richtige …". Der Ausweg aus diesem Dilemma besteht darin, den eigenen Fleiß und die Einsatzbereitschaft – also genau das, was in dem schönen Wort „Tüchtigkeit" steckt – einem (noch) *höheren* Wert, nämlich der *Verantwortung* für die Entwicklung der Mitarbeiter, unterzuordnen. Dieser Druck bündelt die Energie und richtet sie auf die Führungsarbeit. Fleiß und Einsatzbereitschaft dürfen immer nur Mittel, aber nicht Selbstzweck sein.

Ehrgeizige Menschen ziehen alles an sich und wollen besser sein als die anderen. Dieser *Wettbewerbsgeist* hindert sie daran, andere an ihren Ressourcen teilhaben zu lassen. „Wenn ich etwas abgebe, verliere ich zu viel Kontrolle". Hier hilft den Ehrgeizigen nur die Selbsterkenntnis, dass sie sich davor fürchten, von anderen überholt zu werden. Es mangelt ihnen an Vertrauen in die eigenen Fähigkeiten. Viele „Führungskräfte" sitzen in dieser Falle. Da sie nicht mehr führen, müssen sie sich immer mehr auf die eigenen Schultern laden. Der Weg aus dieser Falle ist schwierig bis unmöglich. Denn hat sich die Furcht vor einem Kontrollverlust einmal festgesetzt, so lässt sie eine Selbsterkenntnis nicht mehr zu.

Führungskräfte kommen oft über ihre *analytischen Fähigkeiten* in eine Position, in der sie dann Verantwortung für Menschen übernehmen sollen. Sie haben es allerdings nie gelernt oder inzwischen verlernt, sich in der Welt der Gefühle zu bewegen. Sie scheuen vor notwendigen emotionalen Begegnungen mit den Mitarbeitern zurück. Das Übertragen von Aufgaben ist für sie ein logischer Prozess, der sich in die betrieblichen Abläufe einfügen muss. In einer solchen sterilen Atmosphäre erhalten die Mitarbeiter entweder gar keine oder nur „glatte" Signale (z. B. „Mit Dir ist alles in Ordnung" oder „Das war ein Flop!"). Die Lerneffekte des Delegierens unterbleiben. Analytisch gepolte Führungskräfte sehen das Fördern und Entwickeln von Menschen nur selten als Teil ihrer Lebenswelt. Die Mitarbeiter sind für sie eher die Ursache von Problemen als die Ressource für deren Lösung.

Frauen in Führungspositionen tun sich manchmal schwer, Aufgaben an ihre Mitarbeiter zu delegieren. Schuld daran sind vor allem die zementierten Geschlechterrollen. Frauen richten sich, meist gar nicht bewusst, nach den stereotypen Erwartungen. Sie sind dann entweder zu höflich und zögerlich (Frauen brauchen angeblich die Bestätigung, verstanden zu werden) oder setzen noch ein Fragezeichen hinter den im Konjunktiv angedeuteten Wunsch. Delegieren wird so gar nicht ernst genommen. Oder sie versuchen aus der Opferrolle heraus Aufgaben an andere zu übertragen. Diese Rolle mag zwar bequem sein, aber sie endet fast immer in Frustration (Nur ganz wenigen Frauen gelingt es, ihre Opferrolle machiavellistisch auszunutzen und sogar in höchste Ämter aufzusteigen). Die gute Nachricht ist, dass es gar nicht so schwer ist, sich von der Opferrolle zu verabschieden, wie die vielen Beispiele „aufrückender" weiblicher Führungskräfte zeigen. Nicht wenige haben dies alleine, andere wiederum mit Hilfe eines professionellen Coachings geschafft.

Die im Folgenden angeführten Merkpunkte „richtigen" Delegierens mögen trivial erscheinen. Dass sie dennoch immer wieder in Erinnerung gerufen werden müssen, beweisen Beobachtungen der Führungspraxis.

- Die *Art* der zu delegierenden Aufgabe – z. B. Umfang, Komplexität, Risiko – muss sich nach dem *Können*, dem *Wollen*, dem *Sollen* (das ist der Grad der Verinnerlichung der Werte und Normen, die in der Organisation überwiegend geteilt werden) und dem *Dürfen* (das ist der Grad der Eigenermächtigung) des Mitarbeiters richten.

- Der *Inhalt* der zu übertragenden Aufgabe ist ebenso *genau* zu definieren wie der *Zeitpunkt* der Erledigung. Delegieren ist zudem eine Art „feierlicher Akt", der grundsätzlich *schriftlich* fixiert werden sollte.

- Wer delegiert, muss dafür sorgen, dass dem Mitarbeiter auch die für die Erledigung der Aufgabe notwendigen *Ressourcen* – z. B. Zeit, Arbeitskraft, finanzielle Mittel, Vollmachten – zur Verfügung stehen. Nur so ist das Übertragen von *Verantwortung* (das ist die Bereitschaft, sich die Folgen des eigenen Handelns zurechnen zu lassen) sinnvoll.

- Sich als Führungskraft vorsorglich von einer Aufgabe zu *distanzieren* – „Ich bin von dieser Aufgabe selbst überrascht, aber sie kommt von oben, uns bleibt eben nichts anders übrig ..." – ist ein Kardinalfehler des Delegierens.
- Ein anderer Fehler besteht in der leichtfertigen Akzeptanz des *Rückdelegierens* und *Nacharbeitens* („Da fehlen noch einige Dinge ... aber macht nichts, ich erledige das schon selbst."); eine Kultur des Delegierens wird auf diese Weise zur Illusion.
- Eine Aufgabe sollte schließlich nur an *eine Person* übertragen werden. Ist die Aufgabe zu komplex, ist sie in sinnvolle Teilaufgaben zu zerlegen und wieder nur an einen Verantwortlichen zu delegieren. Soll die Aufgabe von einer Gruppe erledigt werden, so ist der Gruppenleiter oder -sprecher der Auftragnehmer.

Distanz

Das Grundprinzip von Führung ist die Asymmetrie zwischen dem, der führen will, und denen, die sich führen lassen wollen oder müssen. Die Asymmetrie gründet auf den ungleich verteilten Ressourcen, aus denen die beiden Seiten ihre Machtmittel schöpfen können. Asymmetrie schafft Distanz zwischen Führenden und Geführten. Diese Distanz spielt eine zweifache Rolle bei der Führung. Sie kann als *räumliches* und als *psychisches* Verhalten gut beobachtet und einigermaßen gesteuert werden. Das räumliche Verhalten fällt in die von dem Anthropologen EDWARD HALL (1914–2009) begründete Disziplin der *Proxemik*, das psychische Verhalten ist ein klassisches Thema der *Sozialpsychologie*.

Der Mensch als wanderndes soziales Wesen musste sich schon früh auf bestimmte Prinzipien festlegen, um die räumliche Zuordnung zu anderen – etwa die Frage der Distanz, Position, Bewegungsfreiheit, Verteidigung des eigenen Territoriums etc. – im Sinne des Überlebens zu regeln. Das räumliche Verhalten ist somit Teil unseres evolutionären Erbes, gleichwohl aber auch kulturell überformt. Dies führt zu selbstverständlich gewordenen Verhaltensweisen, wie sie etwa für unsere Kultur typisch sind. Wir verwenden Badetücher, um unser Territorium am Pool zu markieren oder belegen unsere Arbeitsplätze in der Bibliothek mit Büchern, Schreibzeug oder einem Kleidungsstück. In Besprechungen entscheidet der Winkel, in dem man anderen gegenüber sitzt, über die Gesprächsbereitschaft (Abb. 9).

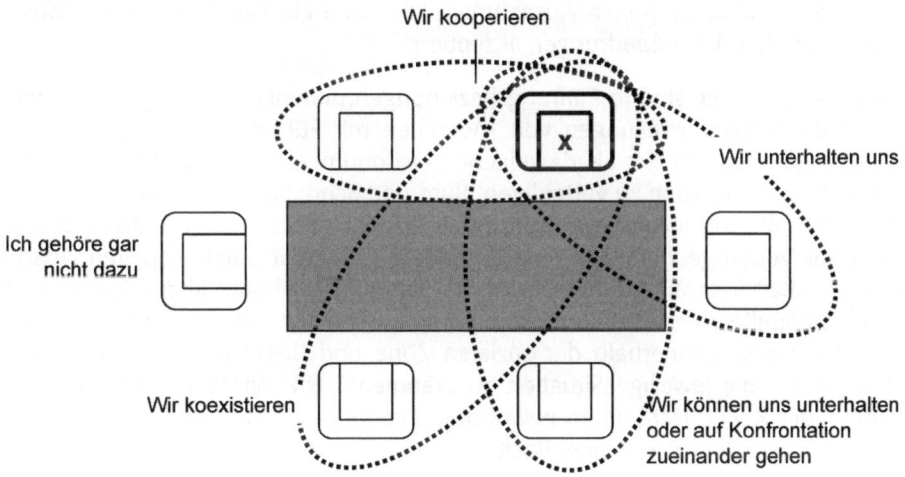

Abb. 9: Mögliche räumliche Ausrichtungen auf eine Person in Position x (in Anlehnung an WICKHORST/GEROY 2006).

In geschlossenen Raumsituationen wie U-Bahn oder Aufzug igeln wir uns in dem von uns temporär beanspruchten Reservat ein. Hier herrschen Distanzgebot und Kontaktverbot als gesellschaftliche Norm. Um die übergroße menschliche Nähe zu ertragen, definieren wir die anderen als „Unpersonen". Körpernahe Bewegungen, ein Blickkontakt, der länger als drei Sekunden währt, ein lautstarkes Gespräch oder olfaktorische Belästigungen (z. B. ein Döner Kebap in der U-Bahn) gelten als territoriale Übertretungen, die entsprechend geahndet werden.

Geläufig ist auch der Unterschied zwischen den „Kontaktkulturen" arabischer, lateinamerikanischer oder mediterraner Provenienz und den auf Distanz achtenden „Nicht-Kontakt-Kulturen" etwa der Nordeuropäer. Der folgende Witz spiegelt mehr als ein bloßes Klischee wider: Was ist der Unterschied zwischen zehn einander fremden Süditalienern, die in einem Spätzug mit ebenso vielen Wagen reisen, und zehn Norddeutschen in derselben Situation? Alle Süditaliener sitzen in einem einzigen Abteil, bei den Deutschen sitzt in jedem der zehn Wagen ein Fahrgast.

Den Menschen umgeben mehrere Distanzzonen, die sein Verhalten bestimmen. Die *öffentliche* Zone bemisst sich auf etwa drei bis vier Meter und entspricht der Fluchtdistanz, die bei drohender Gefahr noch ein Entkommen ermöglicht. In der *sozialen* Zone finden die eher unpersönlichen Gespräche statt, etwa mit entfernteren Kollegen, Bekannten oder auch Fremden. Diese lassen wir auf höchstens eineinhalb Meter Abstand an uns heran. Die *persönliche* Zone ist für Kontakte mit Menschen reserviert, zu denen bereits eine enge Beziehung besteht. Etwa einen halben Meter beträgt hier die Distanz, die nicht unterschritten werden sollte. Hier beginnt die *intime* Zone, die wir mit anderen nur bei starker emotionaler Zuwendung teilen. Für bestimmte Berufe, wie Ärzte, Friseure oder Masseure, und in gewissen Situationen, z. B. beim Gesellschaftstanz oder in geschlossenen Räumen, gelten Ausnahmen. Hier wird ein Eindringen in die Intimzone freiwillig oder notgedrungen akzeptiert.

Solche Ausnahmen sind in Führungsbeziehungen undenkbar. Dagegen sprechen schon die Rollenvorstellungen von Menschen mit Führungsverantwortung. Sie können gar nicht anders als das eigene Territorium zunächst zu definieren und dann als Rückzugzone zu verteidigen. Büro und Schreibtisch sind zwei Artefakte, ohne die Führung in unserem Kulturkreis schwer vorstellbar sind. Allen Versuchen der Vergangenheit, z. B. eine besondere Offenheit durch Kopieren japanischer Verhältnisse einzuführen oder die Schreibtische ganz abzuschaffen und durch Stehpulte zu ersetzen, war kein Erfolg beschieden. Der Schreibtisch erlaubt die Abschirmung innerhalb der sozialen Zone und bietet dem Führenden die Möglichkeit, die jeweilige Situation zu „rahmen". Ein Mitarbeitergespräch verläuft in der Regel nach einem gewohnten Drehbuch, in das der Schreibtisch als unverrückbare Grenzziehung einfach dazugehört.

Die zweite Dimension des Nähe-Distanz-Verhaltens ist die *psychische* Distanz. Sie gründet in den unterschiedlichen „*Lebenswelten*" der Menschen. Die Lebenswelt ist nach der Vorstellung des Soziologen ALFRED SCHÜTZ (1899–1959) unsere kleine „Sinnprovinz". Sie ist die Welt des Alltags, in der wir uns auskennen und wohlfühlen und in der das „fraglos Gegebene" (SCHÜTZ) unser Denken und Handeln leitet. In einer typischen Führungsbeziehung stehen einander – nicht unüberbrückbar, aber doch oft hoffnungslos voneinander getrennt – die Lebenswelt der Führungskraft und die Lebenswelten der Mitarbeiter gegenüber. Eine Annäherung setzt voraus, dass der Führende sich für die Lebenswelten der von ihm Geführten interessiert, dass er versucht, diese zu verstehen und vielleicht sogar an ihnen teilzuhaben.

Gelingt die Überbrückung, so kann eine *gemeinsame Welt* entstehen, in der sich die Beteiligten als „*Mitmenschen*" begegnen. Eine persönliche Ressource, auf die es hier besonders ankommt, ist die Fähigkeit zur *Selbstöffnung* (engl. self-disclosure). Sie wird meist übersehen, weil heute alles Zwischenmenschliche mit der bombastischen „*sozialen*" Kompetenz zugedeckt wird. Diese umfasst so ziemlich alles, was im Hinblick auf wünschenswertes soziales Verhalten gut und teuer ist – Konflikt-, Kontakt-, Kritik-, Koordinations-, Durchsetzungs-, Integrationsfähigkeit und so fort. Um das in Führungsbeziehungen so heikle Verhältnis zwischen Nähe und Distanz auszutarieren, „genügt" es jedoch oft, im richtigen Moment, im richtigen Ausmaß und in der richtigen Weise dem Anderen einen Einblick in sein „Selbst" zu geben. Wer Führungsbeziehungen aufbauen, erhalten und weiterentwickeln möchte, muss diese „Kunst" beherrschen.

Zu oft verfallen Führungskräfte in ein Entweder-oder. Sie öffnen sich entweder zu wenig und wirken dadurch distanziert und unpersönlich. Oder sie öffnen sich in übertriebener Weise im ungeeigneten Moment, wodurch sie den anderen überfordern oder in Verlegenheit bringen. Der Leiter des Contollings eines großen Chemieunternehmens bekannte einmal: „Auf Betriebsfesten und Feiern habe ich früher Hemden durchgeschwitzt. Ich kam mit diesem „Nähe-Distanz-Problem" nicht zurecht. Zahlen sind mein Metier, dachte ich mir, aber nicht dieses Gesülze, wie ich es nannte. Ich manövrierte mich dadurch zunehmend ins Abseits. Daraufhin begann ich Smalltalk zu üben. Beim Anstellen an der Supermarktkassa, im Taxi, in der Bahn … Ich lernte mit der Zeit, heikle Themen wie Weltanschauung, Politik, Religion oder Sexualität auszuklammern. Und ich erkannte, wie wichtig es z. B. ist, sich Namen zu merken, indem man sie einige Male ins Gespräch einbindet … Heute bin ich neugierig auf jedes Gespräch – ich bin einfach souveräner geworden."

Führung ist ein zirkulärer Vorgang: Wer führt, wird zugleich geführt. Dieses Prinzip setzt die Asymmetrie nicht außer Kraft, sondern relativiert sie. Es akzeptiert, dass die Asymmetrie zeitweise ausgesetzt oder sogar umgekehrt werden kann. Führungsbeziehungen oszillieren zwischen scheinbar gegensätzlichen Polen, ohne dass die Beteiligten dies zumeist bemerken. Das Verhältnis von Distanz und Nähe passt in dieses Bild. Wirkungsvolle Führung bewegt sich innerhalb dieser beiden Pole. Ihre Weisheit liegt in einem ausgewogenen Verhältnis von Nähe und Distanz, wie das folgende Beispiel aus der Praxis zeigt:

Für den gestandenen Verkaufsdirektor Hofer war diese Balance immer schon ein Wesensmerkmal erfolgreicher Führung. Sein Vorgesetzter, der neue, um etliche Jahre jüngere Geschäftsführer Meinke, hatte bislang vieles richtig gemacht. Es war ihm in kurzer Zeit gelungen, die steife und kundenferne Bürokratiekultur seines Vorgängers, gegen die Hofer nichts ausrichten konnte, in eine offene und hemdsärmelige Kultur umzuwandeln. Meinke praktizierte von Anfang an eine überaus große Nähe zu den Mitarbeitern, was nach anfänglicher Skepsis durchaus als authentisch wahrgenommen und geschätzt wurde. Auch die Kunden honorierten diese Veränderung.

Nun stand die große Rede des Chefs zum Auftakt des neuen Geschäftsjahres an. Die Bühne war frei, der Saal gefüllt, die Erwartungen hoch. Kurz bevor sich Meinke auf das Podium schwingen wollte, bat ihn Hofer „um einen Moment." „Wenn Sie jetzt Ihren Speech halten, denken Sie bitte auch an die Distanz – die Leute brauchen das manchmal." Meinke verharrte für einige Sekunden, dann hatte er begriffen. Es war die kurze Pause vor dem „die Leute brauchen das manchmal", die ihn verstehen ließ. Dieser Satz war keine Kritik an seiner bislang praktizierten Nähe, sondern vielmehr ein weiser Ratschlag für eine heikle Gelegenheit: Jetzt mal einen Kontrapunkt setzen … Meinke hielt seine Rede daraufhin eine Spur „staatsmännischer" als ursprünglich vorgesehen. Er drängte die Rolle des Kumpels in den Hintergrund und verzichtete auf einige der geplanten Gags. Mitten im lebhaften Schlussapplaus zeigte Hofer, der in der zweiten Reihe saß, anerkennend den Siegesdaumen.

Dieses ausgewogene Verhältnis zwischen nötiger Distanz (wer führen will, muss auch als Führender wahrgenommen werden) und notwendiger Nähe (wer führen will, ist auf die Resonanz der Geführten angewiesen) gehört ohne Frage zur „Hohen Schule" der Führung.

Emergenz

Emergenz (lat. *emergere* = auftauchen, hervorkommen) bezeichnet die Eigenschaft eines Systems, die aus den Eigenschaften seiner Komponenten *nicht* erklärt werden können. Sie entsteht aus dem Übergang von zunächst unverbundenen Elementen zu einem höherwertigen Ganzen. Dass z. B. Zucker süß schmeckt, liegt nicht an den Atomen C, H und O, sondern an ihrer Anordnung und deren Wirkung auf das entsprechende Sinnesorgan. Wie sehr die Emergenz von der Komplexität eines Systems abhängt, zeigt sich am Beispiel des Gehirns. Es besteht aus einer Unzahl relativ einfacher ähnlicher Elemente, den Neuronen. Aus dem komplexen Zusammenspiel dieser einfachen Bausteine mit den Reizen, die über die Sinnesorgane auf das Gehirn einwirken, *emergieren* Muster, welche die Gehirnaktivität ergeben. Ein einzelnes Neuron hat keine Gedanken, das komplexe Ganze des Gehirns schon. Emergenz ist also nicht unbedingt *mehr*, sicher aber *anders* als die Summe der einzelnen Teile. Sie ist nichts „Reales", sondern ein „Phänomen", also eine auf Erfahrung beruhende Erscheinung und kein, um mit KANT zu sprechen, „Ding an sich".

Emergenz entsteht in lebenden (also auch sozialen) Systemen durch die Kombination von *Selbststeuerung* und, da solche Systeme immer mit ihrer Außenwelt strukturell gekoppelt sind, *Fremdsteuerung*. Dieser Begriff kann leicht zu Missverständnissen führen. „Fremd" sind Ereignisse der Außenwelt des Systems, die von deren Komponenten als Störungen, Irritationen, Überraschungen, Beschränkungen etc. wahrgenommen und im System verarbeitet werden. Verarbeitet heißt, dass diese Ereignisse auch ignoriert werden können, weil sie nicht als relevant wahrgenommen werden. Sind diese Ereignisse jedoch relevant, lösen sie Prozesse im System aus, durch die die vorhandenen Handlungsmuster innerhalb des Systems reproduziert oder aktualisiert werden. Ob dabei Emergenz entsteht, erhalten bleibt oder vernichtet wird, kann nur ein Beobachter von außen feststellen.

Dieses Zusammenspiel von Selbst- und Fremdsteuerung und das Entstehen von Emergenz soll anhand eines Beispiels aus dem Mannschaftssport anschaulich gemacht werden. Eine Fußballmannschaft ist ein komplexes dynamisches System von Spielern, deren Funktionen (z. B. Stürmer, Verteidiger) in eine bestimmte Konfiguration (z. B. Spielaufstellung) eingepasst werden (MAINZER 2008). Dadurch können während des Spiels kollektive Verhaltensmuster entstehen, die sich an bestimmten Ordnungsparametern (z. B. Taktik) orientieren. Erfolgreiche Teams sind hochgradig korreliert, d. h., sie sind so aufeinander eingestellt (oder „eingespielt"), dass sie eine ausgeprägte *Wir-Intentionalität* entwickeln. Die einzelnen Spieler verstehen nicht nur die Absichten ihrer Mitspieler, sondern sie stimmen diese im Training automatisierten Absichten während des Spiels auch intuitiv aufeinander ab.

Ein Trainer kann diese Emergenz (z. B. „Teamgeist") anregen, entwickeln, sie auf einem hohen Niveau halten, aber er kann sie nicht von außen diktieren. Der Fremdsteuerung sind enge Grenzen gesetzt. Erfolgreiche Trainer beherrschen die Kunst des notwendigen →*Balancierens*. Sie müssen den Spielern Neues anbieten, um das Potenzial der Mannschaft an das Konkurrenzumfeld anzupassen. Also etwa mit neuen Trainingsmethoden, neuen Spielzügen, neuen Taktiken, neuen Spielern. Diese Neue muss neu genug sein, um die Aufmerksamkeit der Spieler zu gewinnen. Es darf aber nicht so neu sein, dass es an den ausgebildeten Strukturen abprallt oder Abwehrreaktionen hervorruft. Ein guter Trainer muss „verstören", zugleich aber die unscharfe Grenze erkennen, wo dieses zum „Zerstören" wird.

Die Emergenz ist in sozialen Systemen – anders als in der unbelebten Materie – ein rares und flüchtiges Gut. Wunderbar aufeinander eingespielte Mannschaften (in der Wirtschaft z. B. teilautonome Teams, Abteilungen, sogar ganze Organisationen) scheinen plötzlich ihr Spiel verlernt zu haben. Für das heikle Balancieren ist Erfahrung nicht immer ein guter Ratgeber. Sie verlässt sich allzu oft auf ein „Mehr-von-Demselben". Der Erfolgstrainer LOUIS VAN GAAL hatte die Bayern-Spieler mit seiner Erfahrung nicht nur „verstört", sondern die hohe emergente Qualität einer teuren Elitetruppe in kurzer Zeit „zerstört". JÜRGEN KLOPP hingegen fand bei Borussia Dortmund zunächst bloß jene Emergenz vor, die man von einer Profimannschaft erwarten kann. Durch geschicktes Balancieren zwischen den Freiräumen, in denen sich die zum Teil blutjungen Spieler selbst finden konnten, und den passenden Ordnungsparametern formte er eine Mannschaft, deren besondere Qualität sich nicht unmittelbar aus den Fähigkeiten (und auch nicht aus dem Marktwert) der einzelnen Spieler ableiten ließ. Mit ihr holte er sich schließlich in überlegener Manier die Meisterschale 2011. Das Wort „passen" ist hier wichtig. Herauszufinden, was passt und was nicht, hat weniger mit Magie zu tun, als mit der Fähigkeit, die Perspektiven anderer einzunehmen. Dafür gibt es die sogenannte „Theory of Mind" (ToM) (→ *Empathie*).

Natürlich ist der aus der Emergenz entstehende „Teamgeist" auch außerhalb des Sports ein begehrtes und rares Gut. Er erklärt, warum manche Organisationen oder organisationale Einheiten ihre Ziele rascher, mit weniger Energieaufwand und anscheinend frei von den üblichen Reibungsverlusten wie verdeckte Kommunikation, Cliquenbildung oder Mobbing erreichen als andere. Was nicht erklärt werden kann, ist der genaue Weg, der zu dieser Emergenz führt. Führung muss sich hier mit der pragmatischen Methode von „Versuch und Irrtum" bescheiden.

Dasselbe trifft auch auf die strategische Steuerung von Organisationen zu. Von der *geplanten* Strategie – oft hinter geschlossenen Vorhängen ausgeheckt und dann in die laufende Organisation „geworfen" – wird in den meisten Fällen nur ein Teil davon wirksam. Der andere Teil „versickert", weil er von den Mitgliedern der Organisation nicht verstanden wird, weil er für sie nicht relevant ist oder weil sie sich durch Verteidigungsroutinen davor zu schützen versuchen. In der Praxis wird dies als „Problem der Umsetzung" gehandelt. Deswegen ist die Organisation noch lange nicht strategielos. Unbeschadet aller Steuerungsversuche des obersten Managements beginnen sich – vorausgesetzt, die Organisation hat die Pionierphase hinter sich, in der alles noch rund um den oder die Gründer pulsiert – aus den vielen tagtäglichen Einzelschritten konsistente Handlungsmuster zu bilden, die in eine bestimmte Richtung weisen. Diese *„emergente* Strategie"

(HENRY MINTZBERG) verbindet sich mit dem verbliebenen Teil der geplanten Strategie zur *tatsächlichen* Strategie der Organisation. Eine solche Spontaneität von Strategien belegt, wie weit „Management" von einer mehr oder weniger beliebigen Machbarkeit entfernt ist. Ohne das Phänomen der Emergenz immer mitzudenken, bleiben Management und Führung Stückwerk.

Emotionen

Menschen werden wenig über Kognitionen, ganz selten durch Einsichten und Geistesblitze, dafür aber stark durch Emotionen beeinflusst. Musik und Körpersprache, um nur zwei Beispiele zu nennen, können Menschen in andere Zustände versetzen. Wenn Führungsarbeit vor allem aus einer zielgerichteten Beeinflussung anderer Menschen besteht, darf sie sich nicht nur des Verstandes bedienen, sondern muss in besonderem Maße die eigenen Emotionen und die Emotionen anderer mit einbeziehen. Dennoch ist das weniger selbstverständlich als es klingt. Gerade die abendländische Geschichte ist geprägt durch eine Ignoranz der Gefühle.

Zugegeben, bei den *Epikureern* standen Freude und Lust im Vordergrund. Und auch im antiken Drama waren die Helden manchmal hin und her gerissen zwischen Hoffnung und Angst, Sehnsucht und Schmerz. Aber der Einfluss der *Stoiker*, welche die Maxime der Leidenschaftslosigkeit und der emotionalen Selbstbeherrschung predigten, war weitaus größer und reicht bis in die heutige Zeit. IMMANUEL KANT grummelte noch, die Gefühle „könnten ruhig absterben". Erst mit der heftigen Kritik an der Aufklärung wurde über den Sturm und Drang sowie die Romantik eine „emotionale Wende" in der Kunst eingeleitet. Gleichwohl galten Gefühle im 18. Jahrhundert nicht als bloße Körperzustände, sondern als Kraft, die auf den Körper einwirkt. So wurde z. B. die Leidenschaft als eine Kraft gesehen, die den Leib „wie Motten ein Gewand" zerstören könne (HITZER 2011).

Wirtschaft und später Management blieben von dieser Gefühlswende unbeeindruckt. Bis in die 1970er Jahre dominierte hier das durch vernünftiges Abwägen von Zweck, Mittel und Folgen gekennzeichnete *zweckrationale* Handeln des Soziologen MAX WEBER. Bei aller berechtigter Kritik an DANIEL GOLEMAN – so geht z. B. sein „*Emotionsquotient*" EQ weniger auf wissenschaftliche Arbeit als vielmehr auf ein triviales Quiz in der Zeitung USA TODAY zurück – kommt ihm das Verdienst zu, die emotionale Wende im Management mit ausgelöst zu haben (GOLEMAN 1999 und GOLEMAN et al. 2004). Zu nennen sind in diesem Zusammenhang auch die Arbeiten von CLAUDE STEINER (1997), JOSEPH LEDOUX (2004) und ANTONIO DAMASIO (1994), wobei letzterer besonders eindringlich für eine Gleichberechtigung von Verstand und Gefühlen wirbt.

Die Frage, ob Führungskräfte Emotionen zeigen oder unterdrücken sollen, ist umstritten und zudem kulturabhängig. In westlichen Kulturen zeichnet sich ein Führender gerade dadurch aus, dass er seine Emotionen unter Kontrolle hält. Durch den Einfluss der →*Wertedynamik* beginnt dieses scharfe Bild seine Konturen zu verlieren. Personen, die in der Öffentlichkeit stehen, „dürfen" heute viel eher z. B. Trauer oder Wut zeigen als früher. Umso wichtiger ist es für solche Personen, den Umgang mit den eigenen Emotionen zu üben, anstatt dies, wie es in der Aus- und Weiterbildung von Führungskräften geschieht, einfach als gekonnt vorauszusetzen. Führungskräfte müssen lernen, →*Emotionsarbeit* zu leisten.

Zuvor sind allerdings noch einige miteinander verwandte und selbst in der anspruchsvollen Literatur eher beliebig verwendete Begriffe zu klären (siehe auch Abb. 10). Die folgenden Unterscheidungen sind ein ambitiöser Versuch dazu.

- Ein *Affekt* (lat. *afficere* = anregen) ist eine plötzlich auftretende, heftige Veränderung im Zustand des Organismus. Die körperlichen Begleiterscheinungen sind schnellere Atmung und Herztätigkeit, Veränderungen im Zustand der Viszera (Eingeweide), höherer Blutdruck, erhöhte Kontraktion verschiedener quergestreifter Muskeln des Gesichts, der Kehle, des Rumpfes und der Gliedmaßen und so fort. Ein Affekt kann nicht nur die Kritikfähigkeit, sondern sogar die Herrschaft des Menschen über sich selbst beeinträchtigen. Er klingt jedoch rasch ab, sofern er nicht durch weitere Stimuli wieder aufgeschaukelt wird.

- Eine *Emotion* (lat. *ex* = heraus, *motio* = Bewegung) ist ein Erregungszustand, der im Organismus durch eine Bewertung von Reizen aus der Umgebung ausgelöst wird. Solche Bewertungen sind überlebenswichtig und finden laufend statt. Egal ob eine Gefahr, ein Ereignis, ein Objekt oder die mögliche Konsequenz einer Handlung (z. B. ein Sprung aus großer Höhe) bewertet wird, es ist immer auch ein Denken und Erinnern mit im Spiel. Diese kognitive Komponente der Emotion ruft Veränderungen in bestimmten neuronalen Strukturen hervor. Die körperlichen Begleiterscheinungen der Emotion sind milder als beim Affekt. Der Ausdruck einer Emotion kann von anderen beobachtet werden. Es ist zwar möglich, eine Emotion zu verbergen, ihre Auslöser bleibt aber ein physiologisches Faktum.

- Ein *Gefühl* (engl. *sentiment*) ist ein Zustand, der von einer Emotion ausgelöst wird und sie dann begleitet. Erst der Prozess des *Fühlens* macht den Organismus auf das Problem aufmerksam, mit dessen Lösung die Emotion bereits begonnen hat. Ein Gefühl ist daher die Selbstwahrnehmung der vorübergehenden Veränderung im Zustand des eigenen Organismus. Die Grundlage hierfür ist eine neuronale Erregung, die im Gehirn verarbeitet und in den entsprechenden Gehirnzentren als inneres Bild („Es fröstelt mich.") bewusst wird. Dieser Erregungs- und Wahrnehmungserfolg ist die *Empfindung*. Wir wissen erst, dass wir ein Gefühl haben, wenn wir spüren, dass eine Emotion in unserem Körper zugange ist. Damit wird der entscheidende Unterschied zur Emotion deutlich. Gefühle sind etwas Persönliches, etwas „Privates". Das „flaue Gefühl in der Magengrube", das „vor Freude hüpfende Herz" ist eben „mein Gefühl" und kann von anderen nicht wahrgenommen werden. Wir sind nicht imstande, die Gefühle anderer zu „lesen". Bestimmte Neuronengruppen im Gehirn können uns jedoch die Emotionen von Menschen, die wir beobachten, widerspiegeln. Dieses unbewusste Nachahmen kann dann tatsächlich ein Gefühl in uns auslösen, das *Mitgefühl*.

- Eine *Stimmung* (oft auch „Laune") ist ein Gefühlszustand, der über längere Zeit anhält. Er ist an kein bestimmtes Ereignis geknüpft, sondern ein eher unbestimmter allgemeiner Zustand. Dieser kann, gerade wenn immer wieder neue, positive wie negative Emotionen hinzukommen, einen wellenartigen

Charakter annehmen (am ausgeprägtesten wohl in der sogenannten „bipolaren Störung"). Da die körperlichen Begleiterscheinungen bei der Stimmung vielschichtig sind, bleibt auch die Selbstwahrnehmung der Erregungsmuster diffus. Deshalb fällt die Antwort auf die Frage nach der Stimmung oft schwer, weil die Empfindungen nicht eindeutig zugeordnet werden können.

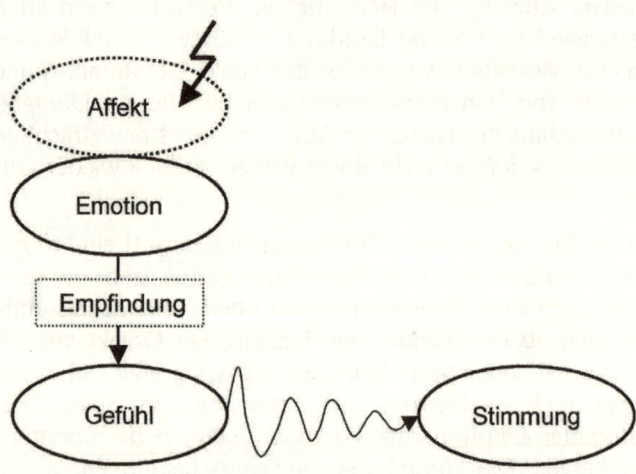

Abb. 10: Versuch einer Abgrenzung zwischen Affekt, Emotion, Empfindung, Gefühl und Stimmung

Wenn man Affekte als Ausnahmefälle ausklammert und sich zudem als Führungskraft nicht anmaßt, allzu tief in die Psyche seiner Mitarbeiter eindringen zu können (und zu sollen!), so bleiben immerhin die Beobachtung und Beeinflussung von *Emotionen* und *Stimmungen* als Möglichkeiten der Intervention übrig. Die →*Emotionsarbeit* gehört dazu.

Emotionsarbeit

Emotionsarbeit ist deshalb so wichtig, weil Abläufe, Prozesse und Ereignisse innerhalb einer Organisation nicht nur verstandesmäßig verarbeitet werden, sondern bei den Mitarbeitern und Führungskräften auch emotionale Reaktionen hervorrufen. Dass dabei die →*Angst* oft eine größere Rolle spielt als etwa Freude oder Stolz, ist schlimm genug. Dem Ingenieur FREDERICK TAYLOR (1856–1915), der den Menschen der Maschine unterordnete, waren solche Gedanken fremd. Und der Soziologe MAX WEBER (1864–1920) hatte mit der Bürokratie eine Organisationsform gefunden, die nur emotionslos funktionieren konnte. Erst mit der Human-Relations-Bewegung eines ELTON MAYO (1880–1949) durften Emotionen auch im Betrieb eine Rolle spielen (ohne sie freilich beim Namen zu nennen).

Aber selbst ERICH GUTENBERG (1897–1984), der Gründer der modernen Betriebswirtschaftslehre, ordnete das betriebliche Geschehen noch einer vollkommen rationalen Denk- und Handlungsweise unter. Einzig den „Betriebsführern", dem sogenannten „dispositiven Faktor", gestand er eine gewisse „Irrationalität" zu. Emotionen gelten bis heute als ambivalent. Sie stören die klar gedachten Entscheidungs- und Handlungsprozesse und sind verdächtig, ihnen die Wirksamkeit zu rauben. Emotionen müssen folglich „brachgelegt" oder zumindest „diszipliniert" werden (TRUMMER 2006).

Fasst man Emotionen hingegen nicht als Bedrohung, sondern als menschliche Ressourcen auf, mit denen man vorhandene Arbeitspotenziale aktivieren kann, so erhält der Begriff „Emotionsarbeit" einen tieferen Sinn. Allerdings muss dabei eine Einschränkung immer mitgedacht werden: Eine Instrumentalisierung von Emotionen, wie dies z. B. der Werbeslogan einer großen Bank, „Leistung aus Leidenschaft", nahe legt, ist damit auf keinen Fall gemeint. Emotionsarbeit beruht vielmehr auf der Erkenntnis, dass Menschen, um überhaupt entscheiden und handeln zu können, einen Antrieb brauchen. Emotionen können hierfür die nötige Energie liefern.

Die Mitglieder einer Gruppe erwarten von dem, der sie führt, *Orientierung*, und zwar nicht nur in sachlicher, sondern auch in emotionaler Hinsicht. Wer führt, gibt gleichsam den emotionalen Standard vor (GOLEMAN 2007). Was ist bei uns erwünscht? Kühle Distanz? Darf gelacht werden? Ist Herzlichkeit gefragt? Darf auch dem Zorn hie und da freien Lauf gelassen werden? Kann der „offizielle" Leiter der Gruppe diese Orientierung nicht bieten, halten die Mitglieder Ausschau nach einem „inoffiziellen" emotionalen Anführer. Menschen verfügen über eine, wenn auch unterschiedlich ausgeprägte Fähigkeit, Emotionen wahrzunehmen, einzuschätzen und zu antizipieren. Vorgetäuschte Emotionen werden im Allgemeinen rasch entlarvt.

Emotionen können auf mehrere Arten für die Organisation „verwertbar" gemacht werden. Eine bekannte, allerdings restriktive Möglichkeit besteht in der Ausgrenzung der als bedrohlich empfundenen Emotionen aus dem Organisations- und Handlungsprozess. Vorschriften und Regeln dienen hier als Barriere, um unerwünschte Emotionen oder emotionale „Ausbrüche" zu verhindern. Es gibt Beispiele aus der Führungspraxis, wo sogar ein „Lachverbot" Eingang in Führungsgrundsätze gefunden hat. Meist ist aber der aus einer solchen Ausgrenzung entstehende emotionale „Stau" so erheblich, dass betriebliche Ausnahmen geschaffen werden müssen. Beispiele sind „ungezwungene" Betriebsfeiern oder der US-Kult des „Casual Friday". Hier werden die sonst üblichen Normen der Gefühlsunterdrückung gelockert. Führungskräfte können sich dann als zwischenmenschlich geschickt agierend beweisen. Oder sie erleben ihr Waterloo, weil sie in der falschen Rolle auftreten.

Andere Einsichten in die „Emotionsarbeit" ergeben sich, wenn man das Konstrukt der „emotionalen Intelligenz" zugrunde legt. DANIEL GOLEMAN (2004) nennt die Impulskontrolle, das Vermeiden von übler Stimmung, positives Denken und den Optimismus als deren wichtigste Bestandteile. Sie befähigt Führungskräfte dazu, so GOLEMAN, Emotionen auf ganz bestimmte Ziele zu richten. Wer emotionale Intelligenz besitzt, lässt nur jene Emotionen zu, die für die Organisation von Vorteil sind. Eine solche Regulierung von Emotionen ist vor allem aus dem Dienstleistungssektor bekannt. Das Lächeln der Flugbegleiterinnen, mit dem sie die Fluggäste bedienen, ist nicht Teil ihres persönlichen Arbeitsstils, sondern sie erbringen es im Interesse ihres Unternehmens. Je größer die emotionale Dissonanz ist – man drückt positive Emotionen aus, obwohl man etwas anderes oder gar nichts empfindet –, desto mehr wirkt eine solche Emotionsarbeit als Stressfaktor (ZAPF et al. 2000).

Zur Emotionsarbeit gehört auch das Beobachten von Stimmungen und das sorgsame Reagieren darauf. Eine Stimmung ist ein Gefühlszustand, der über längere Zeit anhält und an kein bestimmtes Ereignis geknüpft ist. In guter Stimmung achtet man eher auf positive Details, in schlechter Stimmung wird das Negative noch vergrößert. Auch nimmt die Bereitschaft, auf neue Meldungen aus der Umgebung zu reagieren, bei guter Stimmung ab. Man meint, auf neues Wissen nicht angewiesen zu sein. Wer in positiver Stimmung ist, achtet besonders auf die Form, die „Verpackung", das „Wie" einer Mitteilung. Außerdem ist der „Sender" wichtiger als der Inhalt. Für professionelle Verkäufer und „Spin-Doktoren" von Politikern sind das Selbstverständlichkeiten. Bei schlechter Stimmung wiederum zählt der Inhalt einer Mitteilung mehr als alles andere.

Emotionsarbeit ist Schwerarbeit. Das Gefühl des Ausgebranntseins kann eine Folge davon sein. Seine typischen Symptome sind emotionale Erschöpfung (das Gefühl, ausgelaugt zu sein), Depersonalisation (die innerliche Distanzierung von den Menschen, die einem anvertraut sind) und eine verringerte Selbstwirksamkeitserwartung (die Furcht, schwierige Situationen nicht mehr selbständig bewältigen zu können). Dieses dritte Symptom ist eine Vorstufe der Depression.

Wer berufsmäßig ständig mit Menschen zu tun hat – Kunden, Lieferanten, Patienten, Schüler, Kinder etc. –, muss sich besonders hohen Ansprüchen der Emotionsarbeit stellen. Hinzu kommt, dass diese Personen in ihrer Arbeitssituation mehrfach eingesperrt sind: Sie bemerken (a) meist zu spät, dass sie *quantitativ*

(z. B. durch die Dichte an Kontakten) und/oder *qualitativ* (z. B. durch die Notwendigkeit, immerzu positive Emotionen auszudrücken) überfordert sind; sie haben (b) keine Möglichkeit (Absentismus ausgenommen), sich von den Menschen fernzuhalten; und sie haben (c) niemanden, der ihnen hilft, ihre Selbstwirksamkeitserwartung wieder aufzubauen. Führungskräfte der mittleren Ebenen befinden sich in einer ähnlichen „Lock-in"-Position. Wer es hingegen in die oberen Etagen geschafft hat, kann sich (a) der Emotionsarbeit verweigern; hat (b) die Möglichkeit, Kontakte an andere zu delegieren; und besitzt (c) in der Regel eine so hohe Selbstwirksamkeitserwartung, dass sie ihn gegen allzu starken Stress abpuffert. Top-Führungskräfte finden sich nur ganz selten unter den Opfern intensiver Emotionsarbeit.

Empathie

Der Begriff Empathie hat eine interessante Geschichte. Dem Experimentalpsychologen THEODOR LIPPS (1851–1914) kommt das Verdienst zu, das menschliche Vermögen, sich in andere „einzufühlen", zum ersten Mal abseits romantisierender Vorstellungen wissenschaftlich exakt beschrieben zu haben. Der britische Psychologe EDWARD TITCHENER (1867–1927) übersetzte dieses „Einfühlungsvermögen" in *„empathy"*, aus dem dann später das deutsche *„Empathie"* wurde. Während LIPPS das Einfühlungsvermögen sehr breit als menschliche Universalie definierte, sahen andere, wie z. B. die einflussreiche Schriftstellerin VERNON LEE (1856–1935), *empathy* als Projektion menschlicher Energien und Gefühle in künstlerische Arbeit. Auch heute sind wir weit davon entfernt, uns auf eine übereinstimmende Auffassung von Empathie verlassen zu können.

Für das Thema Führung scheint es sinnvoll, Empathie umfassend zu definieren und dabei auch die neuesten neurobiologischen Erkenntnisse zu berücksichtigen. Demgemäß wäre Empathie die Vorstellung eines Beobachters, einen anderen durch Beobachten *emotional* und *kognitiv* zu verstehen (BREITHAUPT 2009). Dieses Verständnis für psychische Vorgänge entwickelt sich in zwei Etappen: als emotionales Mitempfinden im zweiten Lebensjahr und als rationale Perspektivenübernahme im vierten Lebensjahr. Man könnte auch sagen, zuerst entsteht die „warme" gefühlsbetonte Empathie, zu der sich dann etwas später die „kühle" verstandesmäßige gesellt.

Gleichwohl wäre eine strikte Trennung in Mitfühlen und Mitdenken wider die Natur: Emotionen lenken bekanntlich unseren Verstand und dieser ist wiederum auf Emotionen angewiesen. Die Vorstellung des emotionalen und kognitiven Verstehens eines anderen Menschen umfasst somit sowohl das Mitfühlen und das Miterleben als auch das kalkulierende Gedankenlesen und das Einnehmen der Perspektive eines anderen. Empathie ist zudem nicht nur auf Wohlwollen und Akzeptanz des anderen beschränkt. Sie erlaubt es auch, als Vorteil im Wettstreit mit dem Gegenüber eingesetzt zu werden. Schadenfreude und Triumphgefühl gehören genauso zur Sphäre der Empathie wie Tränen und Mitleid.

Um das Entstehen von Empathie zu erklären, bietet sich zunächst der menschliche Hang zur *Selbstüberschätzung* an. In der Interaktion mit anderen unterstellen wir als Beobachtende, dass wir wissen, wie der andere denkt und fühlt. Dies ist nichts anderes als ein bewährtes Verfahren, die hohe Komplexität des zwischenmenschlichen Alltags auf ein handhabbares Maß zu reduzieren. Jeder Mensch hat ein sehr individuelles Repertoire an Wahrnehmungsformen, Assoziationen und Erfahrungen (BREITHAUPT 2009). Unter diesen Bedingungen in die Haut des anderen schlüpfen zu wollen, wäre ein langwieriger und aufwändiger Prozess. Um eine rasche und brauchbare Vorstellung vom anderen zu gewinnen, arbeiten wir daher mit zwei *Gebrauchstheorien*. Das heißt, wir betätigen uns, wie in vielen Lebenssituationen, als Laienpsychologen.

Nach der ersten Theorie setzen wir einfach voraus, dass es ein *allgemein* zugängliches Wissen darüber gibt, wie Menschen sich verhalten. In einer bestimmten Situation handelt, fühlt und denkt man eben so und nicht anders. Individuelle und kulturelle Abweichungen werden nur in einem ganz geringen Ausmaß berücksichtigt, was bisweilen zu irritierenden Missverständnissen führen kann. Nach der zweiten Theorie simulieren wir den anderen in unserem Geiste. Wir gehen schlicht davon aus, dass alle Menschen so „ticken" wie wir selbst. In beiden Theorien spielt die *Ähnlichkeit* die entscheidende Rolle. Im ersten Fall in Form universeller Verhaltensweisen, im zweiten durch den Schluss von uns auf andere. Diese Ähnlichkeit verlässt sich vor allem auf die vergleichbaren Sinnesorgane, Hirnstrukturen und emotionalen Ausstattungen (jeder kennt Furcht, Wut, Ekel oder Schmerz). Beide Theorien bilden zusammen das, was auch *„Theory of Mind"* (ToM) genannt wird.

Neben dem Hang zur Selbstüberschätzung gibt es auch eine neurobiologische Möglichkeit, Prozesse der Empathie zu erklären: die Entdeckung der Spiegelnervenzellen im Gehirn. Eine Forschergruppe um den italienischen Neurophysiologen GIACOMO RIZZOLATTI stieß Mitte der 1990er Jahre bei Experimenten mit Makaken-Affen auf eine sonderbare Parallelität der Gehirnaktivitäten. Bei bestimmten Handlungen, z. B. dem Greifen nach einer Nuss, feuerten dieselben Neuronengruppen im Gehirn, egal ob der Affe diese Handlung selbst ausführte oder ob er sie bei anderen bloß beobachtete (RIZZOLATTI/SINIGAGLIA 2008). Inzwischen sind die Spiegelneuronen auch beim Menschen direkt nachgewiesen worden. Auch die menschliche Wahrnehmung wird durch einen Spiegelmechanismus im Gehirn geleitet. Mit ihm kann z. B. das Zucken im Bein des Fußballzuschauers erklärt werden, wenn er die Ausführung eines Strafstoßes beobachtet, oder die Tränen für die zwischen zwei Männern hin und her gerissene Scarlett O'Hara in dem Film „Vom Winde verweht". Auch das nachahmende Gähnen, Überkreuzen der Beine oder Sich-am-Kopf-kratzen gehört hierher.

Allerdings springen die Spiegelneuronen nicht bei jeder beobachteten Handlung an. Es muss eine „passende" sein, d. h. eine, für die das Gehirn programmiert ist. Da diese Programmierung von frühkindlichen Erfahrungen ebenso abhängt wie von den vielfältigen Milieus, auf die das Gehirn in späterer Folge reagieren muss, weisen Menschen eine unterschiedliche Empathiefähigkeit auf. Diese Leerstellen der Programmierung sind auch ein natürlicher Schutz gegen zu viel Empathie. Gerade in unserer Zeit der unerschöpflichen Möglichkeiten, mit anderen Menschen in Kontakt zu treten, ist es vorteilhaft, nicht pausenlos mit anderen mitfühlen und mitdenken zu müssen. Der „klassische", psychologisch erklärte Mechanismus, um Empathie zu blockieren, ist der Rückzug auf das eigene ICH (von denen es allerdings nicht nur eines gibt; → *Persönlichkeit*). Je mehr sich Menschen von anderen abzugrenzen versuchen, um ihre Individualität auszuleben, desto entbehrlicher scheint Empathie und desto schwerer kann sie „geübt" werden.

Genau an diesem Punkt deutet sich ein Dilemma der aktuellen Führungspraxis an. Auch wenn heute von Führungskräften immer mehr „soft skills", z. B. als

Kompromiss- und Teamfähigkeit, verlangt werden, so bleibt das Durchsetzungsvermögen doch das gefragteste Merkmal von Führungskompetenz. Empathie spielt z. B. in Stellenangeboten für Führungskräfte kaum eine Rolle. Das liegt schon daran, dass dieser Begriff zu oft auf *Mitleid* reduziert wird, was so gar nicht zur Vorstellung von selbstbewusster Führung passt. Wer es mit „Durchsetzung" in eine Führungsposition geschafft hat, der hat allenfalls die „kühle" Empathie des kalkulierenden Gedankenlesens praktiziert, aber kaum das Mitfühlen und Mitdenken. Ein starkes ICH erzeugt Unähnlichkeit und wird so zum Gegenspieler der Empathie.

Führung ist jedoch ein sehr subtiler Prozess sozialer Beeinflussung. Er findet in einem zwischenmenschlichen Bedeutungsraum statt, der es Führenden und Geführten ermöglicht, die Gefühle, Absichten und Handlungen des jeweils anderen intuitiv zu verstehen. Je höher nun die →*Komplexität* (erlebt als Gefühl, Zusammenhänge nicht mehr entwirren zu können) und je höher die →*Kontingenz* (erlebt als Gefühl, dass morgen schon wieder alles ganz anders sein kann) ist, mit der sich Führung auseinandersetzen muss, desto weniger kann sie sich auf das „wahre" Wissen zurückziehen. Bei hoher Komplexität und hoher Kontingenz sind die „Geführten" viel näher an den Problemen und damit an den Lösungen als die „Führenden". Umso mehr sind diese auf die Fähigkeit angewiesen, die Perspektive anderer einzunehmen.

Empathie ist somit gerade unter den aktuellen Bedingungen zu einer unverzichtbaren Voraussetzung für Führung geworden. Zugleich steht ihr das alte Rollenbild von Führung entgegen. Ein möglicher Ausweg aus diesem Dilemma besteht in zwei scheinbaren Umwegen: →*Zuhören* muss als Teil des Führungsverhaltens verstanden und praktiziert werden; und Führen darf sich nicht im Anweisen erschöpfen, sondern muss auch das →*Fragen* als Selbstverständlichkeit beinhalten. Zwei gar nicht so schwierige Schritte, mit denen die Empathiefähigkeit erhöht werden kann.

Empowerment

Die Harvard-Professorin ROSABETH MOSS KANTER war eine der ersten, die das Konzept des *„Empowerment"* propagierte. Dahinter verbirgt sich die Idee, Menschen in Organisationen zu ermächtigen und zugleich zu ermutigen, sich von den Zwängen der Hierarchie zu befreien. Dazu musste die Fähigkeit entwickelt werden, mit sich und anderen selbstbewusster und sicherer umzugehen. KANTER hatte vor allem die Frauen im Blick, die, wie sie zu Recht klagte, traditionell in niedrigen Positionen mit niedrigem Status beschäftigt seien. So plausibel die Idee klingt, Fortschritte waren nur schwer auszumachen. Zehn Jahre nach Veröffentlichung des KANTERschen Plädoyers („When Giants Learn to Dance", Brentwood 1989) ätzte der Organisationsentwickler CHRIS ARGYRIS in einem Artikel der Harvard Business Review (1998): „Empowerment – Des Kaisers neue Kleider". Sein sinngemäßes Fazit: Nette Idee, beschämende Resultate. Die Beschäftigten seien häufig gar nicht darauf vorbereitet, eine Kultur der Anweisung und Kontrolle gegen eine der Selbstbestimmung und neuen Autonomie einzutauschen.

Im missionarischen Eifer war offensichtlich übersehen worden, dass nicht alle Menschen dieselben Voraussetzungen für eine Öffnung zu mehr Empowerment mitbringen. Mit Hilfe der vier Dimensionen des *Reifegrad*-Modells lässt sich das schlüssig zeigen.

- Hat ein Mitarbeiter etwa einen Nachholbedarf in der Dimension des *„Könnens"*, so führt Empowerment bloß zu einer Verunsicherung, die sich zur Furcht vor begangenen Fehlern steigern kann. Das eigene Anspruchsniveau wird sicherheitshalber abgesenkt. Neue Ideen sind unter solchen Bedingungen nicht zu erwarten. Vor dem Empowerment muss also die fachliche Weiterentwicklung kommen.

- Empowerment setzt auch einen gewissen Grad an *„Wollen"* voraus. Gemeint ist das Handeln aus eigenem Antrieb oder die sogenannte *intrinsische* Motivation (→*Leistungsmotivation*). Menschen mit einem starken Bedürfnis nach Autonomie werden auf angebotenes Empowerment durchaus positiv reagieren. Wer hingegen Sicherheit höher schätzt als Selbstentfaltung, dem wird ein Korsett klar formulierter Vorgaben viel eher zu Arbeitszufriedenheit verhelfen.

- Auch an der Dimension des *„Sollens"* – der Einsicht und Bereitschaft, innerhalb des normativen Rahmens einer Organisation tätig zu sein – kann sich ein Empowerment spießen. Organisationen, die hauptsächlich mit Anweisung und Kontrolle arbeiten, senden zumindest eindeutige Botschaften an die Mitarbeiter aus. Empowerment-Programme kranken hingegen oft daran, dass sie widersprüchliche Signale aussenden, etwa in dem Sinne „Mach Dein Ding, aber halte Dich gefälligst an die Regeln".

- Das *„Dürfen"* schließlich – der Mut und die Bereitschaft, Gestaltungsspielräume in der Organisation wahrzunehmen, aufzusuchen und zum Wohl des Ganzen zu nutzen – stellt eine weitere Hürde für die Verwirklichung des Empowerments dar. Diese Dimension des Reifegrades braucht Menschen, die das Dürfen auch vorleben. Fehlen sie, kann sich leicht Mutlosigkeit breit machen und – siehe *„Können"* – die Furcht, Fehler zu begehen, erstickt das Bemühen um Empowerment.

Es ist inzwischen ruhig geworden an der Front des Empowerment. Für den Kampf um die Chancengleichheit von Frau und Mann braucht man diesen Begriff nicht mehr. Die „femininen" Kulturen der skandinavischen Länder und der Niederlande haben erfolgreich ihren eigenen Weg gefunden und die „maskulinen" Kulturen, wofür Japan und Österreich Beispiele abgeben, in dieser Hinsicht abgehängt. Und als Organisationskonzept hatte Empowerment ohnedies gewichtige Vorfahren. Die teilautonomen Arbeitsgruppen und die Partizipationsbewegung der 1970er Jahre haben deutliche Spuren in der Wirtschaft hinterlassen. Heute ist Empowerment durch den bescheideneren Ansatz der *Ressourcenorientierung* abgelöst worden. Dieser hatte sich wiederum vom lösungsorientierten Ansatz der systemischen (Familien-)Therapie inspirieren lassen.

Die Ressourcenorientierung hat erkannt, dass ständiges Jammern und Klagen über die Mängel und Schwächen der Mitarbeiter sowie energieverzehrendes Suchen nach den Schuldigen eines Problems den idealen Nährboden für ein destruktives Klima schafft. Ressourcenorientierung leugnet nicht etwaige Schwächen der handelnden Personen, aber sie verengt nicht alles auf das Negative. Im Blickpunkt stehen vielmehr die Fähigkeiten und Fertigkeiten der Mitarbeiter. Sie gilt es, bestmöglich zu nutzen. Betont wird der *positive* Unterschied, denn selbst der Mitarbeiter mit dem niedrigsten Reifegrad „baut nicht ständig Mist". Ihm und anderen zu helfen, Gelungenes zu erinnern und zu wiederholen, ist der Kern der ressourcenorientierten Haltung.

Entscheiden

Rund 95 Prozent der Führungskräfte in kleinen und mittleren Unternehmen entscheiden spontan und aus dem Bauch heraus, heißt es in einer der vielen Untersuchungen zu diesem Thema (Computerwoche 2008, Heft 39). Vor etwa fünfzehn Jahren regten sich erste Stimmen aus der Wissenschaft, die das genaue Gegenteil beklagten. Am Beginn der „Emotionalen Wende" im Management war es die „Linkshirnlastigkeit" des Entscheidens, also die „Ignoranz der Gefühle", die den Führungskräften zur Last gelegt wurde. Hat sich nun alles „nach rechts" in Richtung Intuition und Spontaneität gedreht? Eine erste Vermutung legt nahe, dass die Art des Entscheidens – scheinbar rein nach dem Verstand oder eher ohne viel nachzudenken – von der *Kultur* der jeweiligen Organisation abhängt.

In einer *Rollenkultur*, die auf festgelegten Funktionen und Aufgaben beruht, ist man bestrebt, alles logisch zu analysieren und dem gemäß *rational* zu entscheiden. In Analogie zur griechischen Mythologie würde in solchen Organisationen *Apollo* als Gott der Ordnung und der Regeln herrschen (HANDY 1996). Die meisten großen Organisationen, und besonders die Bürokratien, weisen die typischen *apollinischen* Züge von Form und Ordnung auf. Andere Organisationskulturen hingegen können gehörig davon abweichen. So etwa die von Spontaneität geprägte und von einem wohlwollenden *Zeus* gelenkte *Club-Kultur*, die auf das Lösen ständig neuer Probleme fixierte *Projektkultur* der Göttin *Athene* oder die Talenten und Fähigkeiten huldigende *individualistische Kultur* des *Dionysius*. Alle drei bieten dem Entscheiden aus dem Bauch genau den Raum, das es braucht.

Grob vereinfachend stehen sich also zwei Lager gegenüber: die großen Organisationen mit ihrem Primat der Analyse und Ratio sowie die vielen und vielfältigen kleineren, von pragmatischer Intuition bestimmten Organisationen. Wer von den beiden liegt nach heutigen, vor allem neurobiologischen Erkenntnissen richtig, wenn es um das Entscheiden geht? Weder die „Rationalisten" noch die Pragmatiker des Bauches. Die ersten schon deshalb nicht, weil es ein *rein* rationales Entscheiden gar nicht geben kann. Denn jede Entscheidung ist eingebettet in das Gesamtrepertoire der neuronalen Prozesse in unserem Gehirn (PÖPPEL 2008). Und hier mischen die biochemischen Prozesse der Emotionen immer mit. Außerdem ist der direkte Weg vom äußeren Reiz zur emotionalen Reaktion des Organismus kürzer und daher schneller als der „Umweg" über die Großhirnrinde als Sitz des Verstandes. Daher gilt: Die Gefühle haben das erste und das letzte Wort.

Nicht zuletzt haftet der Ratio ein gravierender Mangel an. Ihre Kapazität zur Verarbeitung von Daten ist äußerst begrenzt. In jeder Sekunde versorgen die fünf Sinne unser Gehirn mit etwa 11 Millionen Bits an Daten. Im gleichen Zeitraum verarbeitet das bewusste Erleben aber nur bestenfalls 50 Bits (KAST 2007). Die große Masse an Daten wird vom *„Autopiloten"* energiesparend verwaltet. SIGMUND FREUD hatte dieses *Unbewusste* mit einem Eisberg verglichen, dessen größerer Teil sich unter der Wasseroberfläche befindet. Lässt man die beiden

Zahlen auf sich wirken, so ist der Freudsche Vergleich wohl eine ziemliche Untertreibung der Verhältnisse.

Und wie steht es mit denjenigen, die angeblich nur aus dem *Bauch* entscheiden? Zunächst gilt es zu präzisieren, was mit dem „Bauch" gemeint ist. Dass die Baucheingeweide („Viszera") beim Zustandekommen von Gefühlen eine wichtige Rolle spielen, ist seit Langem bekannt. Als Mitte des 19. Jahrhunderts der deutsche Nervenarzt LEOPOLD AUERBACH ein Stückchen Darm zerlegte und durch ein Mikroskop genauer betrachtete, bemerkte er etwas, das ihn stutzig machte. In die Darmwand eingebettet sah er zwei Schichten eines Netzwerkes von Nervenzellen und -strängen, hauchdünn und zwischen zwei Muskellagen versteckt. Dieses „Bauchhirn" durchzieht nahezu den gesamten Magen-Darm-Trakt und ist mit über 100 Millionen Nervenzellen reicher bestückt als das Rückenmark. Bauchhirn und Kopfhirn „kommunizieren" innig miteinander. Was dem Gehirn geschieht, bleibt dem Bauch nicht verborgen. Der Neurobiologe MICHAEL GERSHON (2001) bezeichnet dieses System als unseren „sechsten Sinn".

Die echten Bauchentscheidungen werden grundsätzlich spontan getroffen und sind von einer Gefühlsaufwallung begleitet. Ihr Spektrum reicht von der impulsiven Kaufentscheidung vor einem Verkaufsregal bis zur stressbeladenen Reaktion im Fall von Bedrohungen, Katastrophen oder Unfällen. Hier werden uralte Areale des Gehirns aktiviert. Es muss alles ganz schnell gehen. Starker Stress macht in höchstem Maße reaktionsbereit. Das bewusste Nachdenken hat so gar keine Chance. Ist es nun naheliegend, dass die Führungskräfte von kleinen und mittleren Unternehmen tatsächlich überwiegend „spontan und aus dem Bauch heraus" entscheiden, wie dies die oben angeführte Untersuchung behauptet?

Das wäre fatal, denn der Bauch ist äußerst anfällig für Irrtümer. Wir alle kennen den später bereuten Spontankauf ebenso wie die tödlich endenden Fehlreaktionen bei Katastrophen. Nein, die Führungskräfte dieser Unternehmen lieben es vermutlich zu entscheiden, ohne *bewusst* darüber nachzudenken. Dabei *kann* der Bauch, aber er muss nicht direkt beteiligt sein. Es gibt nämlich noch das *heuristische* und das *intuitive* Entscheiden. Beide Arten bedienen sich des *Vorbewussten*, jenem riesigen Reservoir von Inhalten, die einmal bewusst waren und im Moment vor der Entscheidung noch unbewusst sind, die aber rasch ins Bewusstsein gerufen werden können (ROTH 2008).

Die erfahrene Führungskraft hat sich im Lauf der Zeit, ohne es zu wissen, bestimmte *„Heuristiken"* (→ *Heuristische Kompetenz*) zurecht gelegt. Mit deren Hilfe kann sie in komplexen Situationen entscheiden, ohne lange darüber nachzudenken. Heuristiken sind jene Daumenregeln (*rules of thumb*) oder Findeverfahren, die zwar wissenschaftlich nicht fundiert, dafür aber „clever" in der Anwendung sind. Sie führen in vielen Fällen zum „richtigen" Ergebnis, gelegentlich aber auch zu einer völlig unbrauchbaren Lösung. Die Regel wird deshalb nicht gleich gelöscht, weil es ja noch andere Gründe für die verunglückte Entscheidung geben könnte. Die zweite Möglichkeit zu entscheiden, ohne lange nachzudenken, greift auf die *Intuition* zurück. Diese ist Teil des impliziten Wissens und somit der Sprache nicht zugänglich. Sie entsteht durch „Zulassen". Bewusstes Nachdenken ist hier kontraproduktiv, denn es blockiert den Vorgang des inneren Probehandelns. Wer einen Sport betreibt, der eine ganz besondere Koordinationsfähigkeit verlangt, weiß ein Lied davon zu singen.

Zusammengefasst können für das Entscheidungsverhalten von Führungskräften – ohne erhobenen Zeigefinger – folgende Empfehlungen abgegeben werden:

- Es ist sinnlos, den Mythos des *reinen rationalen* Entscheidens zu pflegen. Er hält lediglich eine Atmosphäre am Leben, in der alle *unbewusst* oder *vorbewusst* getroffenen Entscheidungen als minderwertig gelten. Sie müssen dann oft im Nachhinein „rationalisiert" werden, um Anerkennung zu finden. Die großen Unternehmensberatungen sind hier gut im Geschäft.

- Genauso falsch ist es, das *bewusste* Nachdenken und Analysieren zu verweigern, in der Annahme, dass alles, was dem „Bauch" entspringt, immer zu besseren Entscheidungen führen muss. Es wäre grob fahrlässig, eine Entscheidung mit Tragweite z.B. mit Hilfe der bequemen Alltags-Heuristik des *„Satisficing"* zu fällen. Beispiel Supermarkt: Der Kunde wühlt sich zunächst durch die Vielfalt der Produkte und bricht die Suche ab, wenn er das gefunden hat, was ihn einigermaßen zufriedenstellt. Er wirft also die „Informationskosten", einschließlich der kognitiven Ermüdung durch den Suchprozess, mit in die Waagschale.

- Eine komplexe Entscheidung sollte daher unbedingt durch rationales Abwägen *vorbereitet* werden. Am besten man versucht, sich selbst zum Experten für diese Entscheidung zu machen. Ein solches geistiges „Anfüttern" kann mit Hilfe von Entscheidungsbäumen und logischen Entscheidungsregeln, durch Konsultation „echter" Experten und Delphi-Runden etc. erfolgen. Die einschlägige Literatur hält hierfür eine Fülle an Vorschlägen bereit (z.B. EISENFÜHR/ WEBER 2002).

- Bereits während dieses Prozesses wird sich mit Sicherheit der Bauch melden, entweder körperlich spürbar als *Empfindung* oder diffuser in Form einer *Ahnung*. Diese Signale des Bauches sollte man weder unterdrücken noch als heimlichen Hinweis verstehen, was am Ende die „richtige" Entscheidung sein könnte. Man nimmt sie einfach mit Interesse zur Kenntnis.

- Erst nach einem gründlichen Durcharbeiten der Entscheidungsgrundlagen heißt es dann den „Bauch" befragen. Die Kunst dieses Schritts liegt in der Wahl des *optimalen Zeitpunkts*. Die angesammelten Informationen zunächst „sacken" lassen oder die Angelegenheit „überschlafen", das sind Alltagsweisheiten, die auch hier gelten.

- Wer den Bauch *zu früh* befragt, riskiert eine höchst unbefriedigende Entscheidung, die man dann in der Regel umstößt. Wer ihn hingegen *zu spät* befragt, kann in eine Endlosschleife des Grübelns geraten. Grübeln ist nichts anderes als der Versuch, dem Risiko des falschen Entscheidens zu entgehen. In diesem Zustand ist man jedoch nicht mehr in der Lage, die Signale seines Bauches, egal ob als Empfindung oder als Ahnung, zu deuten.

Entschleunigen

TILL EULENSPIEGEL ging eines schönen Tages mit seinem Bündel an Habseligkeiten zu Fuß zur nächsten Stadt. Auf einmal hörte er, wie sich schnell Hufgeräusche näherten und eine Kutsche hielt neben ihm. Der Kutscher hatte es sehr eilig und rief: „Sag schnell, wie weit ist es bis zur nächsten Stadt?" Till Eulenspiegel antwortete: „Wenn Ihr langsam fahrt, dauert es wohl eine halbe Stunde. Fahrt Ihr schnell, so dauert es zwei Stunden, mein Herr." „Du Narr" schimpfte der Kutscher und trieb die Pferde zu einem schnellen Galopp an und die Kutsche entschwand Till Eulenspiegels Blick. Till Eulenspiegel ging gemächlich seines Weges auf der Straße, die viele Schlaglöcher hatte. Nach etwa einer Stunde sah er nach einer Kurve eine Kutsche im Graben liegen. Die Vorderachse war gebrochen und es war just der Kutscher von vorhin, der sich nun fluchend daran machte, die Kutsche wieder zu reparieren. Der Kutscher bedachte Till Eulenspiegel mit einem bösen und vorwurfsvollen Blick, worauf dieser nur sagte: „Ich sagte es doch: Wenn Ihr langsam fahrt, eine halbe Stunde ..." (BOTE 1978).

Dieser TILL EULENSPIEGEL dürfte übrigens tatsächlich gelebt haben. Forschungen berichten von einem dem niedrigen Adel entstammenden THILE VAN CLETLINGE, der im 14. Jahrhundert als Straßenräuber im Harzvorland sein Unwesen trieb. Als Till Eulenspiegel wurde er später der Titelheld eines Volksbuches. Darin nimmt er die Macken seiner Mitmenschen geistreich aufs Korn. Das Dilemma des Kutschers wird heute leider wesentlich nüchterner beschrieben. Ob aber die Wirkung die gleiche ist?

„In turbulenten Zeiten treten alle schneller. Die Beschleunigung verselbständigt sich und wird zum Selbstzweck. Hohe Schlagzahl ist zur Normalität geworden. Anzeichen kollektiver Erschöpfung und Resignation werden als Widerstand, Protest, Faulheit und fehlende Einsatzbereitschaft gedeutet. Also wird der Druck noch einmal erhöht. Die Folgen der Beschleunigung werden mit weiterer Beschleunigung bekämpft. Unwichtiges, aber zeitlich Dringliches verdrängt Wichtiges, das aber zeitlich nicht als dringlich wahrgenommen wird." (RÜTTINGER 2011) Alle sitzen scheinbar unentrinnbar in der „Beschleunigungsfalle".

Niemand kann sich der Beschleunigung gänzlich entziehen. Das gebietet schon die Komplexitätsregel, nach der sich ein System im Inneren an die Komplexität ihrer Umwelt anzupassen hat. Der Soziologe HARTMUT ROSA sieht im Wachstumszwang der Wirtschaft die Hauptursache für die allgemeine Beschleunigungswut. Um aus dieser Spirale auszubrechen, bedürfe es eines umfassenden wirtschaftlichen, politischen und kulturellen Umbaus. Allenfalls könnten wir versuchen, „Oasen der Entschleunigung" zu schaffen (ROSA 2011). Genau das versuchen, wenn auch noch zögernd, immer mehr Organisationen. Sie wehren sich dagegen, *alles* dem Diktat der Beschleunigung als zeitliche Dimension der Komplexität unterzuordnen.

Wie sich zeigt, ist es in der Führungspraxis durchaus möglich, eine Balance zu finden zwischen Beschleunigen und Entschleunigen. Schnelligkeit setzt verborgene

Energien frei; sie zwingt dazu, Farbe zu bekennen; sie verhindert, ständig von Überraschungen überrumpelt zu werden. Langsamkeit wiederum lässt einen Dinge wahrnehmen, die andere gar nicht sehen; sie macht frei, über sich selbst nachzudenken und daraus Schlüsse für die nächsten Schritte zu ziehen; sie entzieht den zwischenmenschlichen Beziehungen jenen Zündstoff, der die vielen verdrossen machenden Konflikte im betrieblichen Alltag auslöst.

Zu fragen ist allerdings, wann und wo beschleunigt und wann und wo entschleunigt werden soll. Zeitautonomie bedeutet, dass Individuen und ganze Organisationseinheiten zeitlich entkoppelt werden und damit ihren eigenen Zeitstrom erhalten. Sie kann verhindern, dass die Plage der Zeitverknappung alle infiziert. Hochdruckphasen können ihre Meriten haben, sie müssen dann aber auch einmal offiziell für beendet erklärt werden. Spontan und gemeinsam genommene Auszeiten erzwingen einen Rhythmuswechsel. Es ist dann keine Schande mehr, nicht ohne Unterbrechung durch den Tag zu hecheln. Innehaltendes Prüfen wird nicht mehr als Zeichen körperlicher Schwäche oder mentaler Überforderung gesehen.

Abb. 11: CHRONOS und KAIROS – Die zwei Gesichter der Zeit.
Quelle: WEINELT 2005

Innehaltendes Prüfen. Hatten nicht die alten Griechen genau das im Sinn, als sie in ihrem Zeitverständnis gleich zwei Götter aufboten (Abb. 11)? Da gibt es auf der einen Seite *Chronos*, personifiziert als bärtiger alter Mann mit Stundenglas. Er steht für den Zeitablauf, also die *quantitative* Seite der Zeit. Sein Schatz liegt in den Erfahrungen. Wer die Zeit nicht nutzt, wer nicht lernt und nicht reift, den wird Chronos verschlingen. Die andere, *qualitative* Seite der Zeit verkörpert *Kairos*, ein Jüngling mit Schwingen auf dem Rücken, mit kleinen Flügelchen an den Fußknöcheln und vor allem einer langen Haarlocke über Stirn und Schläfe. Mit seiner Waage wiegt er die Zeit, denn nicht jede Gelegenheit ist gleich gut. Es gilt, sie „beim Schopf" (der Locke des Kairos) zu packen. Wer nicht nachdenkt, um die richtige Wahl zu treffen, wer ständig hetzt, bekommt von Kairos nur dessen kahlgeschorenen Hinterkopf zu sehen. Er hat die „Nachsicht" im wahrsten Sinn des Wortes (WEINELT 2005).

In Kairos steckt auch die so selten gewordene Tugend der *Geduld*, der Fähigkeit, zuwarten zu können. Der von dem Klagenfurter Philosophen PETER HEINTEL mitgegründete und inzwischen über tausend Mitglieder zählende „Verein zur Verzögerung der Zeit" wirbt dafür mit einem toskanischen Sprichwort, das die Unsinnigkeit der Beschleunigungssucht auf den Punkt bringt: „Du kannst noch so oft an der Olive zupfen, sie wird deshalb nicht früher reif."

Flow

Der Begriff „Flow" wurde von MIHALY CSIKSZENTMIHALYI geprägt, einem der Glücksforschung zugeneigten Psychologen. Er griff damit ein Credo des deutschjüdischen Pädagogen KURT HAHN (1886–1974) auf, für den Erziehung versagen würde, wenn nicht jeder Jugendliche durch sie zu seiner persönlichen Leidenschaft fände. Als Flow bezeichnet CSIKSZENTMIHALYI das ohne Selbstreflexion stattfindende, vollkommene Aufgehen in einer Tätigkeit, von der man das Gefühl hat, sie verlaufe vollkommen glatt, wie aus einer inneren Logik heraus. Ein Schritt geht dabei flüssig in den nächsten über. Die eigenen Kapazitäten sind voll ausgelastet und dennoch ist man sich sicher, den Ablauf des Geschehens gut unter Kontrolle zu haben. Eine willentliche Konzentration ist dafür nicht notwendig. Absorbiert vom reinen Tätigsein, vergisst man schließlich Raum und Zeit. Der Flow ähnelt etwas dem selbstvergessenen, explorativen Spielen von Kindern, das z. B. in der Reformpädagogik der MARIA MONTESSORI (1870–1953) eine zentrale Rolle spielt.

Dass Schachspieler, Ausdauersportler und Felskletterer, Internet-Surfer, Tänzer und Musiker von einem Flow berichten, geschieht häufig. Glücklich ist, wer auch bei seiner beruflichen Arbeit bisweilen einen solchen Zustand erleben darf. Arbeiten an komplexen und außergewöhnlichen Aufgaben (z. B. die Erstellung einer aufwändigen Präsentation) und das Erlernen neuer Fertigkeiten sind dem Flow förderlich. Überraschend ist, dass sogar einfache Routinetätigkeiten, etwa in der Verwaltung, im Tiefbau oder in der automatisierten Produktion, zu flowähnlichen Erlebnissen führen können. Offensichtlich verstehen es manche Menschen besonders gut, eine gewöhnliche Situation so für sich zu gestalten, dass ein Flow-Erlebnis wahrscheinlicher wird. Sie versuchen Störungen zu vermeiden und dem allgegenwärtigen Zeitdruck aus dem Weg zu gehen. Sie verstehen es zudem, ein zwischenmenschliches Klima zu schaffen, das einen möglichen Flow nicht durch dauernde Querelen von vornherein unmöglich macht.

Neben diesen persönlichen Faktoren gibt es eine weitere Voraussetzung für das Zustandekommen des Flow. Die *Anforderungen* einer Tätigkeit müssen vom Ausführenden als *hoch* wahrgenommenen werden und zu einer positiven Anspannung führen. Zugleich muss er jedoch seine *Fähigkeiten* als *hoch* genug einschätzen, um sich die Ausführung der Tätigkeit auch zuzutrauen. Der Flow braucht somit eine doppelte Herausforderung, um diesen besonderen Gleichgewichtszustand herbeizuführen, der als anregend bis vertiefend erlebt wird.

Anders liegt der Fall bei einer Kombination von niedrigen Anforderungen und hohen eigenen Fähigkeiten. Hier bewegt man sich in der „Komfort-Zone" und damit in einem Zustand der *Entspannung*. Ein „Lernen" findet nicht mehr statt, weil die Aufmerksamkeit nicht genug gefordert wird. Der „Autopilot" übernimmt immer mehr die Steuerung (→*Achtsamkeit*). Werden schließlich die Anforderungen der Tätigkeit als noch geringer wahrgenommen, so entsteht *Langeweile* (engl. *boredom*). Umgekehrt treten *Selbstzweifel* auf, wenn die eigenen Fähigkeiten immer weniger mit den offensichtlich hohen Anforderungen Schritt halten können. Dieser Zustand kann sich zu Überforderung und Stress steigern und schließlich in permanenter *Angst* münden (Abb. 12).

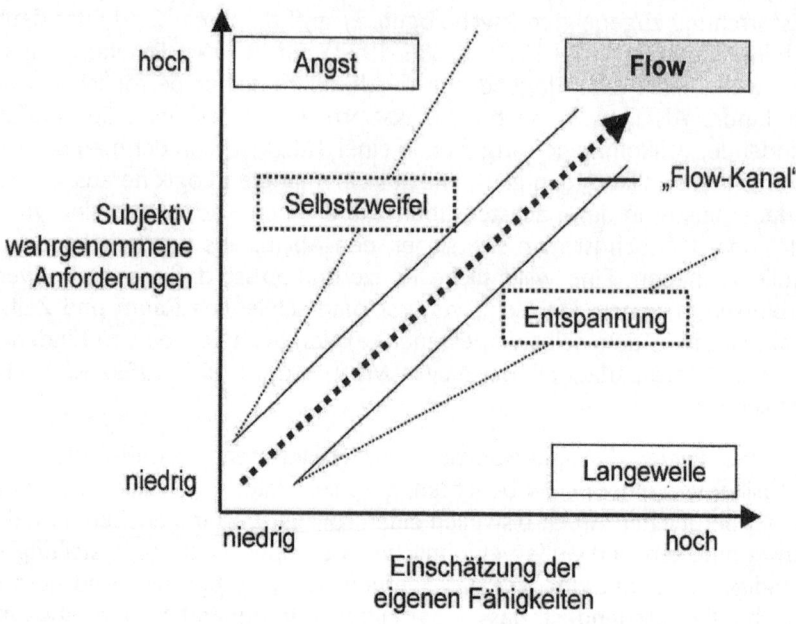

Abb. 12: *Flow versus Angst und Langeweile*

Der Psychologe FALKO RHEINBERG schließt aus seinen Beobachtungen, dass diese Voraussetzung einer Balance zwischen Anforderungen und Fähigkeiten nur auf gewöhnliche Aufgaben zutrifft. Bei einer wichtigen, „kriegsentscheidenden" Tätigkeit könne es nur dann zum Flow kommen, wenn die Anforderungen *niedriger* eingeschätzt werden als die eigenen Fähigkeiten. Man kann hier auf Fähigkeitsreserven zurückgreifen und so einen glatten, flowartigen Handlungsablauf genießen (RHEINBERG 2010). Eine weitere Ausnahme ist der sog. *„Expertise-Effekt"*. Er tritt dann ein, wenn sowohl die Anforderungen als auch die Fähigkeiten niedrig sind. Durch die Automatisierung einfacher Operationen kann sich ein Gefühl der Souveränität einstellen, das dem Flow ähnelt.

Der Flow ist sozusagen der „Zuckerguss" einer Leistungsmotivation, die sich aus einem hohen Grad an *Autonomie* speist. In Deutschland wird zwar mit einer geringeren Machtdistanz (sie bestimmt sich, grob gesagt, aus den Unterschieden zwischen „oben" und „unten") geführt als dies etwa in Frankreich oder gar in vielen asiatischen und lateinamerikanischen Unternehmen der Fall ist. Allerdings wird der positive Effekt aus dieser relativ hohen gegenseitigen Abhängigkeit durch eine eher üppige Regelungsdichte wieder kompensiert. Unter diesen Bedingungen sind mehr als gelegentliche Flow-Erlebnisse nicht zu erwarten.

Dass permanente Überforderung Stress-Symptome auf psychischer und körperlicher Ebene hervorruft, ist bekannt. Darüber zu klagen, ist gesellschaftlich nach wie vor akzeptiert. Dadurch gerät leider das problematische Gegenstück, das „Boreout-Syndrom", aus dem Blick. Es entwickelt sich dann, wenn Menschen mit überdurchschnittlichen Fähigkeiten zu lange an unterfordernde Tätigkeiten gebunden werden. Verwaltung und der Dienstleistungssektor sind die Bereiche, in denen Boreout besonders häufig anzutreffen ist. Seine Symptome sind die gleichen wie die der chronischen Überforderung: Schlafstörungen, Antriebslosigkeit, viszerale Beschwerden, Anfälligkeit für Infekte.

Die zu beobachtende Zweiteilung der Arbeitswelt spielt beim Boreout eine oft übersehene Rolle. Im hochkompetitiven Bereich der Wirtschaft werden immer mehr Aufgaben auf immer weniger Menschen abgeladen, weil sie über rare Fähigkeiten und Fertigkeiten verfügen. Im geschützten Bereich der Wirtschaft gibt es hingegen immer mehr Leute, die aufgrund von Rationalisierung und Software-Fortschritten zunehmend unterfordert sind. Sie setzen ihre Fähigkeiten dann dafür ein, diese Unterforderung durch vorgetäuschte Überbelastung und andere „Strategien" zu verschleiern oder die Zeitreserven für persönliche Ziele zu nutzen.

Gegen Unterforderung und „Boreout" ist gefeit, wer in einer Organisation arbeiten darf, die nicht vorgefertigte Stellen mit Menschen besetzt, sondern umgekehrt den Menschen die Möglichkeit gibt, sich die Stelle zu schaffen, die ihren Fähigkeiten und Fertigkeiten entspricht (→ Organisationskultur). Solche Pionierorganisationen sind jedoch so selten, dass sie für die meisten Menschen außer Reichweite bleiben müssen.

Fragen

„Wer führt, der fragt, denn Besserwissern folgt man nicht". Diese Aussage eines geläuterten Managers, der erkannt hat, dass niemand im Besitz der sogenannten Wahrheit sein kann, ist beileibe nicht trivial. Warum vermeiden es eigentlich so viele Führungskräfte, beim Führen zu fragen? Weil sie meinen, mit Fragen an Status einzubüßen. Und weil sie glauben, dass Fragen mehr Zeit braucht als Sagen. Dabei ist es meist umgekehrt: Wie in der Parabel des TILL EULENSPIEGEL mit dem ungeduldigen Kutscher, der letztlich im Graben landet (→*Entschleunigen*), erspart sich Zeit, wer durch Fragen Lösungen entdeckt, die ansonsten verborgen geblieben wären. Natürlich, wer zwanzig Jahre lang zu wenig gefragt hat, gewöhnt sich die schlechte Angewohnheit nicht über Nacht ab. Kulturen, bei denen die Gemeinschaftsbildung Vorrang vor dem Individualismus genießt, haben hier einen Vorteil. Unaufdringliches Fragen gilt als Zeichen dafür, sich für sein Gegenüber zu interessieren. In typisch „westlichen" Kulturen hingegen, in denen Kommunikation eher der Selbstdarstellung dient, soll das Fragen den eigenen Standpunkt bestätigen.

Es gibt Frageformen, die für „Führung" einfach notwendig sind und über die sich niemand den Kopf zerbrechen wird. Dazu gehören die *Initialfrage*, z. B. „Welcher Punkt auf der heutigen Agenda ist denn für Sie am wichtigsten?"; die *Gegenfrage*, z. B. „Wie darf ich diese Frage verstehen?"; die *Meinungsfrage*, z. B. „Wie stehen Sie zur Einführung einer dritten Schicht?"; und die *Motivfrage*, z. B. „Welchen Sinn hat für Sie die Fortführung dieses Projekts?". Man wird in Führungssituationen auch nicht umhin können, *geschlossene* Fragen zu stellen, um ein kurzes Ja oder Nein als Antwort zu erhalten.

Allerdings spielen hier oft Zwischentöne mit. Selbst ein semantisch eindeutiges Ja oder Nein kann durch Betonung, Mimik oder Gestik mehrdeutig (*ambigue*) werden. Man sagt Ja, meint aber eigentlich Nein oder will sich nicht festlegen. Deshalb empfiehlt sich hier ein Nachfragen durch *Paraphrasieren*, wie z. B. „Habe ich Sie richtig verstanden, dass Sie die Verpackung ändern wollen, um den Umsatz anzukurbeln?" Ein solches Nachfragen ist ein Beispiel für die Notwendigkeit, Führungsarbeit immer wieder von Mehrdeutigkeiten freizuhalten. Die Sprachwissenschaft kennt diesen Vorgang als *Disambiguieren*. Durch ihn können emotional aufgeladene Situationen oft entspannt und Missverständnisse vermieden werden.

Zu den bedenklichen Frageformen zählen jene, die bei fortwährendem Gebrauch ein Klima des gespannten Abwartens schaffen. Eine *Angriffsfrage*, z. B. „Wollen Sie sich etwa um dieses unangenehme Thema drücken?", zwingt das Gegenüber zur Verteidigung oder zum Gegenangriff. Diese Art der Beeinflussung lässt kaum ein „gemeinsames Erreichen vereinbarter Ziele" erwarten, wie es in manchen Definitionen von Führung heißt. Ebenso kontraproduktiv ist etwa das *bissige Fragen*, z. B. „Sicher haben Sie heute pünktlich um acht begonnen?" (Wissend, dass das eben nicht der Fall war) oder das *verdeckte Fragen*, z. B. „Können Sie mir sagen, wo Sie mit Ihrem Projekt zur Zeit stehen?" (Wissend, dass sich das Projekt in Schieflage befindet).

Führung hat wenig mit Erziehung oder Psychotherapie zu tun. Gleichwohl sind die Einflüsse gerade letzterer spürbar geworden. Immer mehr Führungskräfte lassen sich von den verschiedenen Frageformen der Familientherapie in ihrem Führungsverhalten inspirieren. Besonders zu erwähnen ist hier das lösungs- und ressourcenorientierte Fragen mit seinem positiv-humanistischen Grundtenor. Dieser findet seinen Niederschlag auch in den folgenden sieben Kategorien (Abb. 13) an nicht alltäglichen Frageformen. Solche Fragen erweitern die Möglichkeiten, Menschen unter den heutigen Bedingungen hoher Komplexität und hoher Unbestimmtheit sowie den Folgen der Wertedynamik ethisch verantwortbar zu führen.

- *Einladendes Fragen* soll das Gegenüber dazu anregen, seinen Beitrag zu einem bestimmten Thema zu leisten. Es ist ein wertschätzendes Fragen, das auf die Persönlichkeit des anderen Bedacht nimmt und keinerlei taktische Hintergedanken hegt. „Was schlagen sie vor?", Was ist ihnen wichtig?", „Welche Möglichkeiten sehen sie, das Projekt noch zu retten?"

- *Erweiterndes Fragen* soll den Rahmen der Interaktion vergrößern, z. B. durch Fragen nach Ausnahmen: „In welchen Situationen tritt dieses Problem überhaupt nicht auf?"; durch Fragen nach *Möglichkeiten*: „Was könnten Sie tun, damit Sie Ihrem Ziel näher kommen?"; durch Fragen nach *Übereinstimmung*, z. B. „Sehen Sie das genauso wie Ihre Kollegin, oder würden Sie da eher widersprechen?"; oder schließlich durch Fragen, die ein *Interesse* bekunden, z. B. „Wie ist es Ihnen denn gelungen, dieses Problem zu lösen?"

- *Lösungsfokussiertes Fragen* wirkt ebenfalls erweiternd. Es stellt jedoch die Lösung *vor* das Problem, um zu verhindern, dass die ganze Energie für die Suche nach dem Warum des Problems und damit für die Fahndung nach den Schuldigen verbraucht wird. Beispiele: „Woran würden Sie an Ihrem Verhalten oder Ihren Gefühlen erkennen, dass sie eine gute Lösung gefunden haben?", „Was sind für Sie die Kennzeichen einer guten Lösung?", „Angenommen, in Ihrer Abteilung hat die Entwicklung stattgefunden, die Sie sich wünschen – was ist dann anders und was ist gleich?"

- *Zirkuläres*, auch *triadisches Fragen* oder „Um-die-Ecke-Fragen", soll die Beteiligten dazu anregen, mit Hilfe einer fiktiven dritten Person einen *Perspektivenwechsel* vorzunehmen. Ein solches Fragen provoziert ein „Mutmaßen im Beisein eines Anderen", z. B. „Was denken Sie, wie es Ihrer Kollegin in dieser Situation ergangen ist?", „Was glauben Sie, denkt der Kunde über unser neues Design"? oder „Was muss Ihr Mitarbeiter tun, damit Sie sein Verhalten als gewissenhaft einschätzen?"

- *Skalierendes Fragen* ermöglicht den Vergleich unterschiedlicher Sichtweisen und Kontexte mit Hilfe einer Skala, die am zweckmäßigsten von 1 bis 10 angeordnet ist. Beispiel: „Auf einer Skala von 1 bis 10 – wenn 1 der Start des

Projektes und 10 der erfolgreiche Abschluss wäre – wo stehen Sie gerade jetzt?", „Was könnten Sie tun, um auf der Skala von 5 nach 7 zu gelangen?". Skalierendes Fragen bietet die Chance, pauschale Urteile zu hinterfragen, Wichtiges von weniger Wichtigem zu trennen und vage Ausdrücke wie „nicht akzeptabel", „einigermaßen o.k." oder „unbefriedigend" auszuklammern.

- *Umdeutendes Fragen* soll einen neuen Rahmen für die Interaktion schaffen. Ein solches „Reframing" vermag den „Tunnelblick" zu weiten, der die Betroffenen ansonsten immer am Problem haften lässt. Durch Probehandeln in der Phantasie begeben sich beide Partner in einen zukünftigen Moment, etwa durch *hypothetisches Fragen*: „Angenommen Sie hätten einen Stellvertreter? Wie würde sich Ihre Zeitplanung verändern?"; durch *Verbesserungsfragen*: „Auf welche Weise könnten Sie mehr von dem machen, was Sie in Nicht-Problem-Zeiten gemacht haben?"; oder durch *Verschlimmerungsfragen*: „Was müssen Sie tun, damit Ihr Problem noch schlimmer wird?", „Was müssen die anderen tun, um Sie dabei zu unterstützen?"

- *Die Wunderfrage* ist eine besondere Form des *umdeutenden Fragens*. Dabei tut man so, als ob ein erwünschter Zustand „nach einem Wunder" schon erreicht wäre. Es wird darauf geachtet, was in welchen Situationen *anders* als bisher gefühlt, gedacht oder getan würde: „Angenommen, es wäre Nacht und Sie legen sich schlafen. Während Sie schlafen, geschieht ein Wunder und das Problem, das Sie schon seit längerer Zeit belastet, ist gelöst. Da Sie geschlafen haben, wissen Sie nicht, dass dieses Wunder geschehen ist. Was wird Ihrer Meinung nach morgen früh das erste kleine Anzeichen sein, welches Sie darauf hinweist, dass sich etwas verändert hat?" Die Wunderfrage wird man nur fallweise einsetzen können, etwa bei Problemen, die sich so verfestigt haben, dass andere Lösungswege versagen. Der Fragesteller sollte sich zudem gründlich auf die „Wunderfrage" vorbereiten.

- *Metakommunikatives Fragen* ist das Fragen über die Kommunikation als solche. Die Gesprächspartner verlassen bewusst die Sachebene, um auf der vernachlässigten Beziehungsebene die Qualität der Kommunikation zu verbessern. Das kann sich auf die allgemeine Situation beziehen, z. B. „Wie gehen wir eigentlich miteinander um?" oder auf eine soeben abgelaufenen Episode, z. B. „Mir fällt auf, dass wir heute Morgen als Gruppe etwas ruhiger sind – woran liegt das?"

Frageform	Zweck der Frage
Einladendes Fragen	Den Gesprächspartner am Thema teilhaben lassen
Erweiterndes Fragen	Den Rahmen der Interaktion vergrößern
Lösungsfokussiertes Fragen	Die Lösung vor das Problem stellen
Zirkuläres Fragen	Einen Perspektivenwechsel durch Hinzuziehen einer dritten, fiktiven Person vornehmen
Skalierendes Fragen	Gemeinsame Einschätzungen einer Situation oder Tatsache ermöglichen
Umdeutendes Fragen	Eine Situation neu „rahmen"
Metakommunikatives Fragen	Die Kommunikation als solche zum Thema machen

Abb. 13: Wichtige Frageformen in der Führungsarbeit

Führung

Führung ist der *Versuch*, im Rahmen einer *asymmetrisch* angelegten sozialen Beziehung und in einer gesellschaftlich *akzeptierten* Weise das *Verhalten* anderer Menschen so zu beeinflussen, dass dadurch vorgegebene oder vereinbarte *Ziele* innerhalb einer Organisation erreicht werden. Das ist eine ziemlich lange und akademisch anmutende Definition, die dennoch, oder gerade deshalb, nach Erklärungen und Präzisierungen verlangt. Warum ist Führung bloß ein Versuch? Weil jeder, der sich anmaßt zu führen, zugleich auch gewahr sein muss, dass seine Bemühungen, das Verhalten anderer Menschen zu beeinflussen, ins Leere laufen können. Gerade in unserer Zeit, in der die Selbstentfaltungswerte so wichtig geworden sind, muss die bewusste Beeinflussung anderer immer mit ihrem Scheitern rechnen. Führung irritiert, aber *wie* diese Irritationen von den vermeintlich Geführten dann tatsächlich verarbeitet werden, kann niemand vorhersehen.

Dass eine →*Führungsbeziehung* asymmetrisch ist, bedeutet noch lange nicht, dass sich die Geführten immer und bedingungslos der Asymmetrie beugen und etwas tun, was sie ansonsten nicht getan hätten. Asymmetrie bezieht sich auf ungleich verteilte Mittel zur sozialen *Beeinflussung*. Diese Mittel müssen gesellschaftlich akzeptiert sein. Zwang, Gewalt oder Drogen scheiden als unmoralische Mittel der Beeinflussung aus. Wer etwa zum Abteilungsleiter ernannt wird, erhält damit Möglichkeiten, das Verhalten der von ihm Geführten zu sanktionieren. Das kann über Belohnungen oder ihren Entzug ebenso erfolgen wie über Abmahnungen oder Eingriffe in die Position innerhalb der Organisation. Diese Asymmetrie kann sich jedoch vorübergehend oder in seltenen Fällen für die Dauer der Führungsbeziehung umkehren. Wer etwa in einer hoch arbeitsteiligen Organisation eine kritische Schnittstelle kontrolliert, hat gute Chancen, hierarchisch Höhergestellte von sich abhängig zu machen. Die Asymmetrie vom „Führenden" zu den „Geführten" ist also bloß der Ausgangspunkt von Führung. Ob sie aufrechterhalten werden kann und inwieweit sie sich weiterentwickelt bleibt offen.

Es spricht noch etwas dafür, die Asymmetrie von Führungsbeziehungen lediglich als deren Ausgangspunkt und nicht als sicheres Fundament anzunehmen. Man führe sich der Einfachheit halber wieder eine Zweierbeziehung (und nicht die Führung einer Gruppe) vor Augen. Der „Führende" A sendet bestimmte Signale aus, die vom „Geführten" B interpretiert und erwidert werden müssen. A ist immer abhängig von den Reaktionen, die er von B erhält. Nun liegt es an A, die Signale des B zu deuten und darauf zu reagieren. Es entsteht so ein zirkulärer Prozess von unterschiedlicher Dauer, an dessen vorläufigem Ende zwei Ergebnisse möglich sind. Führender und Geführter erreichen einen Zustand der *Resonanz*. Diese beruht auf den zwischen A und B harmonisierten Wirklichkeiten, die ein hohes Maß an gegenseitigem Verstehen ermöglichen. Oder der zirkuläre Prozess zwischen Führendem und Geführten mündet – und das ist in der Praxis vermutlich häufiger der Fall – in *Dissonanz*. Die Intensität eines solchen Missklangs reicht vom bloßen Nichtverstehen bis zur konflikthaften Auseinandersetzung.

Der Philosoph HANS RUDI FISCHER führt den Gesellschaftstanz als Beispiel für zirkuläre Führung an. Die Grundregel des Gesellschaftstanzes lautet „It takes two for tango!". Die konventionell geregelte Führung des Herrn kann nur funktionieren, wenn die Dame sich auch führen lässt und wenn er ihr verständliche Führungssignale gibt. „Es gehören immer zwei dazu", damit ein schöner Tanz entsteht. Jeder, der schon einmal getanzt hat, weiß, dass man nach wenigen Schritten bemerkt, ob der Partner führen kann, führen will oder sich führen lässt oder nicht. Wenn die Tanzpartner zusammenstimmen, wenn gut geführt wird, gelingen Figuren, die der Tanzpartner unter Umständen gar nicht kennt. Er oder sie kann also neues Verhalten lernen, ohne dass dies bewusst und sprachlich artikuliert werden müsste. Seinen Tanzpartner mit den Worten führen zu wollen „Ich führe! Achtung: jetzt links herum, rück vor, tscha tscha tscha ...", das wäre eine Strategie des Scheiterns (FISCHER et al. 2007). Ein Tanz gelingt nur, wenn die Führung offen für Rückkoppelung ist. In eingespielten Führungsbeziehungen kann sich diese Resonanz zur *Synchronie* steigern. Wenn einer der beiden Interaktionspartner das Verhalten des anderen über längere Zeit beobachtet, wird es immer wahrscheinlicher, dass er dieses Verhalten selbst übernimmt. Dieser Effekt besteht allerdings nur im Verborgenen. Sobald das unwillkürliche Nachahmen entdeckt wird, bricht die Synchronie zusammen (Das Sprichwort „Wie der Herr, so's Gscherr", nimmt die negative Form der Synchronie aufs Korn).

Allzu oft wird heute der Begriff Führung durch „Leadership" ersetzt. Man muss schon ziemlich naiv sein, um dahinter bloß ein Synonym für Führung zu vermuten. Wer *„Leadership"* sagt, meint meist den „Leader", der die Geführten mit einer „Vision" inspiriert und entschlossen vorangeht; der kraftvoll und dynamisch auftritt; jemand mit dem Beharrungsvermögen, von einem eingeschlagenen Weg nicht abzuweichen; und der Gabe, Sinnerfüllung zu bieten und Veränderungswillen zu zünden. Der Harvard-Professor JOHN P. KOTTER stellte vor dreißig Jahren dem gewöhnlichen „Manager" den wachrüttelnden „Leader" an die Seite. Zu dieser Zeit wurde in den USA viel darüber geklagt, dass die Unternehmen „overmanaged", dafür aber *„underled"* seien. Es gäbe zu viele Technokraten und zu wenige inspirierende Führer. Narzisstisch veranlagte Manager verstanden dies als Aufforderung zur Tat. Der ehemalige Chef des französischen Medienkonzerns VIVENDI, JEAN-MARIE MESSIER, wird hierfür oft als Beispiel zitiert. Am Höhepunkt seiner Inspirationsorgie gefiel sich MESSIER darin, in seiner Umgebung als J6M angesprochen zu werden: Er verknüpfte einfach die beiden M seines Namens mit je zwei weiteren M aus „moi-meme" (*ich selbst*) und von „maître du monde" (*Herrscher der Welt*) zum Kürzel J6M. Als 2002 die Verluste von VIVENDI die Marke von 13 Milliarden Euro überschritten hatten, musste er seine Bühne verlassen.

Die Diskussion rund um Leadership erinnert etwas an die Unterscheidung zwischen *transaktionaler* und *transformativer* Führung. Erstere konditioniert die Menschen, indem sie mit Belohnungen und Bestrafungen versucht, das Verhalten in gewünschte Bahnen zu lenken. Die transformative Führung will die Menschen hingegen „umformen" (ein Begriff, den MAX WEBER schon lange vor allen Management-Gurus verwendete, um die Wirkung von „Charisma" zu charakterisieren).

Dazu sollen die vier „I" – Idealisierung, Inspiration, individuelle Anregung und individuelle Wertschätzung – dienen. Durch transformative Führung lotsen Führender und Geführte einander auf ein höheres Anspruchsniveau.

Hier endet auch schon die Gemeinsamkeit zwischen Leadership und transformativer Führung. Diese wird als trainierbar betrachtet, während Leadership einem bestimmten Persönlichkeitstypus vorbehalten ist. Leadership ist vor allem eine männliche Domäne. Ihre Merkmale, wie der imposante Auftritt, die Unbeirrbarkeit und die Frustrationstoleranz, gelten als angeboren oder zumindest frühzeitig erworben. „Born to lead" drückt die Zwangsläufigkeit aus, mit der Angehörige einer Elite gar nicht anders können, als Leadership zu übernehmen. Eine weitere Rechtfertigung lautet: Manche Menschen *wollen* geführt werden; sie sehnen sich gleichsam nach der starken Hand; andere wiederum *müssen* geführt werden; ihre Kopflosigkeit lässt ihnen keine andere Wahl.

Damit schließt sich der Kreis zwischen der Mode des Leadership und der antiken Auffassung eines PLATON, der in seinem Werk *Politeia* Führung als etwas beschrieb, das keiner Begründung bedurfte: „Niemand, weder Mann noch Weib, soll jemals ohne Führer sein. Auch soll niemandes Seele sich daran gewöhnen, etwas ernsthaft oder auch nur im Scherz auf eigene Hand allein zu tun. (...) Und auch in den geringsten Dingen soll er unter der Leitung des Führers stehen. (...) Kurz, er soll seine Seele durch lange Gewöhnung so in Zucht nehmen, dass sie nicht einmal auf den Gedanken kommt, unabhängiger zu handeln, und dass sie dazu völlig unfähig wird."

Der Führungsforscher JOHANNES STEYRER verweist in diesem Zusammenhang auf SIGMUND FREUD, dem Begründer der Psychoanalyse. FREUD hätte „Führung" in einer Weise verklärt, als wäre PLATONs *Politea* seine Bettlektüre gewesen (STEYRER 2009). Das liest sich dann so: „Es ist ein Stück der angeborenen und nicht zu beseitigenden Ungleichheit der Menschen, dass sie in Führer und in Abhängige zerfallen. Die letzteren sind die übergroße Mehrheit, sie bedürfen einer Autorität, welche für sie Entscheidungen fällt, denen sie sich meist bedingungslos unterwerfen. Man müsste mehr Sorge als bisher aufwenden, um eine Oberschicht selbstständig denkender, der Einschüchterung unzugänglicher, nach Wahrheit ringender Menschen zu erziehen, denen die Lenkung der unselbstständigen Massen zufallen würde."

Was bedeutet nun „Führung" in unserer Zeit des Übergangs („Paradigmenwechsels") von der *klassischen*, auf linearer Kausalität beruhenden Auffassung hin zum *postklassischen* Leitbild der zirkulären Wechselwirkung? Wer heute führen will, sollte an diese Aufgabe mit der nötigen Portion *Bescheidenheit* herangehen. Mäßigung oder Zügelung wären brauchbare Synonyme für diese Tugend. Ein Mangel an Bescheidenheit führt zu Anmaßung und Ungeduld. Anmaßung ist aber die Schwester des Hochmuts, der bekanntlich „vor dem Fall" kommt. Und Ungeduld ist eine typische Ursache dafür, dass Führungskräfte nicht zuhören, nicht erläutern und nicht delegieren können. Auch ein Zuviel an Bescheidenheit kann schaden. Das Anspruchsniveau sinkt und mit ihm der Ansporn, sich auf

Neues und Herausragendes einzulassen. Es geht also wieder um die richtige *Balance*.

Noch eines ist in unserer Zeit der hohen Komplexität und Kontingenz unerlässlich geworden: Führung muss endlich als *Profession* (lat. *professio* = Bekenntnis) betrieben werden. Nach wie vor gilt besonders in unserem Kulturkreis, dass *fachliche* Kompetenz die wichtigste Voraussetzung für den Aufstieg in eine Führungsposition ist. Auf diese Weise wird der tüchtigste Verkäufer Verkaufsleiter, der fähigste Entwickler Leiter der Produktentwicklung, der penibelste Controller Leiter des Controllings und so fort. Das für Führung nötige Wissen und die damit verbundenen Fähigkeiten und Fertigkeiten werden stillschweigend vorausgesetzt. Oder es wird vom Führenden erwartet, dass er sich das Rüstzeug selbst aneignet. Ganz nach dem Motto, „das bisschen Führung wird er sich schon irgendwie beibringen". Natürlich führt auch das in der angelsächsischen Welt anzutreffende Modell in die Irre. Sein Grundsatz lautet in etwa: „Wer führt, braucht nicht fachlich kompetent sein, dafür aber *bright*, wendig und mit Überzeugungskraft ausgestattet". Diese Maxime liefert ungewollt Freiräume für Blender und Stümper.

Führung kann innerhalb einer durch die Persönlichkeit vorgezeichneten Bahn „erlernt" werden. Gäbe es den Begriff des „Blended Learning" noch nicht, so müsste man ihn für das Führungslernen erfinden. Eine Kombination aus Beobachten, Simulieren und Reflektieren, aus Training, Mentoring und Coaching, aus klassischer Wissensvermittlung, Erfahrungszirkel und Ausflügen in entfernte Lebenswelten wie Klöster, Asylheime und die Obdachlosenszene, eine solche Mischung wäre am besten geeignet, sich für die hohe soziale Verantwortung als Führungskraft zu rüsten. Es ist schon grotesk: Spitzensportler bestreiten relativ wenige Wettkämpfe, aber sie trainieren, tüfteln und reflektieren permanent. Führungskräfte stehen hingegen ständig im Wettkampf, aber sie trainieren kaum und denken so gut wie gar nicht darüber nach, was sie eigentlich tun und warum.

Führungsbeziehung

Führungsbeziehungen sind ganz besondere soziale Beziehungen. Sie sind *rollenfixiert*, da sie entscheidend von den Erwartungen geprägt werden, wie sich Vorgesetzte und Mitarbeiter in einer solchen Beziehung verhalten sollen. Damit ähneln sie den professionellen Beziehungen etwa zwischen Arzt und Patient oder Lehrer und Schüler. Sie heben sich umgekehrt deutlich von Freundschaftsbeziehungen ab, da ihnen die Freiwilligkeit fehlt. Als Machtunterlegener in einer Organisation kommt man kaum umhin, den allein schon durch seine Legitimation Machtüberlegenen zu akzeptieren. Führungsbeziehungen sind zudem niemals Selbstzweck, wie etwa eine Liebesbeziehung, sondern *Mittel* für genau definierte Zwecke, ähnlich einer Geschäftsbeziehung. Schließlich weisen Führungsbeziehungen, anders als z. B. Familienbeziehungen, einen höchst ungewissen *Zeithorizont* auf.

Soziale Beziehungen sind seit der Mitte des vorigen Jahrhunderts ein besonderer Forschungsgegenstand der Psychologie. In den 1980er Jahren wurde die Geschäftsbeziehung in Gestalt des *Relationship Management* vom Marketing wiederentdeckt. Die Erforschung der Führungsbeziehungen blieb hingegen bislang wenigen Spezialisten vorbehalten, etwa dem St. Galler ROLF WUNDERER (2009), der sie unter dem Blickwinkel des Mitunternehmertums untersucht. Gleichwohl ist die Praxis nicht untätig geblieben. Selbst im Non-Profit-Bereich entdecken immer mehr Führungskräfte, dass unter den heutigen verschärften Bedingungen eine *bewusste* Beziehungsgestaltung unumgänglich geworden ist. Zumindest drei Gründe sind hierfür zu nennen.

- Organisationen stehen heute unter einem enormen *Effizienzdruck*, was einen noch sorgsameren Umgang mit den knappen Ressourcen Arbeitskraft und Zeit verlangt. Oberflächliche oder konfliktäre Führungsbeziehungen stehen dieser Notwendigkeit massiv entgegen.

- Die klassischen Pflicht- und Akzeptanzwerte wie Disziplin und Gehorsam sind zum Teil den *neuen Werten* wie Spontaneität und Selbstentfaltung gewichen. Ein nicht hinterfragbares Führen per Anweisung oder gar Befehl wird heute nicht mehr so reaktionslos hingenommen wie früher.

- Die Philosophie des *Lean Management* hinterließ in manchen Branchen tiefe Spuren. Der Eliminierung ganzer Hierarchieebenen folgten oft absurde Führungsspannen von bis zu 1:50. Unter günstigen Umständen setzte dies wohltuende Kräfte der Selbstregelung frei, in weniger günstigen Fällen machte sich Anarchie breit.

Unter solchen Bedingungen rücken die bewusste Beziehungsgestaltung und das Element der Beziehungsqualität in den Vordergrund. Bewusste Gestaltung bedeutet, dass sich die an der Führungsbeziehung Beteiligten gemeinsam auf die Meta-Ebene begeben, um so über ihre Beziehung und deren Qualität zu reflektieren. In einem Unternehmen der Versicherungswirtschaft verständigten sich Management und Mitarbeiter z. B. darauf, die Führungsbeziehungen entlang der drei Dimensionen →*Individualisierung*, →*Emotionsarbeit* und Feedback-Kultur laufend zu bewerten und bewusst zu gestalten. Der Hintergrund für die Wahl dieser drei Dimensionen kann so skizziert werden:

- *Individualisierung*: Viele Menschen „surfen" heute lustvoll auf den Wellen der → *Wertedynamik*. Sie „mixen" sich ihren eigenen „Wertecocktail", an dessen Zusammensetzung sie sich nicht für ewige Zeiten gebunden fühlen. Organisationen sind heute von einer ungleich größeren Vielfalt geprägt als früher. Die Qualität der Führungsbeziehungen hängt wesentlich davon ab, inwieweit beide Seiten bereit sind, sich mit den unterschiedlichen Wertevorstellungen möglichst vorurteilsfrei auseinander zu setzen.

- *Emotionsarbeit*: Die „emotionale Wende" im Management hat die abendländische Tradition, Emotionen zugunsten des Verstandes abzuwerten, in Frage gestellt. Emotionen sind heute mehr als bloße Beigaben zum Verstand. Beide sind aufeinander angewiesen. Die Beziehungsqualität wird nicht zuletzt von der Fähigkeit bestimmt, die eigenen Emotionen zu regulieren, die des Gegenübers zu erkennen und bei Bedarf positiv zu beeinflussen.

- *Feedback-Kultur*: Es ist für Mitarbeiter nicht immer einfach, Rückmeldungen zu ihrer Leistung oder ihrem Verhalten zu bekommen. Noch schwieriger ist es für Führungskräfte, die Wirkung ihres eigenen Verhaltens möglichst unverfälscht in Erfahrung zu bringen. Das Abhängigkeitsverhältnis der Mitarbeiter gegenüber der Führungskraft ist oft eine zu hohe Barriere. Das Rückgrat einer positiven Feedback-Kultur ist das regelmäßige 180-Grad-Feedback-Gespräch (bestehend aus der Selbsteinschätzung des Mitarbeiters, dem Feedback von der Führungskraft an den Mitarbeiter und dem Feedback vom Mitarbeiter an die Führungskraft), das nicht anonym (z. B. online), sondern „zwischen Anwesenden" geführt wird.

Führungsgrundsätze

Die Regeln, die das tägliche Handeln in Organisationen bestimmen, werden von den Organisationsmitgliedern meist nicht bewusst formuliert. Sie bilden sich im Laufe der Zeit als Nebenprodukt des laufenden Geschäfts heraus. Will man jedoch einen (entscheidenden) Schritt tun, um die Qualität der Führungsbeziehungen tatsächlich zu beeinflussen, so wird man nicht umhin können, ein *Rahmenkonzept* zu formulieren. „Unsere Mitarbeiter haben das Recht auf professionelle Führung", begründet z. B. eine Organisation des Gesundheitswesens einen solchen Schritt. Dieses „Recht" ist natürlich oft auch das Eingeständnis eines Handlungsbedarfs, der sich aus dem Auseinanderklaffen von Erwartungen und Erfahrungen aus dem Führungsalltag ergeben. Egal ob Führungskräfte oder Mitarbeiter, jeder vermag Beispiele zu nennen, in denen sich eine bestimmte Führungssituation als unbefriedigendes, nicht selten frustrierendes, Ärger oder Resignation auslösendes Ereignis in das Gedächtnis eingebrannt hat.

Immerhin, wenn „professionell" (→*Führung*) bedeuten soll, über Führung in der eigenen Organisation zu reflektieren, um die Führungsqualität zum Diskursthema zu machen, dann berechtigt ein solcher Schritt zur Hoffnung auf Besserung. Führungsgrundsätze bringen die wichtigsten Maximen oder, anders formuliert, die wichtigsten „Spielregeln" der Führung in *kommunizierbarer* Form zum Ausdruck. „Kommunizierbar" meint vor allem den Gebrauch einer alltagsnahen Sprache, die auf die Lebenswelten der Organisationsmitglieder Bedacht nimmt. Der Rückzug in den sterilen Managementjargon ist einer der Kardinalfehler bei der Formulierung von Führungsgrundsätzen. Und Selbstbeschränkung ist eine der dafür nötigen Tugenden.

Der Mut, bloß einen *einzigen* Führungsgrundsatz zu formulieren (Beispiel: „Wer ausführt, führt nicht!"), würde sich sehr oft lohnen. Mit seiner Knappheit zieht der einzige Satz die ohnedies strapazierte Aufmerksamkeit der Organisationsmitglieder auf sich. Er wird im Idealfall zum Leitgedanken der Führung. Eine solche Disziplin ist allerdings in der Praxis selten anzutreffen. Wenn Projektgruppen an Führungsgrundsätzen arbeiten, dann folgen sie meist der letzten der vier berühmten Verfahrensregeln des Philosophen RENÉ DESCARTES: Auf *Vollständigkeit* achten. Dem dekadischen Prinzip gehorchend peilt man gerne die Zehn an. Kaum jemand wird bei dreizehn Halt machen, dann werden es eben fünfzehn Grundsätze. Nicht jeder ist ein reiner einfacher Satz, sondern eher eine Anhäufung allgemeiner Formulierungen. Ein Beispiel: „Wir handeln im Bewusstsein und in Beachtung unseres Unternehmensleitbildes und des Unternehmensganzen zum Wohle …"

Dieser Formulierungseifer ist zwar verständlich, die Resultate sind jedoch meist ernüchternd. Die Fülle wirkt erdrückend und erzeugt bei den Betroffenen Distanz oder sogar Abwehr. Und selbst wenn der eine oder andere wohlformulierte Grundsatz die erwünschte Resonanz bewirken sollte, entsteht das nächste Problem. Die Menschen projizieren ihre unerfüllten Hoffnungen und Wünsche auf diese Aussagen und erwarten, dass die Führungsmannschaft diesen Erwartungen auch gerecht wird. Dazu ein Beispiel.

Der Grundsatz „Wir nehmen uns Zeit für Führungsaufgaben und schaffen ein Klima der Wertschätzung, der Offenheit und des Vertrauens" ist durchaus wohlgemeint. Er ist aber zugleich so voraussetzungsreich, dass er gar nicht erfüllt werden kann. Schon gar nicht in kurzer Zeit, wie Führungsgrundsätze meist suggerieren. Jedes der drei Kulturelemente – „Wertschätzung", „Offenheit", „Vertrauen" – muss in kleinen Schritten aufgebaut und gegen grobe Enttäuschungen immunisiert werden. Da Führung aus *zirkulären* Prozessen besteht, bei denen die Wirkungen auf die einen auch zu Ursachen für die anderen werden können, brauchen Führungsgrundsätze viel Zeit, um zu Selbstverständlichkeiten werden. Die Soziologie spricht von *Habitualisierung* (Gewöhnung) als wichtige Vorstufe der *Internalisierung* (Verinnerlichung). Erst auf dieser letzten Stufe können die proklamierten Prinzipien der Wertschätzung, Offenheit und des Vertrauens zum Allgemeingut der Organisation werden. Der Weg dorthin ist lang und mit Enttäuschungen gepflastert.

Trotz aller negativer Erfahrungsberichte werden Führungsgrundsätze, genauso wie Leitbilder, nach wie vor nach der Methode „Vorhang auf" produziert. Verständlich, dass solche Praktiken dann mit Spott und Hohn bedacht werden. Von einem „Management-Voodoo" ist oft die Rede. In der Enklave der Führungsetagen würden zunächst blumige Leitsätze formuliert, dann diverse rituelle Tänze vollführt (Workshops, Mitarbeiterversammlungen etc.) und anschließend Opfergaben zelebriert (z. B. aufwändiger Druck auf Hochglanzpapier), um das Werk den Mitgliedern der Organisation als neuen verpflichtenden Teil der Kultur zu überantworten.

Das Gegenmodell zu den aufoktroyierten Führungsgrundsätzen besteht im „demokratischen Konstruieren". Dabei sollen möglichst alle Mitarbeiter einbezogen werden und ihre individuellen Vorstellungen von Führung offenlegen können. Diese Methode nutzt die Erkenntnis, dass Menschen von Natur aus „kleingruppenorientiert" sind. Gruppen sind Orte hoher Gefühlsdichte – im Gegensatz zur abweisend wirkenden Großorganisation, die dem Einzelnen ständig narzisstische Kränkungen zufügt: „Auf mich hört man nicht", „Den Menschen interessiert hier niemand" etc. (HEINTEL 1993). Organisationen, die regelmäßig systematische 180-Grad-Feedbacks durchführen (Selbsteinschätzung des Mitarbeiters + Feedback des Vorgesetzten an den Mitarbeiter + Feedback durch den Mitarbeiter an den Vorgesetzten), haben hier einen Vorteil. Sie verfügen über so viele Hinweise für etwaige Verbesserungen der Führungskultur, dass sie auf einmalige Großeinsätze verzichten können.

Um Führungsgrundsätze nicht zu Leerformeln verkommen zu lassen, sollten die folgenden Punkte beachtet werden.

- Organisationen sind empfindliche soziale Systeme, die sich weitgehend selbst steuern können. Ein zu viel an Interventionen prallt an ihnen ab oder wird durch Sarkasmus einfach lahmgelegt. Daher: Weniger ist mehr. Ein einziger Führungsgrundsatz kann oft Wunder wirken.

- Die Sprache ist ein wunder Punkt. Wer Führungsgrundsätze ernst nimmt, sollte für deren Formulierungen einen *Linguisten* zu Rate ziehen. Sie kennen sich aus mit Mehrdeutigkeiten, Metaphern und Redundanzen. Geisteswissenschaftler haben überdies in der Regel sehr bescheidene Honorarvorstellungen.

- Auch gut formulierte Führungsgrundsätze bleiben letztlich abstrakt. Wer Veränderungen der Führungskultur anstrebt, sollte sie zuerst *vorleben*. Ohne Hochglanzpapier, dafür aber durch Menschen, welche die neuen Spielregeln bereits *kritisch* und damit *belastbar* verinnerlicht haben.

- Erst wenn dadurch in der Organisation etwas in Bewegung geraten ist, wenn über das Neue gesprochen wird, wenn sich einige Gewohnheiten verändert haben, dann erst sollten die Führungsgrundsätze auf Papier gebracht werden.

Führungspathologien

Unsere Denk- und Verhaltensmuster haben es naturgemäß in sich, dass sie ständig reproduziert werden. Sie haben sich eben bewährt und ihre regelmäßige Anwendung sorgt für ein Gleichgewicht zwischen der Außenwelt und unserer inneren Verfassung. Im Zweifelsfall interpretieren wir die Umweltverhältnisse so, dass sie zu diesen liebgewonnenen Mustern passen. Es sei denn, die Welt ändert sich dramatisch und erzwingt so ein völlig neues Gleichgewicht. Gerade Führungskräfte unterliegen jedoch einem „Mehr-von-demselben". Das *klassische* Führungsparadigma beruht auf drei Prinzipien, innerhalb derer sich bestimmte Denk- und Verhaltensmuster geradezu festsetzen können.

Zu diesen Pfeilern gehört erstens die Unterscheidung zwischen dem *Subjekt* – der Führungskraft – und den *Objekten* – den Mitarbeitern, Gruppen, Abteilungen etc., die gesteuert werden sollen. Der Richtungspfeil weist vom Subjekt zu den Objekten. Wechselwirkungen zwischen den beiden sind im klassischen Paradigma nicht vorgesehen. Hinzu kommt zweitens, dass „Managen" und damit auch Führen als *dynamischer* Prozess gesehen wird. Dieser soll in Form von *Bewegung* und *Veränderung* sichtbar sein. Entscheidungen müssen möglichst *rasch* getroffen werden. Schließlich gilt es drittens, immer den *Überblick* zu bewahren. Dies verleiht Souveränität, auch wenn sie mit Oberflächlichkeit erkauft werden muss. Das klassische Führungsparadigma bedient sich deshalb Metaphern wie „Kapitän auf der Brücke" oder „Dirigent eines vielstimmigen Orchesters".

Es wäre allerdings zu billig, bestimmte Verhaltensmuster, die sich innerhalb dieses Rahmens ausbilden, nur mit Sarkasmus zu bedenken. Kaum jemand ist gefeit davor, innerhalb der enormen Interaktionsdichte des Führungsalltags nicht mit der Zeit sogar skurrile Verhaltensweisen zu entwickeln. Deshalb sind die ausgewählten Beispiele als Anregung zu verstehen, solchen „Führungspathologien" vorzubeugen oder jedenfalls zu versuchen, ihnen zu entkommen.

Das starre Festhalten an scheinbar erfolgreichen Methoden in neuen, völlig anders gestalteten Situationen wird auch *„Methodismus"* genannt. Es wurde bereits vor einiger Zeit in Zusammenhang mit dem Handeln bei hoher Unbestimmtheit und Komplexität beschrieben (SCHAUB 1996). Die Hoffnung, eine neue, anders ausgebildete Generation von Führungskräften würde auf solche Bedingungen auch anders reagieren, hat sich bislang nicht erfüllt. Im Gegenteil, die rasche Abfolge von Krisen aller Art hat den Hang zum Methodismus noch verstärkt.

Das *Rumpelstilzchen-Syndrom* beschreibt den Überoptimismus von Führungskräften, der sich nach dem Muster des gleichnamigen GRIMMschen Märchens aufschaukeln kann: „Heute back' ich, morgen brau' ich, übermorgen hol' ich der Königin ihr Kind ...". Dabei gehen die Führungskräfte durchaus „postmodern" vor. Sie betrachten Zukunft nicht als etwas, das unvermeidlich auf sie zukommt, sondern als gestaltbar. Nur versuchen sie eben, den kommenden Ereignissen ihren Optimismus aufzuzwingen. Ein Denken in „möglichen Zukünften" findet nur insofern statt, als diese mit den positiv gefärbten Grundannahmen übereinstimmen müssen. Komplizierungen werden wohlweislich übersehen, negative Meldungen der „falschen" Sichtweise des jeweiligen Botschafters zugeschrieben. Am Ende wird nur nach dem günstigsten Verlauf geplant.

Besonders gut gedeiht das Rumpelstilzchen-Syndrom in Gruppen, in denen „*Groupthink*" (ein Ausdruck des Psychologen IRVING JANIS) vorherrscht. Solche Gruppen (bis hinauf zu Vorstandsgremien) weisen eine hohe Kohäsion auf, die ein Gefühl von Geschlossenheit verleiht. Der Einzelne in dieser Gruppe tendiert dann dazu, seine Meinung dem scheinbaren Konsens der Gruppenmehrheit unterzuordnen. Nicht der eigene kritische Sachverstand, sondern die Gruppennorm dient als Richtschnur für Entscheidungen. So manches gescheiterte Mammutprojekt aus dem Reich der Unternehmenskäufe und Fusionen lässt sich auf dieses durch Groupthink beförderte Rumpelstilzchen-Syndrom zurückführen.

Auch das *Thematische Vagabundieren* gehört in die Kategorie der Führungspathologien. Es hat zwei Wurzeln. Die eine besteht in dem Glauben von Führungskräften, unentbehrlich zu sein. Dies können sie sich am besten dadurch beweisen, dass sie an all den Ecken und Enden einer Organisation, an denen Probleme auftreten können, auch sofort eingreifen. Ein solcher Aktionismus kann süchtig machen. Das ständige In-Bewegung-Sein produziert körpereigene *Opioide*, die das Belohnungssystem im Gehirn stimulieren. Die zweite Wurzel liegt in der Flucht vor Entscheidungen. Das bloße Anreißen von Themen, ohne sie zu Ende zu bringen, signalisiert dem Umfeld „Überblick" und entlastet scheinbar von den Mühen der Ebene. Eigene Untersuchungen zeigen, dass mittlere Führungskräfte in der produzierenden Industrie an einem typischen Arbeitstag etwa alle acht bis zehn Minuten den Problembereich wechseln.

Das *Ballistische Entscheiden* besteht darin, Entscheidungen aus der sicheren Deckung des eigenen Büros in die laufende Organisation zu „feuern", ohne sich darum zu kümmern, welche „Bahn" die Entscheidung genommen hat und ob, wie und wo sie überhaupt „eingeschlagen" hat. Dieses Handeln rührt aus der traditionellen Vorstellung von Information. Sie wird als „Ding" betrachtet, das von einem Ort zum anderen – oder von einem Sender zu einem Empfänger – verfrachtet werden kann. In dem Moment, in dem das „Ding" angekommen ist, muss es genau die Wirkung erzielen, die der Absender darin verpackt hat. Dass Nachrichten und Entscheidungen, die „von oben" kommen, allzu leicht ignoriert, verkürzt, beschönigt oder anders gedeutet werden können, wird dabei übersehen.

Wer als Führungskraft unter den Bedingungen hoher Komplexität und ebensolcher Unbestimmtheit handeln muss, kann Misserfolgen und Enttäuschungen nicht ausweichen. Auch eine hohe Frustrationstoleranz schützt nicht vor der Versuchung, sich in einen Problembereich zurück zu ziehen, den man meint bewältigen zu können. Diese *Einkapselung* in einem gut beherrschbaren Realitätsausschnitt dient dem Selbstschutz. Die Folge davon ist, dass die Führungskraft ihre Aufgaben nicht mehr nach deren Wichtigkeit, sondern nach der Erfolgswahrscheinlichkeit auswählen wird (SCHAUB 1996).

Auch das *Dogmatische Verschanzen* hat mit der Einschätzung der eigenen Kompetenz zu tun. Die Wissenschaftstheorie lehrt uns, dass es sinnlos ist, nach der Letztbegründung zu suchen. Denn entweder wir drehen uns dabei im Kreis: „Warum fällt der Apfel vom Baum? Weil die Schwerkraft wirkt. Und wieso wissen wir, dass die Schwerkraft wirkt? Na, weil der Apfel vom Baum fällt." Oder wir gehen schrittweise immer weiter nach rückwärts – jede Aussage, die etwas begründet, muss wiederum begründet werden und so fort –, was uns letztlich ins Unendliche führt. Die Wissenschaft wie auch der Alltag kennen deshalb den „dogmatischen Abbruch": „Genug geschwätzt, es ist wie es ist". Die großen Religionen verfahren genau so. Und im Management weist der Führende eher früher als später darauf hin, dass *er* es ist, der die „Wahrheit" definiert. „Die Sache ist so, wie ich sie sehe, und damit Schluss" (Schaub 1996).

Diesen Pathologien vorzubeugen oder zu entkommen, ist an sich gar nicht schwer. So wie die großen Fußballmannschaften ihre Spielzüge immer wieder penibel per Video analysieren, müssen sich auch Führungskräfte in Organisationen einer Analyse ihrer Verhaltensmuster unterwerfen. Nicht per Video, sondern durch *Reflexion*. Das bedeutet, sich regelmäßig aus dem Handlungsstrom auszuklinken, um über sein Führungsverhalten nachzudenken, sich das Selbstbeobachtete auch einzugestehen und daraus Schlussfolgerungen für die nächsten Schritte zu ziehen. Reflexion kann allein, mit Kollegen, Mitarbeitern oder Vorgesetzten erfolgen. Diese Methode ist längst Bestandteil zeitgemäßer Pädagogik (Was wollte ich erreichen? Was ist gelungen? Was sollte ich anders machen? Was war wertvoll? Was bleibt unverzichtbar?). In fortschrittlichen Organisationen ist die Reflexion über Führung bereits Teil der Organisationskultur geworden.

Führungsstil

KURT LEWIN (1890–1947), ein Pionier der Sozialpsychologie, brachte den Stein ins Rollen. Zusammen mit RONALD LIPPITT und RALPH WHITE führte er in den späten 1930er Jahren Experimente mit Jungengruppen durch, um den Einfluss unterschiedlichen Führungsverhaltens auf Arbeitsleistung und Gruppenatmosphäre herauszufinden. Diese Arbeiten befruchteten Erziehungswissenschaften und Management gleichermaßen. Seither gelten drei „Führungsstile" als Ankerpunkt jeder Diskussion über dieses Thema. Ein *autoritärer* Führungsstil liegt vor, wenn der Vorgesetzte allein entscheidet und kontrolliert, während die Mitarbeiter in einer rein ausführenden Rolle verharren; beim *kooperativen* Führungsstil werden die Mitarbeiter in den Entscheidungsprozess einbezogen und die Kontrolle zum Teil durch einen Vertrauensvorschuss ersetzt; und der Führungsstil des *Laissez-faire* gibt den Mitarbeitern die Freiheit, selbst zu entscheiden und sich als Gruppe auch selbst zu kontrollieren.

Vor LEWIN gab es eine solche (für damalige Verhältnisse) feingliedrige Unterscheidung nicht. Der Soziologe MAX WEBER (1864–1920) sprach noch von drei Typen der *Herrschaft*, die er anhand ihrer Quellen folgendermaßen unterschied: Die *traditionale* Herrschaft („Herr und Untertanen") ergibt sich aus den „von jeher bestehenden Ordnungen und Herrengewalten"; die *charismatische* Herrschaft („Führer und Anhänger") lebt von der „übernatürlichen, übermenschlichen oder mindestens außeralltäglichen Kraft eines Führers"; und die *legale* Herrschaft („Vorgesetzter und Mitglieder") folgt in ihrer reinsten Form den „für alle gleichen, rational begründeten Regeln" der Bürokratie.

Die Ergebnisse der LEWINschen Untersuchungen waren an sich widersprüchlich. Immerhin schien irgendeine Führung besser zu sein als gar keine. Für ein Laissez-faire sprach allerdings kaum etwas. Heute ist das Urteil längst gefallen. Nicht zuletzt angespornt durch die →*Wertedynamik* der letzten Jahrzehnte erhielt der kooperative (demokratische) Führungsstil die Note „gut" und der autoritäre (diktatorische) das Prädikat „miserabel". „Demokratisch" ist eben ein gesellschaftlich erwünschtes, „diktatorisch" ein eher ächtenswertes Merkmal. Zwar versuchen neuere Studien immer wieder aufzuzeigen, dass sich im deutschen Kulturraum der autoritäre Führungsstil (etwa der „Basta"-Stil GERHARD SCHRÖDERS) auf dem Rückzug befindet. Die vielen persönlichen Berichte von Betroffenen aus den Kampfarenen von Organisationen lassen jedoch eher den Schluss zu, dass gerade in schwierigen Zeiten ein bestimmendes Führungsverhalten wieder die Oberhand gewinnt.

Die meisten Untersuchungen über die Anwendbarkeit von Führungsstilen umgehen eine grundlegende Frage: Wie kreiert, kategorisiert, beobachtet und „misst" man eigentlich einen Führungsstil? Der Begriff „Stil" verweist auf wiederkehrende Muster, die einen Zusammenhang bilden und als wahrnehmbare Ganzheiten reproduzierbar sind. Man denke an Bau-, Mal- und Schreibstile, oder Lauf-, Tanz- und Schwimmstile. Sie müssen bestimmte Ästhetiken aufweisen – Formen und Proportionen bei statischen Objekten, Körperhaltungen und Bewegungen bei Darbietungen. Solche Stile können auf diese Weise genau beschrieben, von anderen unterschieden und durch Übung nachgeahmt werden.

Bauen, malen und schreiben, laufen, tanzen und schwimmen stellen sehr engbegrenzte Kategorien dar. Sie beziehen sich auf Situationen oder Ergebnisse, die eindeutig sind. Wer schwimmt, schreibt nicht, und ein Maler kann nicht mit einem Tänzer verwechselt werden. Führen ist hingegen ungleich komplexer. Wer führt, kann gar nicht anders als sich einer Vielfalt von Verhaltensweisen zu bedienen, um dem Ziel einer zielgerichteten Beeinflussung anderer Menschen näher zu kommen. Näher kommen heißt, Führung muss ständig experimentieren und variieren, erproben und verwerfen. Bei dieser Gemengelage mutet es naiv an, das ganze Spektrum des Führungsverhaltens auf einen autoritären, einen kooperativen und einen Stil des Laufenlassens reduzieren zu wollen. Um zu „Stilen" zu gelangen, kann man z. B. in Feldstudien die verschiedenen führungsrelevanten Verhaltensweisen erheben und dann mit Hilfe einer Faktorenanalyse zu Kategorien zusammenfassen. Oder man kann sich aus Beobachtungen „Stile" konstruieren und dann versuchen, diese durch Befragungen zu validieren.

Deshalb überrascht es nicht, dass sich inzwischen zu den drei LEWINschen Stilen zahlreiche andere hinzugesellt haben. Beispiele dafür sind der partnerschaftliche, konsultative und partizipative, der dienende, autokratische und despotische, der paternalistische, patriarchalische und situative Führungsstil. Wem das zu einfach ist, der kann auf mehrdimensionale Führungsstile zurückgreifen, die auf der Unterscheidung zwischen aufgabenorientierter und beziehungsorientierter Führung beruhen. Zu erwähnen sind hier das Verhaltensgitter nach ROBERT BLAKE und JANE MOUTON sowie der 3D-Ansatz von WILLIAM REDDIN. Alle diese Modelle spiegeln die Euphorie der 1950er Jahre wider, als die psychologische Leittheorie des *Behaviorismus* die Führungsforschung bestimmte.

Die Crux daran liegt in der Anmaßung, Führungsverhalten könne „objektiv" – das heißt für alle gleich und damit messbar – beobachtet werden. Den objektiven, neutralen Beobachter gibt es jedoch nicht. Die Mitarbeiter, die ihre Chefin beobachten, um deren „Führungsstil" zu taxieren, sind keineswegs passive Beobachter. Sie sind zunächst einmal in einer bestimmten Situation gefangen. Innerhalb dieses Rahmens suchen sie nach Hinweisen (engl. *cues*), die für sie relevant sind. Damit greifen sie aber aktiv in die anscheinend neutrale Beobachtung ein. Befragt man nun die Mitarbeiter, wie sie denn den „Führungsstil" ihrer Vorgesetzten einschätzten, so werden sie die „Beobachtungen" mit ihren abgespeicherten Erfahrungen vergleichen. Da die jeweilige Situation immer nur einen Ausschnitt aus den vielen möglichen Verhaltensweisen der Chefin beinhaltet, müssen die Mitarbeiter „Beobachtungslücken" füllen, um zu einem ganzheitlichen Urteil zu gelangen. Dazu greifen sie auf ihre Erfahrungen zurück und fügen diese, nach dem Prinzip der Plausibilität, in die Leerstellen ein.

Die so in den Mitarbeitern entstandenen Bilder können Parallelen aufweisen oder sich auch völlig voneinander unterscheiden. Jeder Mitarbeiter hat eben das „Recht" auf seine inneren Bilder. Was nun die Chefin betrifft, so ist für sie aus dieser Beobachtungsübung nichts gewonnen. Denn der „beobachtete" Führungsstil sollte ja dazu dienen, ihn mit dem „optimalen" Stil – kooperativ, autoritativ, aufgabenorientiert oder was auch immer – zu vergleichen, um daraus die notwendigen Verhaltensänderungen abzuleiten. So will es die Lehre von den Führungsstilen. Wenn sich aber ihre Mitarbeiter unterschiedliche innere Bilder zugelegt haben, so werden auch deren Erwartungen voneinander abweichen.

Die Verfechter der Führungsstile begehen noch einen weiteren Fehler. Sie sehen Führung als Einbahnstraße ausgehend vom Führenden als *Subjekt* hin zu den Geführten als *Objekte*. Der Führungsstil, wenn möglich der „optimale", dient ihnen als Input dieses Subjekt-Objekt-Verhältnisses, um daraus ein bestimmtes Mitarbeiterverhalten als Output zu generieren. Abgesehen davon, dass dieses Verhalten auch noch von anderen Faktoren – man denke an Stimmungen, Umweltereignisse, an die Strukturen und die Organisationskultur mit ihren Symbolen – beeinflusst wird, entspricht diese *lineare* Betrachtung von Führung nicht den Tatsachen. Wer führt, wird zugleich von denen, die er führen will, geführt. Führung ist ein *zirkulärer* Prozess. Der Führende ist von den Rückmeldungen der Geführten abhängig. Sie signalisieren ihm z. B. Zustimmung, Gleichgültigkeit oder Abwehr gegenüber seinen Beeinflussungsversuchen. Den angelernten Führungsstil mit seinen normierten Verhaltensweisen einfach „durchzuziehen", ohne die Rückmeldungen zu berücksichtigen, wäre wie ein Tanz mit einer Stoffpuppe (→ *Führung*).

Was bleibt also von der Erforschung effektiver Führungsstile? Manche sehen darin einen Fortschritt gegenüber dem Ansatz der Persönlichkeitsmerkmale, der „*Trait Theory*". Dieses Konzept sucht typische, meist angeborene Eigenschaften, die eine Führungspersönlichkeit ausmachen. Wer sich z. B. in den USA umhört, stößt bei der Forderung nach mehr „*Leadership*" immer wieder auf Merkmale wie Entschlossenheit, Mut, Beharrungsvermögen und Selbstvertrauen. Die Führungsforschung fand allerdings keinen eindeutigen Zusammenhang zwischen solchen Persönlichkeitseigenschaften und Führungserfolg. Zu viele andere Faktoren mischen hier mit. Es gibt Führungskräfte, die lehrbuchmäßig den jeweils empfohlenen Führungsstil praktizieren und dennoch scheitern. Umgekehrt kann man stillose Gesellen beobachten, die sogar in schwierigen Zeiten ihre Ziele übertreffen.

Der jahrzehntelange Großversuch, mit Hilfe von Führungsstilen die Komplexität des Phänomens Führung auf handhabbare Vereinfachungen zu reduzieren, ist gescheitert. Führungskräfte sollten daher ihre Energie auf jene Faktoren konzentrieren, die tatsächlich den nachhaltigen Führungserfolg bestimmen: etwa auf die Rolle der →*Empathie*; das Prinzip der →*Gerechtigkeit*; ein neues Verständnis von →*Macht*; das in der Organisation vorherrschende →*Menschenbild*; die Beantwortung der →*Sinn*frage; die Balance zwischen Kontrolle und →*Vertrauen*; die Konsequenzen der →*Wertedynamik*; und vieles andere mehr.

Gerechtigkeit

Gerechtigkeit ist deshalb ein so populäres Thema, weil es einen Idealzustand beschreibt, der durch drei Merkmale bestimmt ist: Erstens, Menschen werden unter den gleichen Umständen auf die gleiche Weise behandelt; damit wäre schon einmal der Zufall eliminiert. Zweitens, die Zu- und Verteilung von Gütern und Lasten wird so vorgenommen, dass sie für alle Beteiligten von einem unparteiischen Standpunkt aus akzeptabel ist; dies spiegelt die Sehnsucht nach einer „objektiven" Instanz wider. Und drittens, wenn die Umstände nicht die gleichen sein sollten, dann ist jeder Mensch so zu behandeln, wie er es verdient; das heißt, jeder kann Anrechte geltend machen und diese Anrechte werden auch berücksichtigt. In einem überschaubaren sozialen System, wie etwa einer Familie, regelt sich die Gerechtigkeit mehr oder weniger von selbst. Mit zunehmender Größe nehmen die Kontrollmöglichkeiten jedoch ab und es wächst das Risiko, in unfairen Kooperationen ausgebeutet zu werden. Um sich vor einer Ausbeutung der eigenen Kooperationsbereitschaft zu schützen, bedarf es eines Maßstabs, anhand dessen man erkennen kann, inwiefern diese Haltung ausgenutzt wird. Ein solcher Maßstab ist die Idee der Gerechtigkeit.

Gerechtigkeit wird immer dann zu einem Problem, wenn Interessenkonflikte auftreten und wenn eine Instanz darüber entschieden hat, wer was in welchem Umfang erhält. Interessenkonflikte entstehen, weil es Güter gibt, die nicht ausreichend verfügbar sind. Um diese Güter zu erlangen, sind in den meisten Fällen Anstrengungen notwendig, welche die Menschen als Last empfinden und deshalb möglichst vermeiden möchten. Gerechtigkeit hat also immer sowohl mit Gütern als auch mit Lasten zu tun. Hinzu kommt, dass sich bestimmte Ungleichheiten der Frage nach der Gerechtigkeit entziehen. Die physische Attraktivität, die Farbe der Augen oder Haare, die Familie, in die man hineingeboren ist, die genetische Ausstattung oder ein Lottogewinn sind keine Frage der Gerechtigkeit. Niemand kann dafür verantwortlich gemacht werden, es sei denn, man sieht es als Gottes oder der Götter Fügung an. Ungleichheiten sind somit nicht gleichbedeutend mit Ungerechtigkeiten (LIEBIG 2010, S. 11).

Die drei formalen Elemente der Gerechtigkeit – Gleichbehandlung, Unparteilichkeit und Berücksichtigung individueller Anrechte – beziehen sich sowohl auf die *Ergebnisse* einer Verteilung als auch auf die *Verfahren*, durch die diese Verteilungen zustande kommen. Folgt man den Ergebnissen der empirischen Gerechtigkeitsforschung, so gilt es vier Arten von Gerechtigkeit zu unterscheiden (STAHL 2013, S. 97):

- *Tauschgerechtigkeit* besteht, wenn Leistung und Gegenleistung in einem ausgewogenen Verhältnis zueinander stehen. Eine typische Frage lautet: Wie schneide ich gegenüber Arbeitskollegen oder Personen ab, die eine vergleichbare Tätigkeit ausüben oder die über ähnliche Fähigkeiten und Fertigkeiten verfügen wie ich?

- Die *Verteilungsgerechtigkeit* oder *distributive* Gerechtigkeit regelt die Verteilung der Anteile an einem gemeinsamen Gut. Wer erhält welches Stück vom „Kuchen", der verteilt werden soll? Wer muss welche Lasten tragen, die zur Herstellung eines Zustands notwendig sind, von dem am Ende alle profitieren?
- Die *Verfahrensgerechtigkeit* oder *prozedurale* Gerechtigkeit hängt von der Vorgehensweise ab, mit der über ein bestimmtes Zu- oder Verteilungsergebnis von Gütern und Lasten entschieden werden soll. Dürfen während dieses Vorgangs eigene Sichtweisen und Argumente geäußert werden? Ist die Entscheidung korrigierbar?
- Die *Interaktionsgerechtigkeit* hat das Zwischenmenschliche des Verfahrens im Blick. Wie viel Respekt und Würde wird den betroffenen Personen entgegengebracht? Werden Sachverhalte unverfälscht verwendet und Entscheidungen zeitnah begründet? Werden bestimmte moralische Prinzipien eingehalten?

Die empirische Gerechtigkeitsforschung fand heraus, dass Menschen der Verfahrens- und Interaktionsgerechtigkeit oft einen deutlich höheren Stellenwert beimessen als der Tausch- und Verteilungsgerechtigkeit. Ein Verteilungsergebnis, das den Erwartungen der Beteiligten nicht entspricht, müsste von ihnen eigentlich als *ungerecht* empfunden werden. Dennoch sind sie bereit, dieses Verteilungsergebnis zu akzeptieren, wenn sie das Verfahren, das zu der Verteilung geführt hat, als *gerecht* im Sinne der dazugehörenden Regeln, der Transparenz, der Ehrlichkeit etc. beurteilen. Wie kann man diese subjektiv größere Bedeutung der Verfahrens- und Interaktionsgerechtigkeit erklären?

Offensichtlich können Menschen an der Art und Weise, wie ein Verteilungsverfahren gestaltet wird, ablesen, ob und in welchem Ausmaß sie in ihren Interessen und als Individuen anerkannt werden. Gerechte Verteilungsverfahren signalisieren den Betroffenen, dass die jeweilige Entscheidungsinstanz – z. B. die Geschäftsführung – sie als mündige Mitglieder der Organisation geachtet und dass ihre Interessen und Bedürfnisse ernst genommen werden. Unter diesen Bedingungen sind sie dann auch bereit, Abstriche von ihren Erwartungen bei der Zu- und Verteilung von Gütern und Lasten zu machen. Nicht überraschend ist der empirische Befund, dass die Verfahrens- und Interaktionsgerechtigkeit umso wichtiger wird, je stärker sich Menschen mit einer Gruppe oder Organisation identifizieren (TYLER/BLADER, 2003). Die Erwartungen an die Führungskräfte – und damit auch das Enttäuschungspotenzial – sind bei einem ausgeprägten →*Commitment* höher als bei einer nur oberflächlichen Bindung an die Organisation.

Menschen reagieren auf wahrgenommene Ungerechtigkeiten vehement. Leistungszurückhaltung und eine abnehmende Bereitschaft, sich an die Organisation zu binden, sind die Folge. In besonderen Fällen werden sogar moralische Grenzen übertreten. Aus der Praxis ist bekannt, dass z. B. Mitarbeiter bei einer als ungerecht wahrgenommenen Entlohnung versuchen, sich den in ihren Augen ungerecht vorenthaltenen Lohn „zurückzuholen". Sie widmen Arbeitszeit in persönliche Zeit um oder verwenden Mittel der Organisation für ihre eigenen Zwecke (GREENBERG 1990).

Gerechtigkeit ist auch noch aus einem weiteren Grund wichtig. Eine kulturübergreifende menschliche *Universalie* besteht darin, dass Verluste emotional viel stärker wahrgenommen werden als Gewinne. Wenn wir 100 Euro verlieren, so berührt uns das viel stärker, als wenn wir 100 Euro gewinnen. Diese höhere emotionale Bedeutung von Verlusten hat zur Folge, dass Personen Verluste zu vermeiden versuchen. Dementsprechend sind sie z. B. nur dann bereit, in Organisationen mit anderen zu kooperieren, wenn sie sicher sein können, dass sie daraus keine Verluste erleiden. In Zweier-Beziehungen kann man sich relativ einfach gegen eine Ausbeutung schützen, indem man dem Anderen sein unkooperatives Verhalten heimzahlt. Besonders in großen Organisationen ist dies schwer möglich. Die Beteiligten können sich hier kaum direkt beobachten und somit auch nicht unmittelbar bestrafen oder belohnen (LIEBIG 2010, S. 21).

Misstrauen ist ein Feind der Gerechtigkeit. Es spitzt die Erwartungen ins Negative zu und erzeugt auf diese Weise Wahrnehmungsverzerrungen. Wer anderen misstraut, fühlt sich am Ende nur mehr ungerecht behandelt. Deshalb ist →*Vertrauen* ein unverzichtbarer Partner der Gerechtigkeit. Gemeint ist das gesunde Vertrauen, welches das Risiko der Enttäuschung zwar immer mitkalkuliert, aber nicht in den Vordergrund stellt. Und schließlich kann Gerechtigkeit, ganz pragmatisch, als geschuldete →*Moral* verstanden werden. Wenn Menschen über Moral urteilen, haben sie intuitiv die vermeintlichen Motive des anderen im Blick (FETCHENHAUER et al. 2010, S. 14). So schließen sich die drei Begriffe mit ihren Inhalten zu einem Grundakkord zusammen: Vertrauen – Gerechtigkeit – Moral. Wer Führung ernst nimmt, sollte sich mit ihm auseinandersetzen.

Geschlechter

Können, oder pointierter gefragt, sollen Frauen überhaupt *führen*? Oder ist Führung nicht schon von Natur aus eine männliche Domäne, weil sich dahinter eine kluge evolutionäre Arbeitsteilung zwischen den Geschlechtern verbirgt? Will man diese beiden Fragen versachlichen, so führt dies automatisch zu einer dritten: Was sind denn die Erwartungen an eine Person, die sich eine Führungsrolle zumutet? Darauf gibt es keine klare Antwort. In der einschlägigen Literatur reicht das Spektrum der Zuschreibungen von den vorgeblich männlichen Attributen wie durchsetzungsfähig, selbstsicher und entscheidungsfreudig über neutrale Merkmale wie zielstrebig, belastbar und zuverlässig bis hin zu femininen Qualitäten wie einfühlsam, natürlich und hilfsbreit.

Die sogenannten *situativen* Führungsansätze sind besonders ambitiös. Sie verlangen von Führungskräften, die volle Bandbreite an möglichen Verhaltensweisen zu beherrschen, um in der jeweiligen Führungssituation das Richtige zu tun. Das populär gewordene „Servant-Leadership"-Konzept des Organisationsberaters ROBERT GREENLEAF (1904–1990) driftet am weitesten in Richtung des vermeintlich Weiblichen. Es stellt das *Dienen* in den Mittelpunkt (STAHL 2005) und beruft sich dabei auf JESUS, der seinen Jüngern predigte: „Wer unter euch der Erste sein will, der soll aller Knecht sein."

In der Praxis sieht das freilich anders aus. Hier möchte man auf Nummer sicher gehen. Lieber verzichten Führungskräfte auf das scheinbar typisch Weibliche der Empathie, Intuition und Beziehungsorientierung, als bei den männlich konnotierten Verhaltensweisen – sachlich, direkt, konsequent – Abstriche zu machen. Damit haben Frauen nur die Wahl, sich entweder anzupassen und männliche Attribute anzunehmen oder sich auf die weiblichen Tätigkeitsfelder des Helfens, Pflegens und Erziehens zurückzuziehen.

Leider ist das Anpassen nicht so einfach oder sogar unmöglich. Zu lange schon existiert ein Graben zwischen den Geschlechtern. Wer z. B. heute etwas zum Thema Gechlechterunterschiede veröffentlichen möchte, ist quasi gezwungen, beobachtbare Unterschiede nicht nur zu verallgemeinern. Er muss sie vielmehr mit einprägsamen Metaphern („Männer sind vom Mars und Frauen von der Venus") oder bunten Bildern aus dem Neuroimaging („Bei Frauen feuern die Spiegelneuronen offenbar viel heftiger") noch vertiefen. Diese naturgegebenen Unterschiede machen es eben unmöglich, dass eine Frau auch nur annnähernd so werden kann wie ein Mann. Machte man dafür vor hundert Jahren noch die zarteren Knochen, die feineren Nervenstrukturen oder das kleinere Rückenmark der Frau verantwortlich, so wird heute vor allem im Gehirn und bei den Hormonen nachgeforscht.

Was das Gehirn anlangt, so lautet die Botschaft: Es gibt ein männliches und ein weibliches Gehirn, und beide unterscheiden sich fundamental. Dabei wird konzediert, dass Frauen durchaus auch ein männliches Gehirn besitzen können, wie umgekehrt Männer mitunter mit einem weiblichen Zentralorgan ausgestattet sind.

Es ist noch nicht so lange her, dass herausragende Wissenschaftlerinnen wie MARIE CURIE oder Pionierinnen wie VALENTINA TERESCHKOWA, die erste Kosmonautin, einer Art drittem Geschlecht zugeordnet wurden. Bei diesem wohnt offenbar das Gehirn eines Mannes im Körper einer Frau. Im Normalfall ist jedenfalls das weibliche Gehirn für das Einfühlungsvermögen und damit für den Aufbau und Erhalt von sozialen Beziehungen angelegt. Das männliche Pendant hat sich hingegen in der langen Evolution auf das Verständnis der Welt und den Bau und die Reparatur der Dinge spezialisiert (FINE 2012, S. 17).

Beide sind natürlich für das Überleben der menschlichen Spezies unverzichtbar. Das männliche Gehirn martert sich für die Existenz der Welt ab, während das weibliche gar nicht anders kann, als diesem Energiebündel ein behagliches Umfeld zu verschaffen. Das erinnert sehr an den englischen Geistlichen THOMAS GISBORNE (1758–1846). Dieser beschrieb schon vor zweihundert Jahren das Unübertreffliche der Frau. Es läge in ihrer Macht, „die Stirn des Gelehrten zu glätten, die erschöpften Kräfte des Weisen zu erfrischen und im gesamten Familienkreis das belebende und reizende Lächeln des Frohsinns erstrahlen zu lassen" (FINE 2012, S. 16).

Die Unterschiede zwischen den beiden Gehirnarten beginnen – ganz simpel – beim Hirngewicht. Im 19. Jahrhundert waren die damaligen Hirnforscher darauf angewiesen, mit Maßbändern und durch Abwiegen von mit Gerstenkörnern ausgefüllten Schädelgehäusen auf die Gehirngröße zu schließen. Ihr Urteil war überzeugend: Frauen besitzen ein leichteres, kleineres Gehirn. Der logische Einwand, das größere männliche Gehirn spiegele nur den Vorsprung in der Körpergröße wider, verfing nicht. Heute wissen wir, dass die Größe des Gehirns nicht einfach auf seine Leistungsfähigkeit umgelegt werden kann. Sonst hätte der Pottwal mit seinem über neun Kilogramm schweren Gehirn (in einem fast zwei Tonnen schweren Kopf) schon längst das Kommando über die Welt übernommen.

Trotzdem ist die Größe des Gehirns nicht unwichtig. Sie entscheidet z. B. über das Verhältnis von grauer Substanz (den Zellkörpern der Neuronen) und weißer Substanz (den Zellfortsätzen der Neuronen, die mit einem weißen lipidreichen Stoff, dem Myelin, umhüllt sind). Außerdem weist ein kleineres Gehirn eine stärkere Faltung und damit größere Oberfläche auf. Das Gehirn geht jedenfalls an die kognitiven Herausforderungen der Umwelt je nach seiner Größe mit einer unterschiedlichen neuronalen Ausstattung heran. Diese verschiedenen Wege sind jedoch weniger auf die Geschlechtszugehörigkeit zurückzuführen, als auf die Gehirngröße. Die Unterscheidungslinie verläuft nicht zwischen Frauen und Männern, sondern vielmehr zwischen *Menschen* mit kleinen und größeren Gehirnen. Im Übrigen können verschiedene Wege durchaus auch zu vergleichbaren Ergebnissen führen (FINE 2012, S. 236).

Ein weiterer, hartnäckig am Leben erhaltener Mythos ist die Geschichte mit den beiden Hirnhälften, die beim Mann eher getrennt, bei der Frau hingegen miteinander verbunden operieren. Dafür werden manchmal die Metaphern des „Punktstrahlers" für das männliche und des „Breitscheinwerfers" für das weibliche

Gehirn verwendet. Klar, dass die fokussierende Arbeitsweise des männlichen Gehirns seinem Träger einen Vorteil bei der Raumorientierung verschafft, und den Frauen das Schicksal beschert, schlechter einparken zu können. Diese stärkere Trennung der beiden Hirnhälften („Lateralisierung") sei auch, so hört man es oft von den Anhängern des „Neuroleadership", für den Problemlösungsstil männlicher Führungskräfte verantwortlich. Diese bevorzugten eine geradlinige, auf Fakten und Daten beruhende Denk- und Handlungsweise, die eben wenig Raum ließe für aufwändige Kommunikation.

Umgekehrt, so wird tröstend hinzugefügt, sticht das weibliche Gehirn sein männliches Pendant bei den sprachlichen Fähigkeiten aus. Dieser Vorzug wurde bis vor Kurzem, ebenso wie die typisch intuitive Vorgehensweise weiblicher Führungskräfte, mit einem wesentlich dickeren Splenium begründet. Das Splenium ist der hintere Wulst des Hirnbalkens, einem dichten Nervenfaserstrang, der für die Verbindung der beiden Hirnhemisphären sorgt. Inzwischen hat sich jedoch die These vom dichteren weiblichen Splenium als haltlos erwiesen (WALLENTIN 2009). Ältere Befunde hatten schon darauf hingewiesen, dass der Hirnbalken z. B. bei aktiven Musikern dichter ausgeprägt ist als bei Nichtmusikern, und zwar unabhängig vom Geschlecht. Oft sind es eben zu kleine Stichproben, aus denen verzerrte Unterschiede abgelesen und dann verallgemeinert werden.

Spätestens seit die Psychiaterin LOUANN BRIZENDINE ihr Buch „Das weibliche Gehirn – Warum Frauen anders sind als Männer" (München 2008) veröffentlichte, sind es die Hormone, mit denen an der Geschlechterfront gefochten wird. Dabei stand das zu den Androgenen zählende Testosteron schon lange im Verdacht, bereits bei Ungeborenen, gleichsam im Fruchtwasser, für eine nicht mehr umkehrbare Hirnentwicklung zu sorgen. Aber niemand dramatisierte diese Weggabelung so wie BRIZENDINE. Sie spricht von einem „schicksalhaften Testosteronschub im Mutterschoß", der in männlichen Föten die Zentren für Kommunikation, Beobachtung und Gefühlsarbeit schrumpfen lässt. Weiblichen Föten bliebe diese pränatale Fügung zum Glück erspart (BRIZENDINE 2008, S. 36). Das ist natürlich Wasser auf die Mühlen derer, die Frauen gerne als fügsame, gefühlsbetonte, hypersensible Plaudertaschen und Männer als durchsetzungsstarke, logisch denkende, robuste Macher einsortieren möchten.

Die Psychologin CORDELIA FINE zerpflückt akribisch die verschiedenen „Wahrheiten" BRIZENDINES und fühlt sich durch eine Rezension der renommierten Zeitschrift „Nature" bestätigt: Das Buch (BRIZENDINES) werde „nicht einmal den elementarsten Anforderungen an wissenschaftlicher Genauigkeit und Ausgewogenheit" gerecht (FINE 2012, S. 258). Solche Anfechtungen hinderten den Paartherapeuten JOHN GRAY („Männer sind vom Mars und Frauen von der Venus") freilich nicht daran, ebenfalls auf den Hormonzug aufzuspringen. Er nahm sich das Hormon Oxytocin vor, das die soziale Interaktion und Bindung fördert. Locke man die Frauen von ihrem angestammten Umfeld der Küche und Kinder weg in anspruchsvolle Berufe (und vielleicht sogar in Führungspositionen), so sinke ihr Oxytocinspiegel im Blut gefährlich ab. Aber nicht nur das, sie kämen damit auch den Männern ins Gehege. Für diese seien nämlich Testosteron produzierende Tätigkeiten (wie z. B. Führung) gleichsam überlebenswichtig, weil sie sonst zu „Waschlappen" degenerierten, und wer möchte das schon (Fine 2012, S. 145).

Geschlechter-Stereotypen reduzieren die soziale Komplexität. Man kann die Dinge ordnen und weiß dann, wer wohin gehört. Deswegen haben Berichte, die sich in die Generalisierungen über „die" Frau oder „den" Mann einfügen lassen, gute Chancen, in der Öffentlichkeit wohlwollend registriert zu werden. So überrascht es denn auch nicht, dass Kinder nach wie vor in eine Umgebung hineingeboren werden, in der das jeweilige Geschlecht möglichst früh und möglichst eindeutig markiert wird: mit den Farben rosa oder blau, mit unterschiedlichem Spielzeug (Puppe versus Auto), mit der passenden Bettwäsche, mit der richtigen Ansprache (damit Mädchen ihre „angeborene" Beziehungsorientierung und Jungen ihre ebensolche Unabhängigkeit entwickeln können) und so fort.

Vielleicht hat aber die anschwellende Flut an neurobiologischen Forschungsergebnissen doch ihr Gutes. Die entdeckte *Plastizität* des Gehirns könnte dazu anregen, die tradierten Schablonen der Geschlechterordnung zu hinterfragen. Das Gehirn, und nicht nur die für die kognitiven Funktionen so wichtige Großhirnrinde, verändert seine Strukturen (Synapsen, Nervenzellen und ganze Hirnareale) in Abhängigkeit von der Umgebung. Die Erfahrungen, die ein Mensch macht, werden im Gehirn in wiederkehrende Informationsmuster umgewandelt. Das „soziale" Geschlecht (engl. *gender*) ist keinesfalls die Folge einer fixen „Verdrahtung" im Gehirn. Es entsteht vielmehr in einem ständigen Prozess von biologischen und sozialen Wechselwirkungen.

Diese Plastizität des Gehirns vermag auch zu erklären, warum Frauen und Männer sich oft so verhalten, wie die stereotypen Erwartungen es verlangen: Sie haben in einer geschlechtlich exakt aufgeteilten Welt ähnliche Erfahrungen gemacht. Umgekehrt gilt: Frau ist beileibe nicht immer gleich Frau und Mann ist nicht gleich Mann. Ihre Gehirne können durch unterschiedliche Erfahrungen so unterschiedliche Strukturen bilden, dass die Geschlechterunterschiede in den Hintergrund rücken. Die Unterschiede *innerhalb* einer Geschlechtergruppe sowie die Einflüsse unterschiedlicher Bildung und Lebenserfahrung schlagen in vielerlei Hinsichten höher zu Buche als die Unterschiede *zwischen* Frauen und Männern.

Für Führung bedeutet dies, dass die Vielfalt der einzelnen Menschen das Maß aller Dinge ist. Wer Verantwortung für Führung trägt, muss sich für den einzelnen Menschen interessieren, sich dem einzelnen Menschen zuwenden, muss versuchen, den einzelnen Menschen kennen und verstehen zu lernen. →*Individualisierung* ist die Leitlinie zeitgemäßen Führens. Geschlechterrollen sind wie Brillengläser, die den Blick trüben können.

Heuristische Kompetenz

Die heuristische (griech. *heurískein* = finden, entdecken) Kompetenz besteht aus den persönlichen Problemlösungsverfahren (*"Heuristiken"*), mit deren Hilfe *neuartige* Situationen bewältigt werden können. Sie wird überall dort gebraucht, wo erworbenes Fach- und Routinewissen nicht mehr ausreichen. Dieses Rezeptwissen, wie es auch genannt wird, ist im *deklarativen* Gedächtnis in Form von Tatsachen und Ereignissen gespeichert. Vieles davon kann jederzeit abgerufen und bewusst wiedergegeben werden. Das ist bei den Heuristiken nicht der Fall. Sie lagern in tieferen Schichten des Gedächtnisses als hochgradig komprimierte Daten, die sich aus den Lebenserfahrungen angesammelt haben (ROTH 2008). Sie sind, um mit SIGMUND FREUD zu sprechen, Teil des *Vorbewussten*. Dieses umfasst alles, was nicht bewusst, aber bewusstseins*fähig* ist. Es kann in bestimmten Situationen durch Aufmerksamkeit mobilisiert werden.

Der Schatz an Heuristiken ist praktisch das Spiegelbild der Menge und der Vielfalt erlebter Episoden, in denen es auf ein *"Gewusst-wie"* ankam. Wer ausreichend Heuristiken besitzt, ist imstande die richtigen Mittel einzusetzen, um sich das benötigte Wissen zu beschaffen, das er noch nicht besitzt. Der legendäre Sportpromotor MARK MCCORMACK (1930–2003) bezeichnete das Vermögen, reflexhaft auf eine Fülle von Heuristiken zugreifen zu können, als *"street-smart"*. Er meinte damit das auf gesundem Menschenverstand und Cleverness beruhende Gewusst-wie, das unabdingbar ist, um in urbanen Dschungelmilieus zu überleben. MCCORMACK beobachtete, wie sich Menschen mit allenfalls ausreichender Schulbildung in komplexen Situationen klaglos zu helfen wussten, dabei emotional gelassen blieben und auf das turbulente Drumherum bisweilen sogar amüsiert reagierten (MCCORMACK 1984).

Wer unter den heutigen Bedingungen hoher Komplexität und Unbestimmtheit eine Führungsposition anstrebt, sollte ausreichend heuristisch kompetent sein. Leider steht eine akademische Ausbildung dieser Kompetenz zumindest aus zwei Gründen im Weg: Sie hält von den heuristischen Herausforderungen des gewöhnlichen Alltagslebens ab (es sei denn, man muss Beruf oder Kindererziehung und Studium miteinander vereinbaren) und sie erschwert den Zugang zu den vorbewussten Heuristiken durch ihren Fokus auf abstraktes Wissen. Hinzu kommt, dass gerade die großen Organisationen nach wie vor auf einem linearen Lebenslauf bestehen. Sie übersehen dabei, dass sich hinter so mancher "gebrochener" Vita ein Fundus an vielfältigen Problemlöseverfahren verbergen kann. Mutige Pionierunternehmen, wie etwa die Schweizerische Ideenfabrik *BrainStore*, wissen dies längst zu nutzen.

Eine heuristisch kompetente Führungskraft besitzt ein ausgeprägtes Selbstvertrauen in ihre Fähigkeiten, neuartige Situationen zu bewältigen. Sie ist daher in Fällen von Unbestimmtheit emotional *belastbarer* als Führungskräfte mit geringer heuristischer Kompetenz. Diese geraten durch diesen Mangel immer wieder in Situationen, die sie als unkontrollierbar empfinden und darauf mit Notfallreaktionen antworten. Typisch sind die *Aggression* als Selbstschutz gegen den Kompetenzverlust („Lauter Idioten ..."); der *Rückzug* als Flucht aus der Misere („Dafür bin ich nicht zuständig"); und die *Resignation* zur Dämpfung negativer Gefühle („Hier blickt niemand mehr durch"). Abgesehen davon, dass man Personen dabei beobachten kann, wie sie sich in komplexen Situationen verhalten, ist es auch möglich, die heuristische Kompetenz mit Hilfe von Kompetenzfragebögen oder Computersimulationen einzuschätzen. Die *„Bamberger Schule"* rund um den Psychologen DIETRICH DÖRNER hat hier Pionierarbeit geleistet.

Die heuristische Kompetenz ist ein Ausdruck *pragmatischen* Handelns. „Ich mache das, was funktioniert, und zerbreche mir nicht den Kopf, warum das so ist", fasst ein Manager diese Grundhaltung zusammen. Für die Wissenschaft ist das unbefriedigend. Sie möchte den Heuristiken auf den Grund gehen. Hierzu einige Erklärungsversuche (DÖRNER 2003).

- Heuristisch Kompetente verstehen es offensichtlich auf Anhieb, ihren Blickwinkel zu erweitern und so neue Aspekte in die Entscheidung mit einzubeziehen. Dazu zählt z. B. das *Versuch-Irrtum*-Verhalten, bei dem einfach alles ausprobiert wird, was in der entsprechenden Situation sinnvoll erscheint. Es werden dabei auch scheinbar abwegige Ideen aufgegriffen, weil dies dem optimistischen, ja vielleicht sogar naiven Grundtenor solcher Menschen entspricht.

- Heuristisch Kompetente sind in der Lage, rasch von Bekanntem auf Unbekanntes zu schließen, indem sie Ähnlichkeiten erkennen und daraus *Analogien* bilden. Durch einen Wechsel der Betrachtungsebene stehen ihnen plötzlich neue Wege zur Verfügung, um das angestrebte Ziel zu erreichen. Außerdem verstehen sie es, die kritischen Merkmale bisher erfolglos beschrittener Lösungswege durch neue Faktoren zu ersetzen. Sie folgen dem Prinzip „Wenn etwas *nicht* funktioniert, dann hör auf damit und mach etwas ander(e)s".

- Sind Zeit und Ressourcen knapp, greifen heuristisch Kompetente auf die Handlungsweise des *„Durchwurstelns"* (engl. *„muddling through"*) zurück. Dabei gehen sie frei von jeglichem konzeptionellem Zwang in kleinen Schritten vor. Sie begnügen sich mit Provisorien und nehmen in Kauf, dass der Erfolg ihrer Lösungswege durchaus unsicher ist. Anzumerken ist, dass das „Durchwursteln" unter der Bezeichnung *„Inkrementalismus"* längst zu akademischen Ehren gelangt ist. Die prominentesten Vertreter dieser Denkrichtung sind der Politologe CHARLES LINDBLOM und der Philosoph KARL POPPER.

Für die Entwicklung der heuristischen Kompetenz ist die frühe Kindheit entscheidend. Durch schlussfolgerndes Denken lernt das Kleinkind, welches Verhalten zu welchen Konsequenzen führt (OERTER/MONTADA 2002). So verwenden bereits Drei- und Vierjährige kausale Ausdrücke wie „wenn/dann" oder „weil" mit dem gleichen Grad an Genauigkeit wie Erwachsene (BERK 2005). Ein erzieherisches Umfeld, das für ein „Urvertrauen" sorgt sowie Anerkennung und Wertschätzung betont, löst einen zirkulären Prozess aus: Selbstvertrauen macht Mut, sich in neuartige Situationen zu begeben, die dort „erlernten" Heuristiken erzeugen eine positive Erfolgserwartung, die wiederum Mut macht, sich Neuartigem zu stellen und nicht davor zu flüchten.

Mit dem Eintritt in das Berufsleben hat sich die heuristische Kompetenz weitgehend gefestigt. Selbstreflexion wäre an sich ein wichtiger erster Schritt, um sie weiter zu entwickeln. Dies würde jedoch voraussetzen, dass sich Personen mit geringer heuristischer Kompetenz dieses Defizit auch eingestehen. Wer allerdings aus komplexen Situationen immer wieder flüchtet, wird vermutlich dazu nicht bereit sein. Deshalb sind →Coaching und Mentoring hier unverzichtbar. Ein schrittweises bewusstes Eintauchen in solche Situationen mit der Hilfestellung durch einen Coach oder Mentor ist ein vielversprechender Weg, um die heuristische Kompetenz auch noch in der Reifephase des beruflichen Lebens zu erhöhen. Die Erfolgsaussichten sind umso größer, je stärker die Persönlichkeitsmerkmale der Offenheit für Neues und der Extraversion ausgeprägt sind. Ein anerkannter →Persönlichkeitstest kann darüber Aufschluss geben.

Humankapital

Die unter der Flagge der Frankfurter Goethe-Universität segelnde Jury, die alljährlich das Unwort des Jahres kürt, war sich in 2004 einig: Nun ist das *„Humankapital"* an der Reihe. Die Bezeichnung degradiere nicht nur die Arbeitskräfte in Betrieben, sondern mache den Menschen ganz allgemein zu einer nur noch ökonomisch interessanten Größe. Offensichtlich wollte die Jury an ihr Unwort des Jahrhunderts erinnern, das „Menschenmaterial". Der Aufruhr bei Ökonomen und Sozialwissenschaftlern war beträchtlich. Die Blamage der Jury ebenfalls. Denn der Begriff Humankapital soll den Menschen eben nicht herabwürdigen, sondern vielmehr die Werthaltigkeit seines Wissens und seiner Fähigkeiten und Fertigkeiten herausstellen.

Der Begriff *„Humanvermögen"* hätte das Blut der kapitalkritischen Sprachwissenschaftler vermutlich weniger in Wallung gebracht. Im Rechnungswesen wird ja bekanntlich unterschieden zwischen dem Kapital als Mittel*herkunft* auf der Passivseite der Bilanz und der Mittel*verwendung*, die zum Vermögen auf der Aktivseite führt. Da bei den menschlichen Ressourcen nicht so sehr die Herkunft interessiert als vielmehr die Möglichkeit, damit wirtschaftliche Zwecke zu erfüllen, wäre der Begriff Human*vermögen* tatsächlich korrekt. Der Sozialforscher RENSIS LIKERT brachte bereits 1967 das in den Mitarbeitern gebundene Potenzial mit dem Vermögensbegriff in Verbindung.

Andererseits wollte man mit dem Human*kapital* eine Auf*wertung* der menschlichen Ressourcen signalisieren. Zu diesem Zweck könnte man sich an eine andere betriebswirtschaftliche Definition anlehnen: Kapital ist eine Sache, die zur Vergrößerung ihres eigenen *Wertes* eingesetzt wird. Dies triebe dann wiederum jene auf die Barrikaden, die genau darin das Verdammenswerte am Kapital (und am Kapitalismus) sehen. Um den Kapitalbegriff dennoch zu retten, könnte man das *Human*kapital genauso wie das *Struktur*kapital (der Wert der organisationalen Fähigkeiten) und das *Beziehungs*kapital (der Wert der Beziehung zu den externen Interessen- und Anspruchsgruppen) unter dem Dach der „weichen" Kapitalformen vereinen. Allen dreien ist immerhin der egoistische, sich selbst genügende Charakter des „harten" Finanzkapitals fremd.

Als nächstes muss noch eine Unterscheidung eingeführt werden. Menschen stellen ihr Potenzial in Form von Wissen, Fähigkeiten und Fertigkeiten den Organisationen als Tauschgut zur Verfügung. Dieses Gut kann jedoch nicht getrennt werden von den höchst unterschiedlichen persönlichen Überzeugungen, Werten und Bedürfnissen. Organisationen bekommen ja immer den „ganzen Menschen" und nicht nur den jeweiligen „verwertbaren" Kern, den man früher als Produktionsfaktor *Arbeit* bezeichnete. Dieser „Input", oder wenn man so will, die „Persönlichkeit" ist das *originäre* Humankapital. In diesem sind neben dem durch Ausbildung erworbenen Wissen und Können auch alle Erfahrungen aus früheren Tätigkeiten enthalten. Dazu gehören die Effekte aus Lernprozessen *„on* the job" (am Arbeitsplatz), *„near* the job" (in Workshops, Projektgruppen, Lernstätten etc.), „*along* the job" (während einer Fach-, Projekt- oder Führungslaufbahn) und „*off* the job" (durch Training außerhalb der Organisation).

Die Organisation, die sich des originären Humankapitals bedient, kann es weiter entwickeln oder brach liegen lassen. Sie kann es in Strukturen einbetten, die eine →*Emergenz* bewirken, oder es kurzfristig ausbeuten. Sie kann Bedingungen schaffen, die den Motiven der Menschen möglichst gerecht werden oder durch Angst, Stress oder Zwänge das natürliche Wollen strangulieren. Jedenfalls formt die Organisation aus den einzelnen originären Humankapitalien ein abgeleitetes oder *derivatives* Humankapital als Ganzheit. Dieses ist auf die aktuellen wie zukünftigen betrieblichen Notwendigkeiten ausgerichtet. Das originäre Humankapital repräsentiert also das, was jemand in ein Arbeitsverhältnis investiert; das derivative das, was die jeweilige Organisation daraus macht.

Das originäre Humankapital ist als „Besitz" an die Person gebunden. Investiert sie dieses Kapital in ein Arbeitsverhältnis, so wird es vom ersten Tag an schrittweise mit dem Strukturkapital und dem Beziehungskapital verschränkt. Bei jedem Wechsel zu einer anderen Organisation löst sich aus dem gesamthaften derivativen Humankapital ein neues originäres und kann anderswo wieder investiert werden. Jeder Wechsel bedeutet für die Organisation einen Verlust von Humankapital. Verloren geht dabei jener Teil, der auf die jeweiligen Bedingungen einer Organisation zugeschnitten ist und deshalb außerhalb von ihr kaum oder gar nicht verwendet werden kann. Arbeitslosigkeit vernichtet Humankapital. Erstens gehen durch Nichtgebrauch Routinen und Fertigkeiten verloren. Zweitens wird Wissen nicht mehr aktualisiert. Und drittens kann sich durch längere Arbeitslosigkeit eine Misserfolgserwartung festsetzen, wodurch das eigene Wissen und die eigenen Fähigkeiten und Fertigkeiten noch weiter abgewertet werden.

Das Humankapital kann gemeinsam mit dem Struktur- und dem Beziehungskapital für die Erstellung einer *Wissensbilanz* herangezogen werden. Hinzu kommt die Möglichkeit, *Vergleiche* mit anderen Organisationen und *Längsschnitte* durch vorangegangene Perioden durchzuführen. Voraussetzung dafür ist eine konstante und einigermaßen anerkannte Berechnungsmethode. An der Universität des Saarlandes haben CHRISTIAN SCHOLZ und sein Team bereits vor Jahren eine solche Methode entwickelt, die als „*Saarbrücker Formel*" des Humankapitals bekannt geworden ist. Sie besteht aus vier Komponenten (Abb. 14), wobei die Berechnung des Wertverlusts und des Motivationsindex eine Hilfestellung seitens des SCHOLZ-Teams nötig macht.

- Die *Wertbasis* des Humankapitals errechnet sich aus der Zahl der Mitarbeiter als Vollzeitbeschäftigte („Full-Time Equivalents", FTE) multipliziert mit der Durchschnittsvergütung der jeweiligen Branche. Entlassungen, Kurzarbeit und Lohn- und Gehaltskürzungen schmälern somit das Humankapital.
- Der *Wertverlust* des Humankapitals wird ermittelt aus dem Faktor w_i als Zeitraum, über den das Wissen einer Mitarbeitergruppe relevant bleibt, und aus dem Faktor b_i als Verweildauer der Mitarbeiter in der Organisation. Ist

diese Zeitspanne größer als w_i, wirkt sich dies negativ auf das Humankapital aus.

- Die *Wertkompensation* PE ist die monetäre Größe der Personalentwicklungsmaßnahmen zur Kompensation des unvermeidlichen Wertverlusts. Berücksichtigt werden hier sowohl externe als auch interne Maßnahmen. Die Berechnung beruht auf der (diskussionswürdigen) Annahme, dass hohe Entwicklungskosten auch eine hohe Wertkompensation bewirken.

- Der *Motivationsindex* M drückt die Wertmehrung oder Wertminderung durch Motivation oder Demotivation aus. Er wird durch Mitarbeiterbefragung ermittelt, wobei je 10 Fragen zu den Themen *Leistungsbereitschaft, Arbeitsumfeld* und *Bindung an die Organisation* gestellt werden. Das Ergebnis stellt einen Durchschnittswert der betrachteten Beschäftigtengruppe dar und kann Werte zwischen 0 und 2 annehmen.

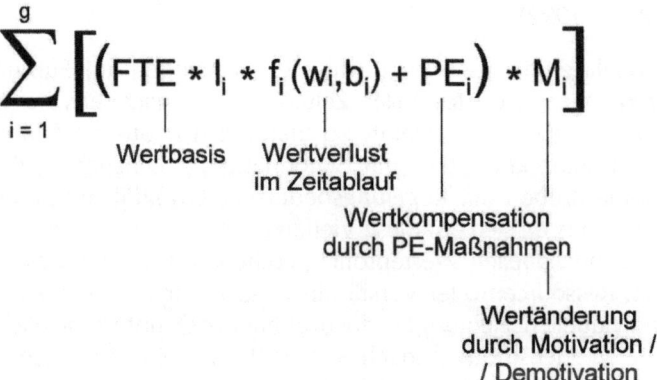

Abb. 14: Die „Saarbrücker Formel" des Humankapitals.
Quelle: STEINBERGER 2009, S. 35.

Das Konzept des Humankapitals vermag die Führungsbemühungen in mannigfacher Weise zu unterstützen. Schon die Metapher selbst ruft ein bestimmtes Bild im Kopf hervor, das mit *Wert* und nicht reflexhaft mit *Kosten* in Verbindung gebracht wird. Das Konzept erinnert Führungskräfte daran, dass sie es dabei nicht mit in ihrem Besitz befindlichen Produktionsfaktoren zu tun haben, sondern mit Potenzialen, die ihnen *anvertraut* sind. Wer sich zu einer erstmaligen Messung entschließt, sollte diese als Auftakt für eine jährlich stattfindende Bewertung betrachten. Aus einer solchen Praxis lassen sich Schlüsse für die Wirksamkeit von Führungsmaßnahmen ziehen. Ein Vergleich mit anderen Organisationen ist keineswegs nur den Großen, wie etwa den DAX-30-Unternehmen, vorbehalten. Die mittelständische Maschinenfabrik, der die hohe Fluktuation von Fachkräften zu schaffen macht, kann genauso von einem Vergleich mit Partnern oder Konkurrenten profitieren wie die Krankenhaus-Abteilung, die mit einer extrem kurzen Halbwertszeit des medizinischen Wissens und Könnens konfrontiert ist (STRASSER-WEIPPL 2012).

Individualisierung

Das kulturpessimistische Szenario der →Wertedynamik, das die Meinungsforscherin ELISABETH NOELLE-NEUMANN (1916–2010) Mitte der 1980er Jahre skizziert hatte – Bindungsverlust von Gemeinschaften, Religion und Kirche, notorisches Infragestellen von Autoritäten und Hierarchien, Erosion der bürgerlichen Arbeits- und Leistungsethik – ist zwar in seiner vollen Dramatik nicht Wirklichkeit geworden. Dennoch hat sich in unserer Gesellschaft während der letzten beiden Generationen etwas verändert, das man als Individualisierungsschub bezeichnen könnte. Mehr denn je verlangen die Menschen nach Wahlmöglichkeiten (im Marketing spricht man vom „variety seeking"), die sie dann auch weidlich ausnutzen. Biographien werden „gebastelt" und Überzeugungen keineswegs über Bord geworfen, sondern als Cocktail „gemixt". Klassen und Schichten sind nur noch soziologische Kategorien. Die Menschen selbst gruppieren sich viel eher in Milieus und Szenen, wo sie ihrer Selbstverwirklichung am nächsten kommen können (SCHULZE 1992).

Diese Individualisierung kann nicht ohne Auswirkungen auf Führung bleiben. War es in vergangenen wertestabilen Zeiten noch möglich, etwa eine Abteilung zu führen, als wäre sie *eine* Person, so bietet sich heute ein Bild der Vielfalt. Leistungsbereitschaft koexistiert mit Schonhaltung, Sinnsuche mit Materialismus, Autonomiestreben mit Regelungsbedürfnis, Loyalität mit Bindungsarmut. Führungskräfte müssen sich auf diese Vielfalt einstellen. Das könnte z. B. über die Ermittlung der individuellen Werteprofile geschehen. Dazu fehlt es in der Praxis meist an Zeit, Ressourcen oder Verständnis. Auch der wohlgemeinten Empfehlung, die individuellen Neigungen doch anhand der unterschiedlichen Motive – z. B. der 16 „Lebensmotive" nach STEVEN REISS – einzuschätzen, wird kaum gefolgt. Führungskräfte verlassen sich vielmehr auf ihre Beobachtungen und ihr Fingerspitzengefühl.

Wenn die Einschätzung über Werteprofile und Basismotive zu aufwändig (und für manche Führungskräfte vielleicht auch etwas zu abgehoben) ist, dann könnte sich ein dritter Weg anbieten. Der Ausgangspunkt dafür liegt in dem situativen Führungsmodell von PAUL HERSEY und KEN BLANCHARD. Danach gibt es keinen Führungsstil, der für alle Situationen und alle Bedingungen „der Beste" ist. Führungskräfte müssen sich an die jeweilige Situation anpassen, um erfolgreich zu sein. Ausgehend vom „Reifegrad" (maturity level) des Mitarbeiters wird der geeignete Führungsstil bestimmt. Dieser Reifegrad ergibt sich bei HERSEY/BLANCHARD aus der Leistungsfähigkeit („Können") und der Leistungsbereitschaft („Wollen") des Mitarbeiters (HERSEY 1986).

Die Wissenschaft ist zwar mit dieser „Situational Leadership Theory" (SLT) sehr unsanft umgegangen (z. B. YUKL 2006). Dennoch bildet die Größe „Reifegrad" eine plausible und praktikable Hilfsgröße für die Individualisierung von Führung. Allerdings greifen die beiden Dimensionen des Könnens und Wollens zu kurz. Deshalb soll im Folgenden anhand eines Beispiels ein erweitertes Konzept des Reifegrads vorgestellt werden (Abb. 15). Es stammt aus einer Organisation, die technische Dienstleistungen anbietet. Anhand des Leitbildes und der Unternehmensstrategie wurde jede der vier Dimensionen – Können, Wollen, Sollen und Dürfen – mit jeweils vier genau definierten Elementen aufgeschlüsselt.

Können

Das Wissen, die Fähigkeiten und die Fertigkeiten, die nötig sind, um bestimmte, entweder in einer Funktionsbeschreibung definierte oder mit der Funktion logisch verknüpfte Aufgaben zu erfüllen. Die Elemente dieses Könnens sind:

- *Fachkenntnisse* = das erlernte und durch Erfahrung erworbene Wissen, das die Voraussetzung für eine bestimmte Tätigkeit bildet.
- *Methodenkompetenz* = die Fähigkeit, sich Arbeitstechniken und Verfahrensweisen zu bedienen, die für Tätigkeiten wie Planen, Organisieren, Entscheiden, Systematisieren, Visualisieren etc. unumgänglich sind.
- *Interpersonale Kompetenz* = die Fähigkeit, mit einer wechselnden Vielfalt von Menschen zu kommunizieren und, wenn sinnvoll, darauf Beziehungen aufzubauen und sie zu pflegen.
- *Medienkompetenz* = die Fähigkeit, die zur Verfügung stehende Vielfalt an Kommunikationsmedien aktiv und kritisch handzuhaben.

Wollen

Die Bereitschaft, das Wissen, die Fähigkeiten und die Fertigkeiten, über die eine Person verfügt, um bestimmte, z. B. in der Funktionsbeschreibung definierte und/oder mit der Funktion logisch verknüpfte Aufgaben auch tatsächlich einzusetzen. Die Elemente des Wollens sind:

- *Anspruchsniveau* = die Höhe des eigenen Leistungsanspruchs in typischen Arbeitssituationen.
- *Erfolgszuversicht* = die positive Zukunftserwartung, mit der auch herausfordernde Aufgaben in Angriff genommen werden.
- *Beharrlichkeit* = die Bereitschaft, an Aufgaben mit Ausdauer, Kräfteeinsatz und voller Aufmerksamkeit zu arbeiten.
- *Frustrationstoleranz* = die Fähigkeit, Enttäuschungen, Ärger und Rückschläge auszuhalten und konstruktiv damit umzugehen.

Sollen

Der Grad, in dem eine Person die impliziten (stillschweigend vorausgesetzten) und expliziten (allgemein bewussten) Werte und Normen der Organisation verinnerlicht hat. Die Elemente dieses Sollens sind:

- *Involvement* = die Bereitschaft, sich selbst in eine bestimmte Aufgabe kognitiv und emotional einzubringen.
- *Commitment* = die Bereitschaft, zu seiner eigenen Handlung oder Entscheidung zu stehen.

- *Offenheit für Neues* = die Aufgeschlossenheit für Erfahrungen mit Andersartigem.
- *Verantwortung* = die Bereitschaft, sich die Folgen des eigenen Handelns auch zurechnen zu lassen.

Dürfen

Das Vermögen einer Person, Freiräume innerhalb der Organisation zu erkennen und zu nutzen. Das Ziel besteht darin, Wissen, Fähigkeiten und Fertigkeiten selbstständig zur Erfüllung von Aufgaben einzusetzen, die nicht ausdrücklich definiert, aber mit der Funktion logisch verknüpft sind. Die Elemente dieses Dürfens sind:

- *Interpretative Kompetenz* = die Fähigkeit, unter Bedingungen der Mehrdeutigkeit zu arbeiten und Wichtiges von Unwichtigem zu trennen.
- *Heuristische Kompetenz* = die Fähigkeit, schlecht definierte, neuartige Situationen zu bewältigen ohne in Regression, Aggression oder Resignation zu verfallen.
- *Internale Kontrollüberzeugung* = die Bereitschaft, ein positives oder negatives Ereignis als Konsequenz des eigenen Handelns (und nicht z. B. äußere Umstände) anzuerkennen.
- *Selbstermächtigung* = der Mut, selbstbestimmt zu handeln und dabei die eigenen Stärken zu nutzen.

Die Organisation, die dieses Modell für die Individualisierung der Führung ihrer Mitarbeiter einsetzt, bildet für jedes der 4 x 4 Elemente eine Skala mit den Polen null = „nicht beobachtbar" und 10 = „vollkommen". Bei den Fachkenntnissen wäre z. B. null ein Nichtkönner oder Anfänger ohne entsprechende Ausbildung und 10 ein Experte. Bei Commitment wären die beiden Eckpunkte null = unfähig, sich festzulegen und 10 = totale Identifikation mit den Zielen und Aufgaben der Organisation. Die Werte der Erfolgszuversicht reichen z. B. von null = „Schwarzmalerei" bis 10 = „Nichts ist unmöglich". Und bei der heuristischen Kompetenz wäre z. B. null = „nur Routine" und 10 = „Souveränität auch im Chaos". Der Durchschnittswert für jede der vier Dimensionen wird in ein Spinnendiagramm eingetragen und ermöglicht so einen interindividuellen Vergleich (Abb. 15). Anhand der Größe und der Form der Reifegrad-Fläche kann nun das Führungsverhalten individualisiert werden (siehe hierzu auch →*Kontingenz*).

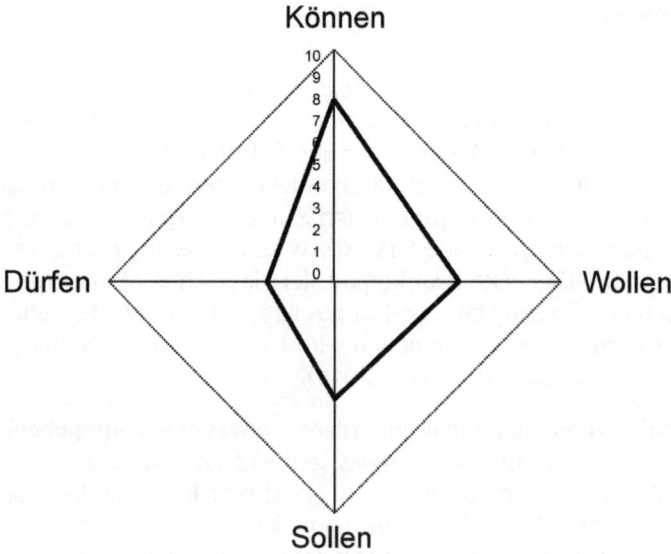

*Abb. 15: Beispiel für die grafische Darstellung des Reifegrads
(Eigene Darstellung)*

Information

Information ist ein höchst unscharfer Begriff. Das wäre an sich weder einzigartig noch besonders diskussionswürdig, hätten nicht zwei Lesarten dieses Begriffs beträchtlichen Schaden in Management und Führung verursacht. Verkürzt lassen sich aus der verwirrenden Vielfalt an Lehrmeinungen je zwei Auffassungen von „Information" isolieren: Die *naturalistische* und die *technizistische* Vorstellung von Information bilden das eine Paar, die *wissensorientierte* und die *kommunikative* das andere. Das erste Paar kommt der klassischen Managementlehre entgegen, weil hier „Objektivität" die Hauptrolle spielt. Die zweite Denkrichtung ist wesentlich anspruchsvoller. Information wird hier als mehrdeutig und alles andere als selbstverständlich gesehen (STAHL 2011).

- Der Begriff „Information" (lat. *informare* = etwas eine Form geben) ist *naturalistisch* geprägt, wenn damit etwas gemeint ist, was naturwissenschaftlich beobachtet und erklärt werden kann. So ist es z. B. für die Biologie selbstverständlich, die Strukturen der Desoxyribonukleinsäure, die bestimmte Gene ein- und ausschalten und in den Vorgang der Vererbung eingreifen, als „Informationen" zu bezeichnen.

- Die *technizistische* Vorstellung von Information nutzt die Metaphern „Sender", „Empfänger" und einen dazwischen geschalteten „Kanal". Daraus lässt sich ein Modell der „Übertragung" von Information konstruieren: An einem Ende des Kanals wird eine Botschaft eingegeben, die am anderen Ende – ein Mindestmaß an Störungsfreiheit vorausgesetzt – mehr oder weniger „exakt", auf jeden Fall aber „objektiv", wiederentsteht.

In beiden Fällen ist Information als solche in der Umwelt anwesend, gleichsam darauf wartend, transportiert zu werden. Das „sendende" System ist in einer bevorzugten Position, weil das „angesprochene" System gar keine andere Wahl hat, als die „Information" zu empfangen. Wer eine Vorstellung von Führung verinnerlicht hat, die linear-gerichtet zwischen führendem Subjekt und geführten Objekten unterscheidet, dem kommt eine solche Auffassung zupass. Sie ist bequem, weil der „Sender" die Autorität in Anspruch nehmen kann, „Information" grundsätzlich als „eindeutig" zu versenden. Kommt diese verordnete „Eindeutigkeit" am anderen Ende nicht an, so trägt eben der Empfänger die Schuld daran. Er war vermutlich unaufmerksam, unfähig, die Botschaft zu verstehen oder zu träge, um sich darum zu bemühen.

- Der *wissensorientierte* Informationsbegriff hat das Ergebnis eines Suchprozesses im Blick. Wer sich informieren will, sucht etwas, um Ungewissheit zu reduzieren und auf diese Weise bestimmte Ziele zu verwirklichen oder Probleme zu lösen. So kann z. B. die Zeichenfolge DIESER TEXT IST WICHTIG sehr wohl informationswürdig sein, dieselben Zeichen in der Anordnung TDGII HCX TTRE IIWES TES hingegen nicht.

- Der *kommunikative* Begriff von Information weist auf das Vorläufige, auf ein Zwischenstadium, auf einen Schwebezustand hin. Der Sender versucht, sein

Gegenüber mit Hilfe einer sprachlichen oder auch nichtsprachlichen Nachricht zu einer Handlung, sei es eine Äußerung oder ein bloßes Nachdenken, zu bewegen. Die Entscheidung darüber liegt beim Empfänger. Information ist hier ein Versuch mit ungewissem Ausgang.

In den beiden letzten Auffassungen von Information gibt es nichts, was naturwissenschaftlich beobachtet und erklärt werden kann. Und wenn etwas *übertragen* wird, dann ist es im höchsten Fall eine Nachricht, die aber für den Empfänger durchaus ein bloßes „Rauschen" oder eine rätselhafte Folge von Zeichen sein kann. Information entsteht also nach der wissensorientierten und kommunikativen Vorstellung im *Empfänger*. Er ist es, der die empfangenen Signale dekodiert und der so entstandenen Botschaft eine *Relevanz* beimisst. Voraussetzung dafür ist, dass der Unterschied zwischen vorher und nachher für ihn wichtig ist (siehe Abb. 16). Information kann sehr wohl „verarbeitet" werden, hier liegt die Alltagssprache richtig. Die Rede vom der Informationsüberlastung („information overload") führt hingegen in die Irre. Unter einer Überlastung kann nur leiden, wer vom „Rauschen" nicht genug bekommt oder zu vielen Botschaften eine Relevanz beimisst. Der „overload" liegt also in den Neigungen oder im Ermessen des Empfängers begründet. Die meisten Menschen werden sich heutzutage von einem ständigen Strom an Signalen und Daten überlastet fühlen. Das hat jedoch nichts mit „Information" zu tun.

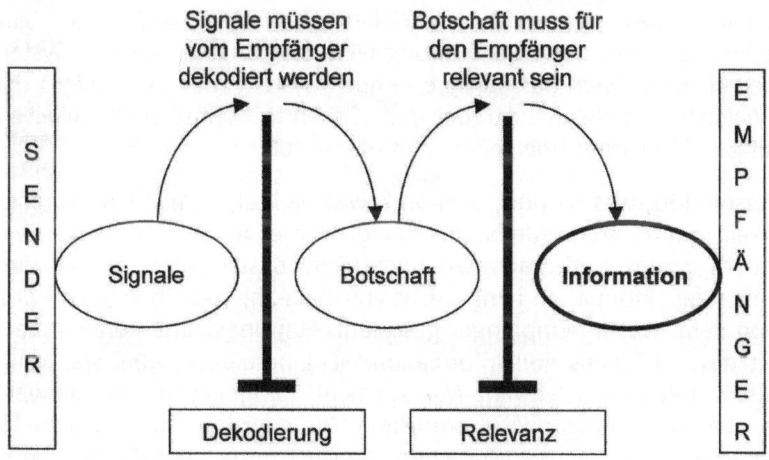

Abb. 16: Die beiden Hürden zwischen Signalen und Information

Information ist damit auf jeden Fall auf *Aufmerksamkeit* angewiesen. Unser Gehirn hat eine eingeschränkte Verarbeitungskapazität. Es kann nicht allzu viele Reize gleichzeitig bewusst verarbeiten, sondern muss auswählen: Welche Unterschiede sind tatsächlich relevant und müssen daher mit Aufmerksamkeit bedacht werden? Welche Unterschiede sind weniger relevant und können daher ausgeblendet werden? Wird einem Reiz nicht innerhalb von etwa fünf Sekunden Aufmerksamkeit geschenkt, so geht er verloren. Eine Information motiviert, sie bewegt, fordert auf, indem sie etwas über sich sagt. Um von Information zu sprechen, ist somit ein Unterschied notwendig, denn eine wiederholte Wahrnehmung oder Nachricht ebnet alles ein.

Der Anthropologe, Biologe, Philosoph und Kybernetiker GREGORY BATESON (1904–1984) beschrieb Information als „einen Unterschied, der den Unterschied macht." Diesen Unterschied illustrierte er (überhaupt nicht tierfreundlich) so: „Ich kann einem Hund einen Tritt geben, sodass der Hund wegfliegt, oder ich kann ihm einen Tritt geben, dass er wegrennt. Im ersten Fall liefere ich die Energie, die den Hund bewegt, im zweiten Fall leistet der Hund seine Bewegung selbst, das heißt, ich habe ihm nur die Information gegeben, die bewirkt, dass er seine eigene Energie verwendet. Im ersten Fall muss der Hund nichts verstehen, im zweiten Fall muss er verstehen, was ich meine. Er muss also nicht nur seine eigene Energie aufwenden, sondern auch noch interpretieren, was er tun soll" (BATESON 1983).

Es lohnt sich, in diesem Zusammenhang auch den Systemtheoretiker PETER FUCHS zu Wort kommen zu lassen. Er findet an BATESONs berühmtem Diktum vom „Unterschied" noch etwas nachzubessern: „Eine Information ist kein Unterschied, der einen Unterschied macht, sondern ein Unterschied, der beobachtet und damit Moment einer Unterscheidung wird." (FUCHS 2004, S. 107) Eine Führungskraft, die ihre Mitarbeiter „informieren" möchte, hat es also nicht mit passiven Empfängern zu tun, sondern mit aktiven Wesen, die – bewusst oder unbewusst – selbst entscheiden, in welchem Umfang sie bestimmte Signale an sich heranlassen oder nicht. Bei Führung wird das „angesprochene" System (der Mitarbeiter) nicht durch das „ansprechende" System (den Führenden) determiniert. Vielmehr entscheidet darüber der „Geführte" selbst durch seine eigenen Erfahrungen, Wünsche, Überzeugungen und so fort.

Jede Person hört, was sie hört, oder liest, was sie liest, gemäß ihrer eigenen Persönlichkeit (oder „Strukturdeterminiertheit", wie es in der Systemtheorie heißt). Dass etwas gesagt wird, garantiert noch nicht, dass es auch gehört wird. Das Phänomen der Information hängt nicht von dem ab, was übermittelt wird, sondern von dem, was im Empfänger geschieht. Führungskräfte können die Ungewissheit des Entstehens von Information nicht beseitigen, aber sie können sie reduzieren, durch ein „Relevanz-Management". Zugegeben, kein umwerfender Begriff, aber er soll Folgendes ausdrücken. Vor jeder Information sollte überlegt werden: Was könnte für die Menschen, die ich ansprechen möchte, von Bedeutung, also von Relevanz sein? Und zwar sowohl im Hinblick auf deren persönliche Lebenswelt – die sie ja nicht morgens ablegen, um nach Arbeitsschluss wieder in sie hineinzuschlüpfen – als auch auf das Arbeitsumfeld.

Zu diesem „Hineindenken" gehört auch die Wahl der passenden Sprache. Viele Führungskräfte „rauschen" permanent, weil sie an ihren Mitarbeitern „vorbeireden". Zum Relevanz-Management gehört auch das Wiederholen von Nachrichten, das Nachfragen und das Paraphrasieren, also das erklärende, verdeutlichende Umschreiben einer Mitteilung mit anderen Worten. Das Problem dabei ist offenkundig: Information kann nur mit *Redundanz* gelingen, also mit einem Überschuss an Zeichen und Signalen. Redundanz ist jedoch der Todfeind der *Effizienz*, die wiederum zu den Grundforderungen des klassischen Managements gehört. Gegen die Philosophie des Ein-Minuten-Managements mit seinen Ein-Minuten-Zielen, dem Ein-Minuten-Lob und der Ein-Minuten-Kritik wird mit Redundanz daher nur schwer anzukommen sein.

Inszenatorische Kompetenz

„Die ganze Welt ist Bühne, und alle Frau'n und Männer bloße Spieler. Sie treten auf und gehen wieder ab ...", heißt es bei SHAKESPEARE in „Wie es euch gefällt". ERVING GOFFMAN (1922–1982), der sich neben vielen anderen Themen auch mit der Selbstdarstellung im Alltag auseinandersetzte, teilte die Ansicht, dass wir alle Theater spielen. Der Soziologe HANS-GEORG SOEFFNER spitzt diese These noch zu: „Wir handeln, sprechen, interagieren nicht einfach: Wir inszenieren unser Handeln, Sprechen und Interagieren, indem wir es für uns und andere mit Deutungs- und Regieanweisungen versehen" (SOEFFNER 1989, S. 150).

Aufmerksamkeit ist heute zu einem knappen Gut geworden. Sie auf sich, seine Anliegen oder Ideen zu lenken, wird auch in Organisationen immer schwieriger. Hinzu kommt, dass die größere Machtverteilung gerade von den mittleren Führungskräften auch die Fähigkeit zur Selbstdarstellung, also die inszenatorische Kompetenz, verlangt. Für die unteren Ebenen ist das kein Problem, denn hier vermengt sich noch die dispositive mit der ausführenden Tätigkeit. Und die Leute an der Spitze müssen zwar sehr wohl auf Selbstdarstellung achten, sie können sich aber viel leichter außer Reichweite begeben oder in symbolische Führung flüchten.

An sich hat jeder Mensch den Wunsch, in den Begegnungen mit anderen deren Reaktionen zu kontrollieren und zu steuern. Für Menschen mit Führungsaufgaben wird dieser Wunsch jedoch zur professionellen Notwendigkeit. Sie müssen sich, ob sie wollen oder nicht, in einer bestimmten Art und Weise ausdrücken und darstellen können. Diese Art und Weise muss bei den anderen einen Eindruck hervorrufen, der sie veranlasst, freiwillig mit den an sie herangetragenen Absichten übereinzustimmen. Führungskräfte, die sich allein auf das Ergebnis von Interaktionen berufen, ohne auf deren Form zu achten („Die Show überlasse ich anderen, ich mache bloß meine Arbeit") setzen ihre Mitarbeiter im Grunde herab. Solche Führungskräfte werden dann nicht selten wie Abwesende behandelt, die man gerne karikiert oder einfach ignoriert.

Ein besonderer Wert der inszenatorischen Kompetenz liegt in der routinierten Sorgfalt, mit der sich Führungskräfte auf wichtige Episoden vorbereiten. Etwa dadurch, dass sie sich auf ihr „Publikum" einstellen, auf Sprache und Gestik achten, sich gegen mögliche Zwischenfälle wappnen und den Zeitrahmen planen. Sogenannte „starke Selbstüberwacher" haben hier einen Vorteil. Sie orientieren sich an Hinweisreizen aus der jeweiligen Situation und stimmen ihr Verhalten darauf ab. „Schwache Selbstüberwacher" neigen hingegen dazu, sich so zu verhalten, wie es ihre Werten nahelegen, ohne die jeweilige Situation in Betracht zu ziehen.

Die Erfahrung zeigt, dass Führungskräfte mit einem technisch-naturwissenschaftlichen Hintergrund oft zu einer schwachen Selbstüberwachung (engl. *self-monitoring*) neigen. Sie erscheinen dann unflexibel und unangepasst. Das bedeutet noch lange nicht, dass sie nicht zur Selbstreflexion fähig sind. Dazu ein

Chemiker, der als Spartenleiter eines Kosmetikunternehmens tätig ist: „Mein Chef meinte einmal, ich solle doch Schauspielunterricht nehmen. Was für eine verrückte Idee, dachte ich zuerst: Ich bin eben so, wie ich bin. Inzwischen sehe ich das anders. Mir ist der Wert einer abgerundeten Selbstdarstellung deutlich geworden. Ich kann damit Aufmerksamkeit erzielen, auf Ideen, Probleme, Erfolge etc. Früher hatte ich oft das Gefühl, die Leute hören mir gar nicht zu ..." Eines ist natürlich klar: Eindrucksteuerung (engl. *impression management*) muss immer innerhalb der Glaubwürdigkeitsgrenzen des Darstellenden bleiben (→ *Authentizität*).

Die inszenatorische Kompetenz besteht aus sechs Komponenten, die ein Ganzes bilden. Man kann sie als Raster für eine Selbsteinschätzung verwenden – etwa gemeinsam mit Kollegen, denen man vertraut, oder mit einem Coach oder Mentor – und darauf aufbauend konkrete Schritte für die Weiterentwicklung definieren.

- *Rhetorik*: Die Rede gehört zu den wichtigsten Werkzeugen der Führung. Das Verfassen einer Rede einem Laien anzuvertrauen oder sich mit Musterreden zu behelfen, wäre eine Sünde. Sie würde außerdem gegen die uralte „Aptum-Regel" der Rhetorik verstoßen: Wer Wirkung erzielen will, muss das Thema, die eigene Person, das Publikum sowie Ort und Zeit der Rede sorgsam aufeinander abstimmen.

- *Sprache*: Menschen erlernen Sprache durch Konditionierung, indem sie merken, dass die Verwendung bestimmter Lautfolgen bestimmte Wirkungen bei den Angesprochenen hervorruft. Entscheidend ist das „Passen" der Lautfolgen und nicht, ob damit etwas „Wahres", tatsächlich Existierendes wiedergegeben wird. Weitergedacht bedeutet das, dass Sprache verschiedene Wirklichkeiten hervorrufen kann. Die Verwendung der *passenden* Sprache vermag in den Köpfen mehrerer Menschen ähnliche Wirklichkeiten erzeugen, was eine Voraussetzung für die Führung von Gruppen darstellt.

- *Stimme*: Sie ist die Botschafterin der Persönlichkeit (AMON 2000). Die Stimmerzeugung ist allerdings anatomisch gesehen so komplex, dass sie gelernt sein will, soll der Eindruck auf andere nicht dem Zufall überlassen bleiben. Die meisten Menschen sprechen ohnedies nicht mit ihrer natürlichen Stimme, sondern legen eine zu hohe Stimmlage an den Tag. Sie haben es außerdem nie gelernt, richtig zu atmen, auf die Klangfärbung von Wörtern und die Wahl der Lautstärke zu achten, Wirkungs- und Spannungspausen zu setzen usw. Alles nur Kleinigkeiten? Mitnichten. Wer als Führungskraft Präsenz erzielen will, muss auch an seiner Stimme arbeiten.

- *Gestik*: Gesten haben in der Führung mehrere Funktionen. Sie begleiten, unterstützen und unterstreichen, sie wiederholen, illustrieren und untermalen das Gesagte. Sie zeigen auf etwas Konkretes oder ersetzen etwas nicht Präsentes. Menschen erkennen intuitiv, ob die Gesten und das Gesagte stimmig sind. Ohne Gestik wirkt die Lautsprache hohl. Das „Fenster zum Denken" bleibt geschlossen (WACHSMUTH 2006, S. 40). Ein Zuviel an Gestik verschont allerdings auch charismatische Führer nicht vor Häme. Dem bei öffentlichen Auftritten oft wild agierenden Microsoft-Chef STEVE BALLMER hat dies z. B. den Namen *„monkeyboy"* eingetragen.

- *Mimik*: Stirn, Augen, Mund und Kinn können mehr mitteilen, als bloße Worte. Emotionen spiegeln sich größtenteils in den Gesichtszügen wider. Mimische Signale dienen auch der Unterstützung und Steuerung eines Gesprächs (z. B. ein fragender Blick). Eine passende Mimik allein wird für eine wirkungsvolle Führung nicht reichen. Es bedarf vielmehr eines Zusammenspiels von Rhetorik, Sprache, Stimme, Mimik, Gestik und Körperhaltung.

- *Körperhaltung*: Das Innere eines Menschen spiegelt sich in seiner äußeren Körperhaltung wider. Das ist nicht neu. Doch es gilt auch der umgekehrte Weg: Ein bestimmter Körperzustand kann unsere psychische Verfasstheit verändern. Wer z. B. von Gleichgültigkeit auf Freundlichkeit umschalten will, muss seinen persönlichen, an Freundlichkeit gekoppelten Körperausdruck abrufen. Dieses „Verkörperlichen" von psychischen Zuständen wird *Embodiment* genannt. Es kann erlernt werden, davon ist die Psychoanalytikerin MAJA STORCH (2006) überzeugt. Eine Führungsepisode ist dann besonders wirkungsvoll, wenn es dem Führenden gelingt, über Embodiment eine *Synchronie* genannte Übereinstimmung mit seinen Mitarbeitern zu erzielen. Dass solche Episoden eher selten sind, steht auf einem anderen Blatt.

Spitzensportler trainieren enorm viel und bestreiten im Verhältnis dazu nur wenige Wettkämpfe. Führungskräfte stehen hingegen in permanentem Wettkampf um Aufmerksamkeit, trainieren aber kaum. Zeitknappheit ist sicher ein gewichtiges Argument. Dennoch, wie im Sport geht es auch bei der Führung darum, vermeintlich bewährte Automatismen durch andere, zweckmäßigere zu ersetzen. Gerade bei der inszenatorischen Kompetenz ist das nur mit Training möglich.

Kommunikation

Wann immer in einer etwas anspruchsvolleren Form über das Alltagsphänomen „Kommunikation" (lat. *communicare* = mitteilen, teilnehmen lassen, gemeinsam machen) diskutiert oder geschrieben wird, fällt irgendwann der Name des genialen wie exzentrischen Mathematikers CLAUDE E. SHANNON (1916–2001). Die von ihm 1949 gemeinsam mit WARREN WEAVER veröffentlichte *mathematical theory of communication* war nur eines der vielen Ergebnisse seiner wissenschaftlichen Arbeit und seiner Rolle bei der Anwendung der Kryptographie im Zweiten Weltkrieg und danach.

Entkleidet von aller Mathematik, stellt sich das SHANNON-WEAVERsche Modell sehr einfach dar. Ein „Sender" wählt eine aus geschriebenen oder gesprochenen Zeichen bestehende Botschaft aus und „enkodiert" diese in Signale, die über einen „Kanal" an einen „Empfänger" übertragen werden. Dieser „dekodiert" die empfangenen Signale, wobei er damit rechnen muss, dass sie durch Störquellen verzerrt werden können. Was hier als Kommunikationstheorie bezeichnet wird, ist also eine Theorie der Signalübertragung in rein technischem Sinn. Das „Verstehen" oder auch die Rückkopplung vom Empfänger zum Sender ist nicht Bestandteil dieser Theorie. Daraus haben die beiden Autoren ausdrücklich hingewiesen.

Die Einfachheit macht das Modell gerade für die Managementlehre verführerisch. Führungskräfte können sich problemlos in die Rolle des „Senders" versetzen und den Mitarbeitern die des „Empfängers" zuweisen. SHANNONs Gebiet war die *technische* Kommunikation. Er wehrte sich zeitlebens dagegen, seine mathematischen Theorien auf Bereiche wie Soziologie, Biologie, Kultur oder die Medien zu übertragen (ROCH 2010). Vergebens. Heute „kommunizieren" nicht nur Pflanzen, Zellen oder Moleküle miteinander, sondern auch Maschinen, Fahrzeuge und Computer. Zwischenmenschliche Kommunikation hat allerdings nichts mit Schaltern, Lämpchen und Drähten, dafür aber viel mit Denken, Fühlen und Erinnern zu tun. Wir brauchen also ein Modell der Kommunikation, das den menschlichen Eigenheiten mehr Rechnung trägt als die mechanistische Vorstellung es vermag.

Zu diesem Zweck knüpft man am zweckmäßigsten an den Spuren an, die der Verhaltenswissenschaftler PAUL WATZLAWICK (1921–2007) in der Debatte um „Kommunikation" hinterlassen hat. Seine fünf *Axiome* (damit sind grundlegende Aussagen gemeint, die keines Beweises bedürfen) sind nach wie vor Gegenstand von Managementseminaren. Wie nützlich sind sie heute für die Führungspraxis? Von seinen fünf Aussagen (WATZLAWICK/BEAVIN/JACKSON 1990) soll zunächst das erste Axiom, vermutlich das bekannteste und zugleich umstrittenste, untersucht werden. Es lautet: „Man kann *nicht* nicht kommunizieren." Diese Behauptung bezieht sich auf die unleugbare Tatsache, dass sich Menschen durch ihr Verhalten wechselseitig beeinflussen. Die pure Gegenwart genügt, denn auch ein Schweigen kann eine folgenreiche Botschaft beinhalten. Voraussetzung für die wechselseitige Beeinflussung ist natürlich, dass die Personen „füreinander anwesend sind", wie dies der Soziologe ERVING GOFFMAN (→*Inszenatorische Kompetenz*) einmal ausdrückte.

Wir reden hier also über *Interaktion*. Wer interagiert, kommuniziert zugleich. Wer kommuniziert, muss jedoch nicht auch interagieren. Es gibt heute eine Fülle von Möglichkeiten für interaktionsfreie Kommunikation, beginnend bei der guten alten Schrift über die Spielarten des Telefons bis zu den sozialen Medien. Auch wenn manche der neueren Kommunikationsweisen vielfach zur Sucht geworden ist, so gilt schon rein technisch: Man kann sehr wohl *nicht* kommunizieren – z. B. durch Abschalten. Das Ganze ist mehr als bloße Wortspalterei. In der Führungspraxis ist die Interaktion mit ihrer Notwendigkeit der Anwesenheit und des Blicks in das Gesicht des Gegenübers auf dem Rückzug. Chronische Zeitverknappung, Effizienzdruck und die Allgegenwart von Bildschirmen jeglicher Größe sind nur einige Gründe dafür. Damit werden die Quellen für Missverständnisse immer zahlreicher und die ohnedies geringe Wahrscheinlichkeit, dass Kommunikation überhaupt „gelingt", sinkt weiter.

Es gilt somit zu unterscheiden zwischen der Kommunikation unter Anwesenden und der interaktionsfreien Kommunikation. Der Ausgangspunkt ist für beide gleich, nämlich das Enkodieren einer Botschaft in Signale auf der Seite des Senders und das Dekodieren dieser Signale auf der des Empfängers. Dabei ist jedoch noch nicht allzu viel passiert. Es ist weder Information entstanden, noch hat Kommunikation stattgefunden. Was vorliegt, ist eine „Botschaft". Diese konkurriert im Arbeitsgedächtnis des Empfängers mit vielen anderen Botschaften um knappe Aufmerksamkeit. Es ist nicht nur die Neuigkeit der Botschaft, die hier zum Tragen kommt, sondern auch ihre Auffälligkeit und Folgelastigkeit. Erst wenn auf Grund dieser Merkmale die Entscheidung zugunsten der aktuellen Botschaft gefallen ist, ihr also vom Empfänger *Relevanz* zugeschrieben wurde, ist →*Information* entstanden.

Bei interaktionsfreier Kommunikation kann es der Empfänger ohne weiteres dabei bewenden lassen. Ob und wie er auf das Schreiben, die Mail oder SMS reagiert, liegt bei ihm. Der Sender kann ihn ja nicht beobachten. Anders ist es bei der Kommunikation unter Anwesenden: Der Empfänger steht unter Beobachtung, er kann *nicht* nicht interagieren. Deswegen ist aber die Kommunikation noch lange nicht „gelungen" (siehe Abb. 17). Das Anschlussverhalten des Empfängers muss vom Sender erst verstanden werden, und das ist schwierig. Zu vielfältig sind die Möglichkeiten des Empfängers, auf sein „Informiertsein" zu reagieren, vom unbewegten Schweigen bis zum spontanen Dank, von mehrdeutigen Mimiken bis zur Wut und so fort.

Der Sender muss die Reaktionen erst interpretieren, das heißt gegen den Hintergrund seiner Lebenserfahrungen einordnen. Ist überhaupt Information entstanden oder war seine Botschaft für den anderen ohne Bedeutung? Lohnt es sich, einen nächsten Versuch zu starten oder ist es besser, gleich abzubrechen? Erst wenn das Anschlussverhalten des Empfängers vom Sender *verstanden* wurde, ist die Bedingung für eine fortlaufende Kommunikation erfüllt und es kann ein

Austausch zwischen den beiden erfolgen. Verstehen ist nichts anderes als der Schluss von einer bestimmten Erkenntnis auf einen übergeordneten Zusammenhang, wodurch *Sinn* entsteht. Technische „Kommunikation", wie auch der Austausch zwischen lebenden Zellen, braucht kein Verstehen, weil sie zwar nicht zweck-, aber sinnlos ist.

Verstehen bedeutet nicht, dass Kommunikation in Gleichklang münden muss. Auch Streit ist Kommunikation. Entscheidend sind der gegenseitige Austausch sprachlicher und nichtsprachlicher Natur und die Einschätzung der persönlichen Folgen daraus. Seichte Konversation oder Geschwafel zeichnet sich durch die Folgenlosigkeit des Austauschs aus. Je nach Persönlichkeit und sozialer Konvention wird dann die Kommunikation rasch abgebrochen oder bestenfalls erduldet. Konflikthafte Kommunikation ist hingegen folgenschwer. Deshalb wird sie so häufig weitergeführt, obwohl sich niemand mehr daran erinnern kann, was eigentlich der Anlass dafür war.

Konflikt ist auch das Thema des zweiten WATZLAWICKschen Axioms, das hier erwähnt werden soll. Es zielt auf eine wichtige Unterscheidung ab: „Jede Kommunikation hat einen Inhalts- und einen Beziehungsaspekt." Der Inhaltsaspekt stellt das *Was* einer Botschaft dar, der Beziehungsaspekt sagt etwas darüber aus, *wie* der Sender diese Mitteilung vom Empfänger verstanden haben möchte. Dieser Unterschied spiegelt ein uraltes Problem der Kommunikation wider. Sie ist gestört oder kommt erst gar nicht zustande, wenn der *„digitale"* Modus (das *Was* in Form des aus Zeichen bestehenden Inhalts) und der *„analoge"* Modus (das *Wie* in Form des beobachtbaren Verhaltens) auseinander klaffen. Diese problembeladene Situation wird seit GREGORY BATESON *„double bind"* genannt. Ehe und Familie sind klassische Felder für eine solche doppelt gebundene Kommunikation.

Aber auch in Führungssituationen kollidieren oft Inhalts- und Beziehungsaspekt einer Kommunikation. Dies hinterlässt dann bei den Mitarbeitern Rat- und Orientierungslosigkeit („Wie ich es mache, ist es falsch"). Hinzukommt, dass Führender und Geführte zumindest für einige Zeit aneinander gebunden sind und sie die Beziehung nicht einfach abbrechen können. Der einzige Ausweg aus dieser „schizophrenen" Lage heißt *„Metakommunikation"*. Dabei wird die Art und Weise, wie beide miteinander umgehen, zum Thema der Kommunikation gemacht. Sich auf Metakommunikation einzulassen, erfordert Mut und die Bereitschaft, die eigenen Wahrnehmungen auch zu offenzulegen. Verweigert sich eine Führungskraft immer wieder der Metakommunikation, so ist der Weg in schwelende Brandherde, ein belastendes Betriebsklima und zunehmende Arbeitsunzufriedenheit vorgezeichnet.

Der Begriff „Kommunikation" ist inzwischen so banalisiert worden, dass man sich hin und wieder die alte Weisheit von GEORGE BERNARD SHAW (1856–1950) in Erinnerung rufen sollte: „Das größte Problem mit der Kommunikation ist die Illusion, sie sei gelungen."

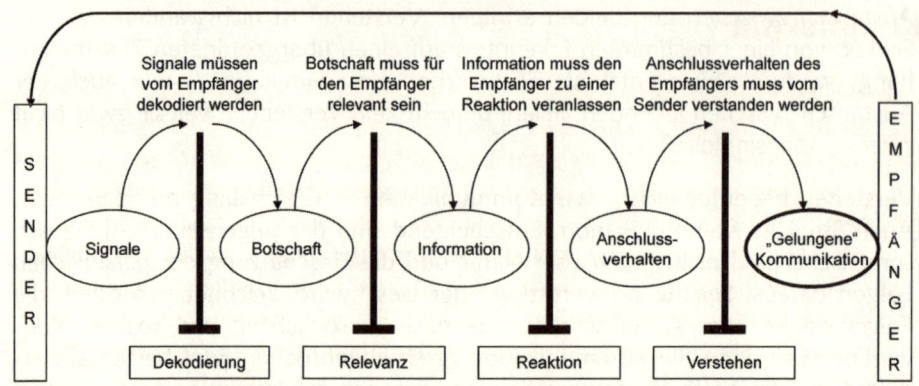

Abb. 17: Die Hürden auf dem Weg zu „gelungener" Kommunikation

Komplexität

Komplexität ist vor allem ein Gefühl. Es entsteht aus dem Druck, sich pausenlos entscheiden zu müssen, wobei die Folgen jeder einzelnen Entscheidung ungewiss sind. Jedes Problem kann von vielen Seiten aus gesehen und nichts von vornherein ausgeschlossen werden. Alles scheint von jedem abzuhängen. Und jede Entscheidung zieht neue Probleme nach sich, die wiederum Entscheidungen verlangen. Vorhersagen werden zur Spekulation. Komplexität ist mehr als *Kompliziertheit*. Das Bundes-Immissionsschutzgesetz ist z.B. kompliziert. Mit viel Geduld und Mühe kann man es immerhin verstehen. Bei der Komplexität ist das nicht mehr der Fall. Sie verschleiert ihre Zusammenhänge und Wechselwirkungen so gekonnt, dass wir nichts mehr verstehen können. Man denke an die Finanzmärkte, das Wetter, das menschliche Gehirn oder das Verhalten eines Vogelschwarms (→*Schwarmverhalten*). Auch Experten, die ja für das Komplizierte zuständig sind, beißen sich daran die Zähne aus. Komplexität wird in der Führungspraxis in verschiedenen Formen erlebt. Typisch dafür sind die Signalkomplexität, die strukturelle, die soziale und die operative Komplexität. Um sie auszuhalten, zu bewältigen oder gar zu steuern, sind jeweils besondere Fähigkeiten vonnöten (siehe auch Abb. 18).

Die *Signalkomplexität* hat ihre Ursache in dem unaufhörlichen „Rauschen", das Organisationen umgibt und das sie selbst genauso unaufhaltsam erzeugen. Rauschen ist ein Begriff aus der Nachrichtentechnik. Es kennzeichnet die Flut von Signalen, aus denen Informationen gefiltert werden müssen. Nur das, was für die Organisation relevant ist, weil es ihren Bestand sichert, wird tatsächlich „Information". Alles andere bleibt Signal- oder Datenmüll oder eben Rauschen. Organisationen wie Menschen können daher gar nicht unter einem „information overload" leiden, sondern „nur" unter einer Überlast an Signalen oder einer Reizüberflutung. Schlimm genug, denn auf eine Phase der Hyperaktivität, mit der meist auf die Überlastung geantwortet wird, folgt dann fast naturgesetzlich die chronische Erschöpfung. Um der Signalkomplexität zu begegnen, bedarf es der *interpretativen* Kompetenz (STAHL 2004). Sie besitzt, wer es versteht, →*Achtsamkeit* zu kultivieren. Mit ihrer Hilfe kann es gelingen, „verrauschte" Signale zu filtern und zu verarbeiten, Bedeutungen und Zusammenhänge besser einzuschätzen, andere Perspektiven einzunehmen, vorschnelle Schlüsse zu vermeiden, Vorurteile auszublenden und sich möglicher Wahrnehmungsverzerrungen bewusst zu werden.

Die *strukturelle* Komplexität leitet sich aus der Notwendigkeit ab, das optimale Komplexitätsgefälle zwischen der eigenen Organisation und ihren Umwelten auszutarieren. Dazu dienen die Strukturen einer Organisation. Diese bestehen aus selbstverständlich gewordenen Handlungsmustern, die das „soziale Gerüst" der Organisation bilden. Ist das Komplexitätsgefälle nach außen zu gering, so importiert die Organisation Unordnung. Die Effizienz (der Umgang mit knappen Ressourcen) und die Effektivität (der Grad der Zielerreichung) der internen Prozesse leiden darunter. Ist das Gefälle zu groß, so verliert die Organisation die Tuchfühlung mit ihren Umwelten. Sie beschäftigt sich schließlich nur mehr mit sich selbst. Ihre Wettbewerbsfähigkeit nimmt ab.

Da heute die Komplexität unserer Umgebungen laufend steigt, muss auch die Binnenkomplexität in den Organisationen zunehmen. Hohe Produkt- und Leistungsvielfalt, Arbeitsteilung und Spezialisierung, eine Vielzahl von Schnittstellen, die Trennung von planenden, ausführenden und kontrollierenden Funktionen sowie die rasche zeitliche Taktung sind Beispiele für diese Komplexitätssteigerung. Wer er schafft, sich immer wieder für kurze Zeit aus dem Handlungsstrom auszuklinken, um über seine Handlungsweisen zu *reflektieren* und sich deren Folgen auch *einzugestehen*, hat einen wichtigen Schritt getan, um mit struktureller Komplexität umzugehen.

Die *soziale* Komplexität geht nahtlos aus der strukturellen Komplexität hervor. Organisationsstrukturen sind ohne Menschen leblos. Es sind die Menschen – und nicht Organigramme –, die Strukturen produzieren und reproduzieren und ihr Handeln laufend daran ausrichten. Damit wächst die soziale Komplexität im selben Takt wie die strukturelle. Die Anzahl und die Vielfalt an zwischenmenschlichen Kontakten und Beziehungen nehmen immer mehr zu. Das mittlere Management hatte in der guten alten Zeit der steilen Hierarchien eine überschaubare Anzahl eng definierter Kontakte zu pflegen. Heute müssen die Führungskräfte in solchen „Sandwich-Positionen" mit wesentlich höheren Leitungsspannen zurechtkommen, sie sind meist in mehreren Projektgruppen engagiert und haben noch dazu vielfältige Außenkontakte wahrzunehmen. Der Umgang mit einer derart hohen Varietät verlangt nach *interpersonaler* Kompetenz. Ihr „Werkzeugkasten" besteht vor allem aus einem reichhaltigen Repertoire an „Drehbüchern" oder „Skripts". Das sind erlernte, schematisierte Abläufe typischer Führungsepisoden, etwa von einem Mitarbeitergespräch, einer Telefonkonferenz, einer Präsentation, von Lob und Tadel etc. Die „Software" der interpersonalen Kompetenz ist notwendig, um den „Werkzeugkasten" überhaupt zu nutzen. Sie setzt sich zusammen aus der →*Empathie* (die Fähigkeit, sich in andere hinein zu fühlen), der Bereitschaft zur *Selbstöffnung* (um dem Gegenüber zum richtigen Zeitpunkt und im richtigen Ausmaß einen Teil des „Selbst" preiszugeben) und der *Gesprächstoleranz* (um dem Gegenüber die Möglichkeit zu geben, seine eigene Identität in das Gespräch einzubringen).

Die *operative* Komplexität zeigt sich vor allem in der Schwierigkeit, den Umfang und die Qualität der laufend auftretenden Probleme abzuschätzen. Die Ursachen liegen in der Mehrdeutigkeit der einlangenden Signale und in den zahlreichen Schnittstellen, die in arbeitsteiligen Organisationen nicht zu vermeiden sind. Unter solchen Bedingungen helfen oft nur *Intuition* und die Anwendung von *Heuristiken*. Diese Daumen- oder Faustregeln werden durch Versuch und Irrtum erworben und sind das Produkt von Lebenserfahrung. Dazu gehört auch die Fähigkeit zu improvisieren; in Wahrscheinlichkeiten zu denken; grobe Einschätzungen auch von völlig Unvertrautem vorzunehmen; manchmal ein paar Schritte zurückzugehen; Dinge „intelligent aufzuschieben" (PASSIG/LOBO 2008) oder sogar laufen zu lassen. Vieles von dem erinnert an „Durchwursteln". Ein Horror für

Perfektionisten, Planer und Kontrolleure, jedoch etwas durchaus Naheliegendes für den, der über →*heuristische Kompetenz* verfügt.

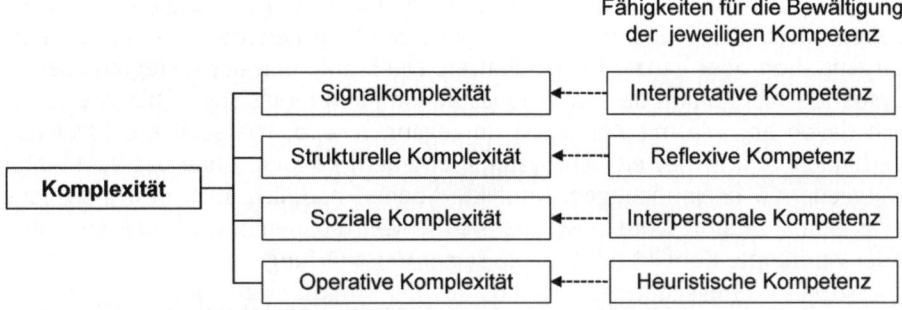

Abb. 18: *Wichtige Komplexitäten und die entsprechenden Kompetenzen*

Es gibt nicht allzu viele Möglichkeiten, mit Komplexität in Organisationen umzugehen. Die „klassische" Methode ist bekannt: Komplexitäts*reduktion*. Komplexität ist des Teufels, so lautet das Credo, also muss sie eliminiert werden. Diese Methode ist allerdings auf Dauer nicht durchzuhalten. Rigoros vorangetrieben, schlägt sie sich über kurz oder lang in Ideenlosigkeit, Abschottung gegenüber den Außenwelten, in Kunden-, Patienten- oder Bürgerferne, übertriebenen Kontrollen, Dogmatismus und anderem mehr nieder. Folgerichtig trifft man häufig auf eine zweite Variante, mit Komplexität umzugehen, das *Verdrängen*. Die Folgen sind ein Operieren am Rande des Chaos und das nagende Gefühl des Kontrollverlusts. Chaos ist gleichsam die höchste Form der Komplexität. Der Ausweg aus dem Dilemma zwischen Komplexitätsreduktion und Verdrängen heißt *Steuerung* von Komplexität. Das bedeutet im ersten Schritt, sich durch Beobachten der Komplexitäten in der eigenen Organisation bewusst zu werden. Der Organisationsexperte RUDI WIMMER hat diese heikle Notwendigkeit einmal so begründet: „Ein System sieht in der Regel gar nicht, dass es nicht sieht, was es nicht sieht ..." Diese „blinden Flecken" gilt es durch Selbstbeobachtung aufzudecken, bevor man sich dem zweiten Schritt widmet.

Hier muss zwischen „zweckmäßiger" und „schädlicher" Komplexität unterschieden werden. „Zweckmäßige" Komplexität verschafft der Organisation einen Mehrwert. Er entsteht, wenn jene *Stakeholder* (Interessen- und Anspruchsgruppen), die im Mittelpunkt des Organisationszwecks stehen – also etwa Kunden, Bürger, Patienten, Studierende – die hohe Komplexität mit einer positiven Gegenleistung honorieren. Diese kann sich z.B. in Zufriedenheit, einem Ansehensgewinn oder höherer Preis-, Kauf- oder Bindungsbereitschaft ausdrücken. „Schädliche" Komplexität ist hingegen sehr wohl einzudämmen. Sie wirkt wertmindernd. *Steuerung* von Komplexität bedeutet also nichts anderes als das →*Balancieren* zwischen Aufbau und Verringerung interner Komplexität. Das Steuerungsmaß richtet sich nach den Erwartungen jener Interessen- und Anspruchsgruppe, welche die Organisation langfristig am Leben hält.

Konflikt

Ein Konflikt ist an sich nichts Negatives. Er gehört als *innerer* Konflikt zum Reifeprozess jedes Menschen und als *sozialer* Konflikt zum zwischenmenschlichen Leben schlechthin – egal ob auf der Ebene einer Partnerschaft, Familie, Gruppe, Organisation oder ganzer Gesellschaften. Die Stärke und der Reifegrad sozialer Systeme – hier kommt die Professionalität von Führung ins Spiel – hängt wesentlich davon ab, wie mit Konflikten umgegangen wird, wie sehr ihre Eskalation verhindert und inwieweit sich Systeme erneuern können, ohne das Wohl ihrer Mitglieder zu beeinträchtigen. Konflikte können natürlich auch destruktiv sein. Was einmal zerstört worden ist, lässt sich schwer reparieren. Und jeder ignorierte oder verdrängte Konflikt führt nur zu seiner Verschärfung.

RUTH COHN, die Begründerin der Themenzentrierten Interaktion (TZI), einer Methode des sozialen Lernens, gab für den Unterricht einmal die Regel „Störungen haben Vorrang" aus (COHN 1975). Diese entspricht etwa der zeitgemäßen Managementmaxime „Man kann nicht genug irritiert werden". Das sagt sich so leicht. Denn wer ständig mit Konflikten konfrontiert wird, lässt die Dinge schon mal laufen. Und übersieht dabei, dass Konfliktkosten eine messbare Größe sind. Hohe Mitarbeiterfluktuation, vermehrte Krankheiten, verschleppte Projekte, entgangene Aufträge, Kundenabwanderung, übertriebene Kontrollen, arbeitsrechtliche Verfahren und vieles mehr können durchaus 20 Prozent der Personalkosten einer Organisation erreichen. (INSAM/REIMANN 2009). Schon aus diesem Grund gehört der Umgang mit Konflikten zu den primären Aufgaben von Führung und ein Verständnis des Wesens von Konflikten zu ihrem Grundwissen.

Statt mühevoll nach einer einleuchtenden Definition zu suchen, nähert man sich dem Begriff Konflikt am besten entlang seiner drei Wesenszüge (Abb. 19), nämlich der Kognition, den Gefühlen und des Handelns. Auf diese Weise erkennt man auch gleich erste Möglichkeiten eines sinnvollen Umgangs mit Konflikten.

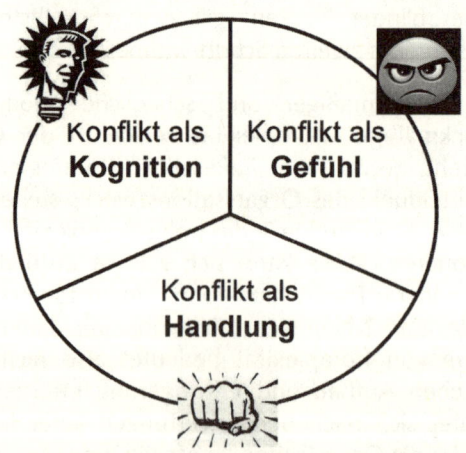

Abb. 19: Die drei Wesenszüge des Konflikts

- Ein Konflikt äußert sich als *Kognition*, wenn jemand feststellt oder davon überzeugt ist, dass seine Bedürfnisse, Interessen, Wünsche oder Werte unvereinbar sind mit denen einer anderen Person (MAYER 2007). Dabei ist es unerheblich, ob auch der Andere ein ähnliches Auseinanderklaffen empfindet. Die eigene Überzeugung genügt, weil sie Reaktionen auslösen kann, die das Gegenüber sukzessive in einen Konfliktprozess hineinziehen. Der Konflikt als Kognition ruft oft den bekannten *Pygmalion-Effekt* hervor. Allein aus meinen Vorstellungen über einen (scheinbaren) Konflikt mit einer anderen Person entwickle ich bestimmte Erwartungen von deren Verhalten. Aufgrund dieser Erwartungen sende ich, gar nicht bewusst, Signale an die andere Person, die sich, ebenfalls ohne darüber nachzudenken, auf diese Signale einstellt – und schon hat sich für mich der Konflikt „bewahrheitet".

- Zu einem Konflikt gehört auch, dass eine bestimmte Situation oder Interaktion (das ist eine Kommunikation mit der Möglichkeit des Blickkontakts) *Gefühle* wie etwa Wut oder Niedergeschlagenheit, Angst oder Traurigkeit etc. auslösen kann. Solche Gefühle einer Person oder Situation gegenüber stellen bereits einen Konflikt dar, unabhängig davon, ob überhaupt eine zwischenmenschliche Differenz besteht oder ob der Andere ähnlich fühlt. Wer einen Konflikt als Gefühl erlebt, für den ist der Konflikt auch „real". Appelle, wie sie oft bei Trennungsgesprächen in Organisationen zu hören sind, „die Sache doch nüchtern zu sehen" oder „das Ganze weniger emotional zu betrachten" sind in solchen Situationen nutzlos.

- Eine *Handlung* wird als Konfliktdimension immer dann besonders deutlich, wenn jemand innerhalb einer arbeitsteiligen Organisation seine eigenen Bedürfnisse, Wünsche oder Interessen durchsetzen möchte. Allein die Absicht und noch mehr das konkrete Handeln werden nicht ohne Auswirkungen auf die Freiheitsgrade und damit die Kosten-Nutzen-Bilanz anderer Organisationsmitglieder bleiben. Deren Verteidigungsreaktionen reichen von der verbalen Attacke bis zum Mobbing, von der Stimmungsmache bis zum „Hängenlassen". Wer genug Erfahrungen in Organisationen gesammelt hat, versucht daher solchen zwangsläufigen Konflikten von vornherein aus dem Weg zu gehen. Das Schmieden von Koalitionen und andere Taktiken der →*Mikropolitik* bieten sich hierfür an.

Diese drei Dimensionen des Konflikts – die Kognition, die Gefühle und das Handeln – beeinflussen einander in vielfältiger Weise. Ist z. B. jemand überzeugt, dass ihm der Andere schaden möchte, so wird dies sehr wahrscheinlich in ihm ein Gefühl des Widerstreits hervorrufen und damit ein entsprechendes Handeln auslösen. Umgekehrt treten Gefühle oft in den Hintergrund, wenn die Beteiligten den Konflikt einfach bewusster wahrnehmen. Auch kann ein bloßes Handeln dazu führen, dass der Konflikt im Nachhinein weniger dramatisch gesehen wird als zuvor. Diese Zusammenhänge machen Konflikte so verwirrend und ihre Entwicklung so schwer vorhersagbar.

Konfliktdynamik

Theorien über die Ursachen von Konflikten gibt es zuhauf. Dies hängt auch damit zusammen, dass es so viele Arten von Konflikten gibt, die es zu berücksichtigen gilt. Konzentriert man sich auf das Problemfeld „Führung in Organisationen", so kann man die Dynamik von Konflikten anhand ihrer wichtigsten Treiber praxisnah abbilden. Das von dem Konfliktforscher BERNARD MAYER entworfene Konfliktrad (MAYER 2007, S. 25) kann hierzu als Grundlage dienen (Abb. 20). In ihm stehen die menschlichen *Interessen* im Zentrum; sie bilden gleichsam die Nabe des Konfliktrades. Dieses wird angetrieben von Kräften, die man für das Thema „Führung" auf fünf grundlegende beschränken kann: Kommunikation, Gefühle, Werte, Macht und die Geschichte des Konfliktes.

Abb. 20: Wichtige Treiber der Konfliktdynamik
In Anlehnung an MAYER 2007, S. 25

Im Zentrum des Konflikts stehen wie gesagt die *Interessen*. Man könnte sie als Bedürfnisse mittlerer Intensität bezeichnen (MAYER 2007). Bedürfnisse spannen ja einen weiten Bogen, der von den Überlebensbedürfnissen wie Nahrung und Schutz bis zu den Identitätsbedürfnissen der Selbstverwirklichung und des Hinauswachsens über sich selbst reicht. Interessen sind besondere Dispositionen, die auf bestimmte Ziele gerichtet und relativ überdauernd sind. Sie entwickeln sich aus Neigungen und Begabungen sowie aus Anregungen und Gelegenheiten zum Handeln, wenn diese zur Befriedigung der zugrunde liegenden Bedürfnisse führen. Die meisten Konflikte in Organisationen entstehen durch ein Auseinanderklaffen von Interessen. Führungskräfte müssen sich daher mit den Interessen ihrer Mitarbeiter auseinandersetzen. Die Kunst liegt hier in der angemessenen Verständnistiefe: Bleibt man zu sehr an der Oberfläche, übersieht man unter Umständen wichtige Interessen. Schürft man zu tief, kommen eventuell Fragen ans Tageslicht, die mit dem Konflikt gar nichts zu tun haben.

Sich *Kommunikation* als Treiber von Konflikten vorzustellen, fällt nicht schwer. Gelungene Kommunikation basiert auf Verstehen, und das ist alles andere als selbstverständlich. Wer meint, sich klar ausgedrückt und genau verständigt zu haben, unterschätzt eben, dass sein Gegenüber diese Mitteilungen z. B. als „Rauschen" ausblenden oder so interpretieren kann, dass sie zu seiner Stimmung oder seinen Dispositionen passt. Kommunikation – nicht nur in Organisationen – ist ein mühsamer Vorgang voller Möglichkeiten der Enttäuschung. Das bietet jedoch zugleich die Chance, ihre Erfolgswahrscheinlichkeit zu erhöhen: etwa durch Nachfragen, Hineindenken und Hineinfühlen in den anderen, einen Wechsel der Perspektive, Umdeuten der Situation, Metakommunikation und vieles mehr.

Gefühle sind, ebenso wie die so sehr zum Misslingen neigende Kommunikation, eine nur schwer zu drosselnde Energiequelle für Konflikte. Man kann zwar Gefühls*ausdrücke* verbergen, aber Gefühle an sich? Manche Menschen können sich im Verlauf ihres Lebens diese schwierige Fähigkeit wohl aneignen. Wie sehr dies gelingt, hängt von den Erfahrungen ab, die sie in den Beziehungen zu anderen Menschen entlang des Erziehungspfades machten. Sind die entsprechenden neuronalen Verschaltungsmuster im Gehirn einmal gespeichert („gebahnt"), so werden bestimmte Bewertungen und Reaktionen immer wieder unbewusst reproduziert und sind später nur noch schwer wieder auflösbar. Der Gegenpol zur Unterdrückung von Gefühlen ist der Affekt oder auch das „Dampf-Ablassen" mit seiner angeblich *kathartischen* (reinigenden) Wirkung. Der Arzt JOSEF BREUER (1842–1925) hatte SIGMUND FREUD zu der Annahme inspiriert, dass das Unterdrücken von aggressiven Gefühlen hysterische Erkrankungen auslösen könnte. Die Katharsis wurde dann als probate Methode des Entladens von Affekten praktiziert. Nun, so wohltuend ein Hinausschreien von Unmut im Moment für den Einzelnen auch sein mag, für einen Konflikt kann dies der Treibsatz für eine Eskalation sein. Wer hingegen imstande ist, seine Verärgerung sachlich auszudrücken, wird einen Teil des Unmutes verarbeiten. Den Rest kann er – so simpel dies auch klingen mag – durch tiefes Ein- und anschließendes Ausatmen loswerden.

Werte sind grundlegende Vorstellungen von dem, was uns umgibt, also Dinge, Ideen, Beziehung etc. Sie münden in bestimmten Grundsätzen darüber, wie wir unser Leben führen wollen. Werden unsere Überzeugungen in Zweifel gezogen oder gar angegriffen, so fühlen wir uns verletzt. In einem solchen Konflikt Kompromisse einzugehen, fällt schwer. Stattdessen wird der entstandene Konflikt meist auf die Frage des Wahr oder Falsch zugespitzt. Wer sich selbst als Vertreter des „Richtigen" und die Gegenseite als minderwertig oder mit Blindheit geschlagen sieht, geht in den Konflikt mit gestärktem Selbstwert und heizt ihn erst richtig an. Im Unterschied zu Gefühlen, die einen Konflikt sehr unberechenbar dynamisieren können, lässt sich ein Konflikt, der aus unterschiedlichen Wertvorstellungen entsteht, viel besser einschätzen und damit handhaben.

Führungsbeziehungen beruhen auf einem Aushandeln von →*Macht* aufgrund ungleich verteilter Machtquellen und Machtmitteln. Deshalb spielt Macht in Konflikten immer eine Rolle. Sie wirkt besonders dann als Treiber, wenn sich einer der Beteiligten seines Mangels an wirksamen Machtquellen bewusst wird und versucht, diese „Ohnmacht" in einer Konfrontation mit dem Gegenüber zu kompensieren. Ebenso wenn dem Machtunterlegenen der Mut fehlt, seine vorhandenen Machtmittel auch einzusetzen. Oder wenn einer der Beteiligten nicht die Möglichkeit hat, seine Machtmittel auszuspielen, weil ihn z. B. eine auf strenge Über- und Unterordnung aufbauende Organisationsform daran hindert. Macht kann in Konflikten auch eine heilsame Wirkung entfalten. Wenn z. B. eine Führungskraft ihren Machtvorteil dafür einsetzt, die Kontrahenten zu gegenseitigen Zugeständnissen zu veranlassen oder wenn sie einen Teil ihrer Macht an andere abgibt, um so deren Aushandlungsmöglichkeiten zu erweitern. Der Konfliktexperte THOMAS CRUM (1987) zieht dafür den Vergleich mit der defensiven Kampfkunst des *Aikido* heran. Hier werden keine offensiven Angriffsmittel eingesetzt. Aikido beschränkt sich auf Abwehr- und Sicherungstechniken, wodurch eine auf Ausgleich gerichtete Geisteshaltung erworben werden kann.

Die Mischung von Kommunikation, die so häufig mit Unverständnis beladen ist, mit Gefühlen, die einen Konflikt sehr lange am Brodeln halten können, mit unterschiedlichen Wertvorstellungen, die an den Grundfesten der eigene Identität rütteln, und mit Macht, die oft als Ohnmacht empfunden wird: diese Mischung verhindert in der Regel eine rasche Lösung des Konflikts. Er treibt vielmehr Wurzeln. *Geschichte* wird so zu einem weiteren wichtigen Faktor für das Verstehen von Konflikten. Ein gegenseitiges Verstehen fällt umso schwerer, je mehr Vergangenheit ein Konflikt angehäuft hat. Die Konflikte des Nahen Ostens, Nordirlands oder des zerfallenen Jugoslawiens sind geopolitische Beispiele. Sie lassen sich in verkleinertem Maßstab auch auf innerorganisatorische Konflikte übertragen. Auch hier können sich bestimmte Verhaltensmuster im Lauf der Zeit so verfestigen, dass der Konflikt selbst zu einem Teil der Identität der Kontrahenten wird (MAYER 2007).

Konflikthandhabung

Die innere Haltung zu Konflikten lässt zwei Pole erkennen: *Konfliktscheu* und *Streitlust*. Manche Menschen haben Angst vor Auseinandersetzungen und weichen ihnen so weit wie möglich aus. Sie behelfen sich mit Seitenhieben und verdeckten Angriffen. Unbeteiligten gegenüber tun sie so, als gäbe es gar keinen Konflikt. Solche „kalten Konflikte" entwickeln sich in Organisationen durch positive Rückkopplung stetig weiter. Man versucht sich zu schützen, „bunkert" sich ein, spitzt alles ins Negative zu und muss sich daher noch mehr schützen. An produktive Arbeit ist nicht mehr zu denken. Den Gegenpol dazu besetzen die streitlustigen Menschen. Sie zeigen offen Ärger, Zorn oder Triumphgefühle. Sie kehren ihre persönlichen Stärken hervor und wollen sich im Streit gegenüber den anderen durchsetzen. Streitlustige Menschen führen „heiße Konflikte". Hier wirkt die positive Rückkopplung anders. Die Beteiligten versuchen einander zu übertrumpfen, jeder kämpft gegen jeden und die Arbeitsstätte wird zur Arena. Gemeinsame Ziele sind längst aus dem Blickfeld verschwunden.

Die Aufgabe von Führung ist, so heißt es, Konflikte zu erkennen und sie zu „lösen". Dieser Anspruch muss die meisten Führungskräfte einfach überfordern. Selbst professionelle Konfliktmittler, die bei schwerwiegenden Konflikten zum Einsatz kommen, können nicht jeden Konflikt lösen. Deshalb sollte man – bescheidener und realistischer – von Konflikt*handhabung* sprechen. Sie ist der Versuch, mit kühler Überlegung in die Konfliktdynamik einzugreifen, in der durchaus berechtigten Annahme, dass die Beteiligten viel näher an der Lösung des Konflikts sind als jeder Außenstehende. Für die Konflikthandhabung in Organisationen bieten sich fünf Interventionspunkte an:

- die *Blockaden*, die eine Auseinandersetzung erst zum Konflikt werden lassen;
- die Art der *Kommunikation* zwischen den Beteiligten;
- der *Rahmen*, in dem das Konfliktthema gefasst ist;
- die *emotionale Energie*, die den Konflikt antreibt;
- die *Verhaltensweisen* der am Konflikt Beteiligten.

Blockaden: Sieht man von taktischen Blockaden ab, welche die Kontrahenten errichten, um sich eine zusätzliche Machtquelle zu sichern und die Gegenseite zu Zugeständnissen zu bewegen, so haben *echte* Blockaden ihre Ursache in persönlichen Bedürfnissen, deren Befriedigung von anderen verhindert wird. Im Mittelpunkt von Konflikten stehen in der Regel Bedürfnisse, die über die grundlegenden wie Nahrung oder Schutz hinausgehen und andererseits diesseits identitätsbezogener Bedürfnisse wie Sinn oder Selbsttranszendenz liegen. Deshalb ist es ratsam, sich auf solche „Bedürfnisse mittlerer" Intensität, oder kurz *Interessen*, zu konzentrieren. Zu ihnen dringt man am ehesten vor, wenn man den Beteiligten gute Gründe für ihre Blockade zubilligt. Eine solche positive Haltung kann sie dazu anregen, sich intensiver mit der eigenen Situation oder sogar mit der Sichtweise des anderen auseinander zu setzen.

Kommunikation: Wer erfolgreich kommunizieren will, muss versuchen, vom anderen verstanden zu werden und sich Mühe geben, den anderen zu verstehen. Das ist schon im gewöhnlichen Alltag alles andere als selbstverständlich. Um in die Dynamik von gefühlsmäßig aufgeladenen Konflikten einzugreifen, wird noch mehr verlangt. Wollen Führungskräfte in Konflikten intervenieren, so müssen sie (a) mit ihrer Haltung den Beteiligten signalisieren, dass der Konflikt nur in einem gemeinsamen *Lernprozess* gelöst werden kann, und (b), dass sie bereit sind, ihre ganze Energie in diesen Prozess einzubringen. Die Chancen, gegenseitiges Verstehen zu fördern, können mit Hilfe einfacher Techniken erhöht werden, z. B. durch

- *Redundanz*, also dosiertes, nicht ermüdendes Wiederholen („Wie gesagt, wir sollten doch versuchen, …"), um Übereinstimmung zu erreichen;
- geduldiges *Nachfragen* („Habe ich Sie richtig verstanden, dass …"), auch um jeglichen Zeitdruck zu vermeiden;
- umschreibendes Nachfragen oder *Paraphrasieren* („Sie meinen also, dass …") als Zeichen der Bemühung, den anderen zu verstehen;
- aktives *Zuhören* als Teil einer empathischen Gesprächsführung („Was Sie sagen, berührt mich sehr …").

Rahmen: Menschliche Denkmuster, Ereignisse und Erwartungen werden in der Regel so in einen sprachlichen Rahmen (engl. *frame*) gefasst, dass sie von anderen in einer ganz bestimmten Weise interpretiert werden können. Das Umdeuten, Neurahmen oder *Reframing* ist eine wichtige Methode der Systemischen Therapie und des Neurolinguistischen Programmierens (NLP). Ein Ereignis kann in einem neuen Rahmen eben ganz anders wirken und damit auch neues Verhalten auslösen. Zwei besondere Arten des Umdeutens von Konflikten setzen an der *Sprache* an. Sie schafft bekanntlich Wirklichkeiten, und diese können in Konflikten zu Mauern werden.

- Beim *entgiftenden* Umdeuten (MAYER 2007) geht es darum, toxisch wirkende Formulierungen (z. B. „Blutsauger", „Hohlkopf", „aufgeblasen", „ignorant") durch neutrale Ausdrücke zu ersetzen. Ein solches Umdeuten bietet zumindest die Chance, die wahren Interessen der Beteiligten offenzulegen.
- Beim *metaphorischen* Umdeuten wird versucht, in den Konflikt eine gemeinsame bildhafte Sprache einzuführen. Die Möglichkeiten reichen von Alltagssprüchen (z. B. „Müssen wir die Suppe auslöffeln, die wir uns selber eingebrockt haben") über Sprichwörter (z. B. „Wenn man weit kommen will, muss man zusammen gehen") bis zu rhetorischen Figuren etwa aus dem Sport (z. B. „Einander die Bälle zuspielen").
- Schwieriger ist es schon, den *Gegenstand* eines Konflikts umzudeuten. Manchmal kann es immerhin gelingen, einen tragischen Rahmen („Der Karren ist total verfahren") durch einen optimistischen („Wir lassen uns nicht unterkriegen") zu ersetzen.

Emotionale Energie: Auf die alte Frage, ob die kathartische (reinigende) Wirkung von Gefühlsausbrüchen für einen Konflikt heilsamer ist als das Unterdrücken von Gefühlen, gibt es nach wie vor keine eindeutige Antwort. Es mag durchaus sein, dass ein Ausleben von Gefühlen zu neuen Lösungen führt. Ein Konflikt kann dadurch allerdings auch eskalieren, was eine Lösung dann noch schwieriger macht. Ist die emotionale Energie nicht allzu hoch, ist ein Unterdrücken des Gefühlsausdrucks der sicherere Weg, weil er den Konflikt für eine sachliche Lösung öffnet. Es fällt den Kontrahenten leichter, ihr Gesicht zu wahren. Der Konfliktforscher BERNARD MAYER spricht noch einen wichtigen Punkt für die Handhabung von Konflikten auf der emotionalen Ebene an. Wer imstande ist, den anderen um Verzeihung zu bitten, und zwar uneingeschränkt und vorbehaltlos, setzt ein Zeichen des Loslassens. Und der, der verzeiht, verändert damit seine Einstellung gegenüber dem Kontrahenten: Statt *gegen* ihn zu sein, zeigt er dem Anderen, dass er ihn als *Mit*menschen wahrnimmt (MAYER 2007).

Verhaltensweisen: Eine Handhabung von Konflikten muss schließlich auch an den eingefahrenen Verhaltensweisen der Beteiligten ansetzen. Allerdings muss die emotionale Energie niedrig genug sein, um der Vernunft überhaupt eine Chance zu lassen. Nur dann können Lernschritte überlegt werden, damit die Kontrahenten zu neuen Formen der Interaktion finden. Ohne ein *Veränderungslernen* sind Konflikte nicht dauerhaft zu lösen. Diese Art des Lernens geht über das bloße Anpassungslernen (bei dem nur auf Zustände reagiert wird) hinaus. Hier werden die eigenen liebgewonnenen Handlungstheorien (das sind Vorstellungen darüber, wie man in der Organisation am günstigsten überlebt oder vorankommt) hinterfragt, Prioritäten neu gesetzt oder sogar persönliche Werte verändert. Spätestens an diesem Punkt wird deutlich, dass die Handhabung oder gar Lösung von Konflikten zur „Hohen Schule" der Führung gehört.

Kontingenz

Kontingenz ist die Schwester der →*Komplexität*. Umgangssprachlich wird sie als *Zufälligkeit* erlebt. Etwas philosophischer ausgedrückt bezeichnet Kontingenz die prinzipielle *Offenheit* und *Ungewissheit* menschlicher Lebenserfahrungen. ARISTOTELES beschrieb die sie als das, „was weder notwendig noch unmöglich ist, und aus diesem Grund auch anders sein kann". Oft wird dafür die „zerebrale Überkapazität" des Menschen als Begründung herangezogen. Wir besitzen ein außerordentlich komplexes Gehirn und „niemand weiß eigentlich warum" (ROTH, 1993, S. 155). Ein derart dicht gepacktes Nervensystem erlaubt auch eine enorme Vielfalt an Lebensweisen. Unser Erleben und Handeln wird begleitet von dem mehr oder weniger deutlichen Bewusstsein, dass alles auch irgendwie anders sein könnte, man weiß nur nicht wie (EIBL 1995). Diese hohe Kontingenz unseres Daseins wird besonders deutlich, wenn man zum Vergleich das Leben einfacher Tiere heranzieht.

Der Biologe JAKOB VON UEXKÜLL (1864–1944) hat dafür die Zecke („Holzbock") ausgewählt. Das begattete Zeckenweibchen muss sich mit dem Blut eines Warmblüters vollsaugen können, weil nur dann ihre Eier ausreifen. Dazu erklettert das winzige Tier einen Busch, um auf der Spitze eines Zweiges zunächst einmal Halt zu machen. Es hat zwar keine Augen, aber der diffuse Lichtsinn der Hautoberfläche genügt zum Wahrnehmen. An Ort und Stelle angelangt, heißt es für die Zecke geduldig abwarten. Es gibt nur ein einziges Signal, das diese Ruhe unterbrechen und die Zecke zum Handeln galvanisieren kann: der Geruch von Buttersäure, wie ihn die Schweißdrüsen eines Warmblüters produzieren. Die Zecke muss jetzt ausharren, bis der Zufall (*Kontingenz*) ein warmblütiges Tier – auch ein Wanderer oder, noch besser, ein schwitzender Jogger wäre willkommen – so genau unter ihrem Warteplatz vorbeiziehen lässt, dass sie sich in dessen Fell oder auf dessen Haut herabfallen lassen kann.

Zecken können diese Warteposition bis zu 18 Jahre lang durchhalten. In dieser Zeit verharrt das Tier in absoluter Regungslosigkeit und es nimmt keine Nahrung zu sich. Von den unzähligen äußeren Geschehnissen kommt kein einziges im Tier an. Erst dann, wenn womöglich nach mehr als einem Jahrzehnt der Geruch von *Buttersäure* die Zecke erreicht, erwacht sie aus ihrer Starre, um dann blitzschnell zu reagieren. Spürt sie noch dazu *Wärme*, dann tastet sie sich auf der Oberfläche ihres Opfers vor, bis sie eine haarfreie Stelle findet, in die sie sich dann einbohrt. Damit hat sich ihr Lebenszweck erfüllt. Einige Zeit später fällt sie ab, legt ihre Eier und stirbt (VON DITFURTH 1980). Was für ein Leben ohne Kontingenz.

In unseren Gesellschaften hingegen steigt die ohnedies schon hohe Kontingenz immer weiter an. Die soziale Differenzierung und Vielfalt an Kontaktmöglichkeiten, die Entgrenzung und Vernetzung sorgen dafür, dass die Kontingenz – alles, was weder notwendig noch unmöglich ist – immer mehr zunimmt. Die Menschen sind immer mehr bereit, ihre vielfältigen Handlungsmöglichkeiten auch zu nutzen. Das Streben nach Selbstentfaltung treibt diesen Prozess weiter an. Die hohe Kontingenz betrifft sowohl das Umfeld als auch das Innenleben von Organisationen. Für Führung bedeutet dies eine Verschärfung der Bedingungen, die schon von der hohen Komplexität diktiert wird. Beide, Komplexität und Kontingenz, bedingen und verstärken einander, wie Abbildung 21 zeigt.

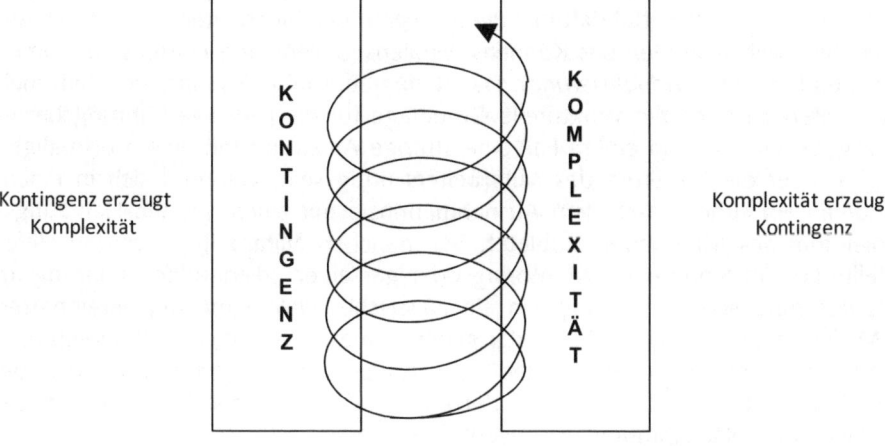

Abb. 21: Die Verknüpfung von Kontingenz und Komplexität.
Quelle: STAHL 2013, S. 193.

Den Begriff der Kontingenz kann auch aus der *Modallogik*, einem Zweig der Philosophie, abgeleitet werden. Er drückt hier eine besonders offene Form der Möglichkeit aus. In der Denkfigur der *„doppelten* Kontingenz" des Soziologen TALCOTT PARSENS (1902–1979) spielt er auch im systemischen Denken eine Rolle. Zwei Menschen wollen miteinander kommunizieren, aber sie können nicht wissen, was der Andere tun oder sagen wird, weil ja das Verhalten von beiden unberechenbar, also kontingent ist. A hat bestimmte Erwartungen an B und dieser wiederum an A. Dieses Patt würde aufgehoben, wenn A die Erwartungen des B erwarten könnte. Da aber dasselbe auch für B gilt, führt eine solche Spiegelung der Erwartungen ins Unendliche. Das Gelingen von Kommunikation wird unwahrscheinlich. Die Welt ist derart kontingent und beinhaltet eine so große Enttäuschungsgefahr, dass sich Orientierungslosigkeit einstellen muss. Wir Menschen haben daraus allerdings einen Ausweg gefunden. Wir haben uns Normen zugelegt, um Kommunikation in Gang zu bringen und komplementäres Verhalten zu motivieren: bestimmte Grußformeln, das Fragen nach dem Befinden des anderen, der Vortritt der Frau, der Vorrang des Älteren etc. Mit anderen Worten, *Kultur* ist ein wesentlicher Faktor, um die doppelte Kontingenz aufzulösen.

Wie kann unter den Bedingungen des „Morgen kann alles schon ganz anders sein" am zweckmäßigsten geführt werden? Mehr denn je lautet die Maxime →*Individualisierung* der Führung. Bei hoher Kontingenz – die ja immer auch mit hoher Komplexität verbunden ist – funktionieren der „one best way", das einheitliche Führungsmodell, oder der „optimale" Führungsstil nicht mehr (wobei sich die Frage stellt, ob diese Schemata nicht schon in den vergangenen Zeiten relativer Stabilität fehl am Platz waren). Menschen reagieren höchst unterschiedlich auf die Bedingungen hoher und noch dazu steigender Unbestimmtheit. Wer andere führen will, muss sein Führungsverhalten auf diese Unterschiede einstellen.

Ein praktisches Hilfsmittel dafür ist der *Reifegrad* der Mitarbeiter. Er setzt sich aus den vier Freiheitsgraden des Könnens, Wollens, Sollens und Dürfens zusammen (ausführlich →*Individualisierung*). Das Reifegradprofil jedes einzelnen Mitarbeiters liefert zugleich die strukturelle Grundlage für die jeweilige Führungsbeziehung. So wird z. B. in einem Fall eine strenge Anleitung mit einem oftmaligen „Blick über die Schulter" des Mitarbeiters nötig sein, während sich in einem anderen ein Führen nach dem Ausnahmeprinzip mit einem großen Handlungsspielraum des Mitarbeiters anbietet. Bei manchen Mitarbeitern werden Hilfestellungen im Sinne eines Mentoring oder gar einer „dienenden" Führung im Vordergrund stehen, bei anderen ein klassisches Delegieren mit vereinbarten „Meilensteinen". Es wird Mitarbeiter geben, die es zu ermutigen gilt, indem man ihnen den „positiven Unterschied" vor Augen führt (→*Empowerment*), bei anderen wird man sich als Führender auf seine Vorbildrolle besinnen, um ein Lernen durch Nachahmung anzuregen.

Kooperation

Ohne Kooperation (lat. *cooperare* = zusammenarbeiten) gäbe es keine Wirtschaft und keine Kultur. Wählt man einen ganz weiten Zeithorizont, dann hätte höheres Leben in Form von Pilzen, Pflanzen und Tieren ohne Kooperation niemals entstehen können. Nach der auf die Genetikerin LYNN MARGULIES zurückgehende Endosymbionten-Theorie haben alle Organismen, die aus Zellen mit einem Zellkern bestehen, ihren Ursprung in gemeinschaftlichen Beziehungen zwischen unterschiedlichen Bakterienarten. Es geschah vermutlich vor ca. zwei Milliarden Jahren, als sich zur erbarmungslosen Konkurrenz um knappe Ressourcen, durch Zufall oder den Wink eines Schöpfers, plötzlich die Kooperation gesellte. Anaerobe Zellen begannen als Wirte für Bakterien zu fungieren, die bislang die Atmosphäre mit Sauerstoff „vergifteten". Die Mitochondrien, gleichsam die Kraftwerke unserer eigenen Zellen, und die Chloroplasten der Pflanzen lassen sich auf diesen Wendepunkt der Evolution zurückführen (MARGULIES 1970).

Wir Menschen haben Kooperation zu einer sozial-ethischen Norm gemacht, wohlwissend, wie zerbrechlich sie ist und wie groß die Versuchungen sind, letztlich doch den Eigennutzen vor die Zusammenarbeit zu stellen. Kooperation beruht auf einer besonderen Form zwischenmenschlicher Interaktion. Während bei der Konkurrenz die Asymmetrie im Vordergrund steht und Menschen sich sogar selbst Schaden zufügen, solange der Schaden für den anderen noch größer ist, so stellt Kooperation eine wechselseitige und damit symmetrisch angelegte Beziehung dar. Sie wird dann erwogen, wenn (a) Menschen glauben, dass sie gemeinsam mehr erreichen können denn als Einzelkämpfer und wenn (b) die mit der Kooperation verbundenen Transaktionskosten in einem akzeptablen Verhältnis zum erwarteten Nutzen stehen. Um ein solches abgestimmtes Verhalten zu erreichen, bedarf es der *Koordination*. Die individuellen Ziele der Beteiligten und die Ihnen zur Verfügung stehenden Mittel müssen in einem gemeinsamen Ziel und einer gemeinsamen Vorgehensweise aufgehen. Kooperation bedeutet zugleich eine Ausweitung des gemeinsamen Handlungsspielraums und eine Einbuße an individueller Autonomie.

Egal ob jemand eher dem Konkurrenzdenken verfallen ist und damit den eigenen Differenzvorteil im Visier hat, ob er nach Altruismus strebt, weil für ihn das Wohlergehen anderer Menschen den Vorrang hat, ob für ihn der Egoismus das Selbstverständliche darstellt oder ob er der Kooperation zugeneigt ist, die jeweilige „motivationale Orientierung" wird von den persönlichen *Einstellungen* bestimmt. Einstellungen sind relativ stabile Persönlichkeitsmerkmale, mit deren Hilfe wir beurteilen, ob eine Handlung gegenüber einer Person oder einem Objekt angemessen ist oder nicht. Nicht jede Handlung muss den individuellen Einstellungen entsprechen. Menschen haben sich eben nicht immer „unter Kontrolle", z. B. beim Ess- und Trinkverhalten. Auch gibt es starke soziale Normen, die einem einstellungskonformen Verhalten entgegenstehen können, z. B. Benimmregeln oder Kleidersitten, denen „man" zu folgen hat. Die persönlichen Einstellungen beeinflussen auch die *Einschätzung*, wie sich wohl der vermeintliche Partner in einer Kooperation verhalten würde. Wettbewerbsorientierte Menschen tendieren eher dazu, anderen dieselbe Orientierung zuzuschreiben und sich in ihrem Verhalten in entsprechender Weise einzustellen. Wer hingegen von seiner Einstellung her mehr der Kooperation zuneigt, dem gelingt es eher, die tatsächliche Orientierung seines Gegenübers einzuschätzen.

Eine der Fragen, die Wissenschaft und Praxis noch längere Zeit beschäftigen wird, lautet: Welche Möglichkeiten gibt es, Menschen besser auf die Notwendigkeit von Kooperation vorzubereiten? Für Organisationen wären konkrete Antworten schon deshalb wichtig, weil ihre Strukturen längst nicht mehr auf reiner Über- und Unterordnung basieren. Wechselseitige Abhängigkeiten spielen eine immer größere Rolle. Als Stichworte seien hier Vernetzung und Virtualisierung (eine digital gestützte Vernetzung ohne örtliche und zeitliche Bindung) genannt. Ohne Zweifel sollten wir so früh wie möglich mit der Sinnfälligkeit von Kooperation vertraut gemacht werden. Allerdings produzieren die meisten Schulen abseits der Reformpädagogik eher Einzelkämpfer als die Schüler auf die Erfordernisse eines kooperativen Miteinanders vorzubereiten.

Nun sind Einstellungen immerhin veränderbar. Um Kooperation als *dauerhafte* motivationale Orientierung in Gruppen zu verankern, müssen drei Dinge miteinander ein Gleichgewicht bilden (EWERT 2008): Die *Person* als ICH, die *Gruppe* als WIR und die jeweilige *Aufgabe*, an der die Gruppe arbeitet, als ES. Das bedeutet:

- Von niemandem wird verlangt, sich für die anderen aufzuopfern (was manchmal mit dem Begriff „Teamfähigkeit" angedeutet wird); auf die eigenen Interessen zu achten ist durchaus legitim.
- Diesen individuellen Interessen sind jedoch insofern Grenzen gesetzt, als sowohl die berechtigten Ansprüche der anderen als auch die gemeinsamen Anliegen immer mitgedacht werden müssen.
- Die Sachaufgaben haben Vorrang vor dem Wohlgefühl, sich in einer Gruppe aufgehoben zu wissen. Diese „tribale Geborgenheit", nach der wir uns so oft sehnen, ist das *Ergebnis* und nicht die Voraussetzung erfolgreicher Gruppenarbeit.

Darauf aufbauend sollten von den Mitgliedern einer Gruppe, die sich der Kooperation verschrieben hat, einige *Grundregeln* beachtet werden, z. B.:

- Verstecke dich nicht hinter „man" oder „wir", sondern vertritt dich selbst in der Gruppe und stehe zu deinem „Ich".
- Wenn du fragst, füge sogleich immer an, was der Grund ist, was dich bewegt, diese Frage zu stellen.
- Beobachte deine Körpersignale und versuche, diese auch bei den anderen zu beobachten.
- Bedenke, es ist unmöglich, mehr als nur einer Äußerung zur gleichen Zeit zuzuhören; vergiss die Illusion des Multitasking.
- →*Zuhören*, noch dazu in seiner *aktiven* Form, ist eines der wertvollsten Beiträge, die du zum Erlernen kooperativen Verhaltens leisten kannst.

Solche Regeln prägen die Einstellungen und das Verhalten. Spielregeln sind eine besonders wirksame Form. Schließlich kommt dem Spielen für die Entwicklung der Kooperationsfähigkeit eine wichtige Funktion zu. Darauf bestand schon der Entwicklungspsychologe JEAN PIAGET (1896–1980). Er untersuchte die Regeln, die sich Kinder in einfachen, bis in die späten Kindheitsphasen praktizierten Gemeinschafts- und Gesellschaftsspielen selbst schaffen und mit deren Hilfe sie die Fähigkeit zur Rollenübernahme (engl. *role-taking*) und Zusammenarbeit erwerben. Auf diese Weise kann sich auch die für erfolgreiche Kooperation so wichtige „Wir-Intentionalität" (→ *Team*) entwickeln.

Auf der Suche nach einem Spiel, das sich besonders gut zum „Erlernen" von Kooperation eignet, hatte der Politikwissenschaftler ROBERT AXELROD eine Idee. Er lud zu Beginn der 1980er Jahre Spieltheoretiker aus verschiedenen Disziplinen ein, Computerprogramme zu entwerfen, die einen Ausweg aus dem leidigen „Gefangenendilemma" böten. Dieses Dilemma ist ein Gedankenmodell, mit dem viele Abläufe in modernen Gesellschaften dargestellt werden können: Jeder tut das, was für ihn am besten scheint – und schadet damit der Gemeinschaft und schließlich sich selbst. Beispiele reichen vom Schwarzfahren in öffentlichen Verkehrsmitteln bis hin zur egoistisch motivierten Kinderlosigkeit. Die Experten traten in zwei Turnieren mit ihren Computerprogrammen gegeneinander an. Beide Male war die einfachste Strategie auch die erfolgreichste (AXELROD 1991). Sie stammte von dem Mathematiker ANATOL RAPAPORT (1911–2007) und trug den Namen TIT FOR TAT (Wie du mir, so ich dir). Aus ihr lassen sich fünf einfache Spielregeln für die Kooperation innerhalb und zwischen Organisationen ableiten:

- Sei grundsätzlich kooperationsbereit und beende die Kooperation niemals als erster.
- Sollte der Partner aufhören zu kooperieren, so „schlage zurück" (deshalb „tit for tat") und beantworte dieses nicht-kooperative Verhalten mit einem ebensolchen.
- Sei jedoch im nächsten Spielzug nachsichtig und bereit, nach der Vergeltung wieder zu kooperieren und verfalle nicht auf ein „Niemals-wieder".
- Achte auf Verständlichkeit, das heißt, sei in deinem Verhalten für den Partner berechenbar.
- Trachte danach, dass der „Schatten der Zukunft" (AXELROD) so groß wie möglich ist.

Diese letzte Voraussetzung für Kooperation ist dann am ehesten erfüllt, wenn die „Spieler" immer wieder und in kurzen Abständen aufeinander treffen. Die Sanktionen für Nicht-Kooperation müssen schmerzhaft genug sein, damit zukünftige Gewinne nicht so kräftig abgezinst werden, dass die Beteiligten den Spatz in der Hand der Taube auf dem Dach vorziehen. In der Praxis wird diese Strategie des TIT FOR TAT kaum auf Anhieb funktionieren. Die Erfahrung zeigt jedoch, dass ihre Spielregeln sehr wohl Lernprozesse auslösen und begleiten können. Menschen versuchen sehr oft, an die Spielregeln ihrer Kindheit anzuknüpfen, um noch einen Rest an Spontaneität in unser mit Vorschriften und Gesetzen überfrachtetes Leben hinüberzuretten.

Lachen

Lachen ist die beste Medizin, sagt der Volksmund. Schon ARISTOTELES schätzte das Lachen als eine körperliche Tätigkeit, die von „großem Wert für die Gesundheit" sei. So plausibel dieser Zusammenhang auch erscheint, so schwierig ist dieser, selbst mit den neuesten Verfahren, wissenschaftlich nachzuweisen. Lachende Menschen taugen eben nicht für Messungen im Hirnscanner. Sie sind viel zu unruhig. So behilft man sich eben mit dem Lächeln. Dabei zeigt sich, dass Heiterkeit das Ergebnis eines dreistufigen Vorgangs ist. Zuerst muss etwas „Schräges", Widersprüchliches erkannt und in Form einer Pointe aufgelöst werden. Hier wird der Verstand und damit die Großhirnrinde aktiv. Diese aktiviert das tiefer im Gehirn liegende Belohnungssystem und erzeugt so die angenehme Emotion der Erheiterung. Diese Emotion muss sich schließlich als Gefühl körperlich entladen können. Dazu lassen motorische Signale aus dem Hirnstamm die Gesichtsmuskeln arbeiten. Das beschleunigt den Herzschlag, erhöht die Atemfrequenz und steigert den Sauerstoffumsatz (AYAN 2008). Danach entspannt sich der Körper. Das der Erheiterung folgende Wohlgefühl bleibt noch für eine Weile erhalten. Vermutlich werden dabei Endorphine, also körpereigene Opioide ausgeschüttet, die das Schmerzempfinden dämpfen. Wer Ausdauersport betreibt, kennt diesen Effekt. Auch der Cortisolspiegel im Blut dürfte nach dem Lachen sinken. Cortisol ist ein Stresshormon und schwächt das Immunsystem.

Leider währt diese heilsame Wirkung nicht lange. Nach kurzer Zeit ist wieder alles beim Alten. Immerhin, man kann sich an diese angenehmen Effekte gewöhnen und wird dadurch „lachbereiter". Eine Lachsucht bleibt jedoch ausgeschlossen. Zwanghaftes Lachen bei jeder Gelegenheit ist eher ein Tick als eine vom Belohnungssystem gesteuerte Sucht. Bei so viel Positivem konnte es nicht ausbleiben, dass Lachen geradezu zur Pflicht geworden ist. Längst gibt es einen Weltlachtag, und Lachyoga wird nicht nur in den vielen Lachclubs praktiziert. Kleine Gruppen treffen sich zum Gemeinschaftslachen und betreiben eine Lachtherapie. Angststörungen und Depressionen können zwar nicht „verlacht", aber durch Lachen immerhin verringert werden (GUÉGUEN 2011).

Bedenkt man, dass heute *Spaß*, der ja nahe beim *Humor* und damit beim Lachen angesiedelt ist, für fast alle Lebenslagen gefordert wird, so müsste auch die Welt der Arbeit eine heitere geworden sein. Ist das so? „Müde dreinblickende Bürosklaven schleppen sich durch ihren grauen Computer-Alltag, die Gräben zwischen den Kollegen schlucken jedes Lachen, und das zarte Pflänzchen der Motivation trocknet neben dem Ficus vor sich hin ..." schreibt der Psychiater MANFRED STELZIG (2008) und spricht damit vielen aus der Seele. Die Arbeitswelt ist nach wie eher vom Arbeitsleid dominiert. „Wir sind ein ernsthaftes Unternehmen, in dem es keinen Platz gibt für Scherze und Übermut", meinte einmal ein Geschäftsführer, der in sein neues Leitbild unbedingt ein Lachverbot einfügen wollte. Humor gefährdet eben die Disziplin und stellt die Nützlichkeit von Arbeit in Frage. Freude muss durch Anstrengung erst verdient werden. Wenn sich dann zum Ernst, mit dem das Arbeitsleid ertragen werden soll, noch der Stress gesellt, bleiben nur der tiefschwarze Humor und das angestrengte, zynische Lachen.

Das zeigt schon, dass der Mensch von Natur aus ein Lachtalent besitzt. Sehr wahrscheinlich bildeten Zeigegesten und Gebärdensprache die Grundlage zwischenmenschlicher Kooperation. Es ging ja darum, die Absichten anderer zu verstehen. Dabei gab es sicher auch absurde Situationen und Pannen, Ungereimtes und Albernheiten. Dem Anderen mit einer Grimasse anzuzeigen, dass das Ganze nicht so ernst zu nehmen sei und jedenfalls keine Gefahr bedeutete, war wichtig für den Erhalt der Zusammenarbeit. Nachdem sich aus Gestik und Mimik die Sprache entwickelt hatte, kam der Witz dazu. Er ist eine besondere Form menschlicher Kommunikation. Ein Witz kann eine Gruppe zusammenschweißen, weil er von den Mitgliedern bestimmte Rollen und Regeln verlangt, ohne zu indoktrinieren. Krisen und Niederlagen können besser gemeistert werden, weil ein Witz auch dem Schlimmen noch etwas Positives abgewinnen kann. Grund genug also, den Witz als wichtige Quelle des Lachens in Organisationen näher unter die Lupe zu nehmen.

Die Grundvoraussetzung für einen Witz ist eine fehlende Übereinstimmung, eine Widersprüchlichkeit, Ambivalenz oder vielleicht sogar eine Paradoxie. Wenn jedoch gezeigt werden kann, dass sich diese Widersprüche dann nicht widersprechen, wenn man eingeschliffene Denkmuster aufgibt, einen anderen Blickwinkel einnimmt oder davon abgeht, dass es immer nur eine Wirklichkeit geben darf, so wirkt das befreiend und erhellend. Das gelingt im Witz mit der Pointe. In ihr kreuzen sich zwei oder mehrere Gedankenlinien. Hat man die „passende" Linie entdeckt, dann zündet eben der Witz. Der Schriftsteller ARTHUR KOESTLER (1905–1983) hat dafür den Ausdruck *Bisoziation* geprägt. Damit wollte er den Unterschied zwischen dem gewohnheitsmäßigen Denken auf einer Ebene, der Assoziation, und dem schöpferischen Akt der Doppelsinnigkeit hervorheben.

Da ein Witz zeigt, dass das, was man für sicher hielt, auch ganz anders gesehen werden darf oder sogar muss, trifft er genau den Nerv unserer Zeit. Aufgrund der hohen Komplexität und Unbestimmtheit scheinen heute die gewohnten Einteilungen in Typen und Kategorien, in Routinen und Normalität nicht mehr zu gelten. Ein simpler Witz hilft uns dann, das scheinbar Absurde aus einer Distanz zu sehen. Nicht wir sind *ver-rückt*, die Welt ist es. Das beruhigt. Dazu ein Witz aus der unübertroffenen Sammlung des Psychologen OSWALD NEUBERGER (1988): Ein Holzfäller wird bei einem Einstellungsgespräch gefragt, ob er denn Referenzen habe und wo er früher schon gearbeitet habe. Er antwortet: „In der Sahara!" – „Aber da gibt es ja gar keine Bäume." – „Ja, jetzt nicht mehr!"

Witze sind ein Bestandteil der Organisationskultur. Wo man sich keine Witze (mehr) erzählt, ist die Kultur erstarrt. Es entfällt die Möglichkeit, sich für einige Momente von Zwang und Normen zu befreien, die Defizite anderer zu überzeichnen, „klassische" Duelle wie die zwischen Chef und Mitarbeiter anzusprechen, Unvereinbares zu vereinbaren, in kindliche Verhaltensweisen zurückzufallen, sich in Szene zu setzen oder gar, als Ausdruck der persönlichen Reife, über sich selbst zu lachen. Zudem ist das Witzeerzählen immer auf Gemeinschaft angewiesen. Dies wird schon an den fünf Phasen dieser Form der Kommunikation deutlich.

Der Witz braucht zunächst eine *Rollenverteilung*. Der Erzähler verpflichtet sich vorab, eine bestimmte Erzählhaltung einzunehmen und der Zuhörer muss empfangsbereit sein. Kritik und Zweifel werden ausgeschlossen. Der Zuhörer weiß, dass er hineingelegt wird, und er akzeptiert das. Im Idealfall freut er sich sogar darauf, in eine „unwirkliche" Situation versetzt zu werden. Im nächsten Schritt muss der Erzähler einen *Erwartungsrahmen* aufspannen. Dazu gehören eine konkrete Situation und handlungsbereite Personen. Der Erzähler muss seine Zuhörer sodann vorsichtig auf einen *Zusammenbruch* der Erwartungshaltungen vorbereiten. Er wird dramatisieren, zuspitzen. grob vereinfachen und die bequeme Logik der Zuhörer irritieren. Solche *Dissonanzen* verlangen nach einer Auflösung, und diese leistet dann die *Pointe*. „Denke anders!", lautet hier die Aufforderung. Schaffen die Zuhörer den Schwenk, dann sind sie erleichtert und zufrieden. Sie werden lachen oder applaudieren, nach mehr verlangen oder mit einem eigenen Witz daran anschließen (NEUBERGER 2008). Natürlich kann die Reaktion auch eisiges Schweigen sein – eine ganz schlimme Form sozialer Ächtung.

Betriebswirtschaftlich gesehen, könnte man nun eine Rechnung aufmachen. Auf der einen Seite steht der Verlust an Zeit und Energie durch scheinbar nutzloses Witzeerzählen und Lachen. Auf der anderen wird der Gewinn an individuellem Wohlgefühl und Bestätigung von Gemeinsamkeiten verbucht. Wer allerdings so kalkuliert, ähnelt dem Rationalisierungsberater Oberklug, der Schwachstellen in einem Unternehmen aufdecken will, dessen Mitarbeiter aber das Wort „Restrukturierung" schon nicht mehr hören können. „Was machen Sie hier?", fragt Oberklug den ersten Mitarbeiter. „Nichts!", lautet die Antwort, die Oberklug sofort notiert. Darauf wendet er sich an den zweiten. „Und was machen sie hier?" „Nichts!", antwortet dieser. „Erstaunlich", urteilt Oberklug, „so viel Doppelarbeit auf engstem Raum!"

Leistungsmotivation

Vielfach wird behauptet, Leistungsmotivation sei eine *anthropologische Konstante*. Damit soll ausgedrückt werden, dass das Bestreben, mit eigener Anstrengung fassbare Ergebnisse zu erzielen, zur universellen Natur des Menschen gehört. Auch der *Homo faber* als handwerklich geschicktes Wesen gehört zu dieser positiven Betrachtungsweise. Den Gegenpol bildet das Bild des Menschen als antriebsarmes Geschöpf, das nur mit Druck, Zwang oder Strafe zu „Leistung" gebracht werden kann. So war z. B. der von Natur aus als „faul" geltende Arbeiter in den frühen Fabriken der industriellen Revolution des späten 18. Jahrhunderts das Objekt strenger Disziplinierung. Dazu passt die oft politisch motivierte Feststellung, die heutige Gesellschaft degeneriere zur reinen *Freizeitgesellschaft*, in der eine zunehmende Polarisierung zwischen den Leistungswilligen und den Leistungsverweigerern stattfindet. Es gibt allerdings keine seriöse empirische Untersuchung, die diese These stützt. Das Problem ist vielmehr, dass der Einzelne heute mehr Möglichkeiten hat als je zuvor, sein (unterschiedlich ausgeprägtes) Leistungsbedürfnis zu befriedigen. Leistung im Beruf konkurriert mit vielen anderen Betätigungsfeldern. Ob sich jemand als Arbeitswütiger, Vereinsmeier oder Extremsportler ausleben möchte, hängt von seiner persönlichen Präferenzordnung ab.

Ist nun das offenbar natürliche Bedürfnis nach Leistung ein ausschließlich *menschliches* Merkmal? Zumindest vielen Affenarten und auf jeden Fall unseren nächsten Verwandten, den Schimpansen und Bonobos, kann eine Leistungsmotivation durchaus zugeschrieben werden. Warum denn auch nicht, sind wir Menschen doch – wenn es etwa nach Biologen wie JARED DIAMONDS (2006) geht – die dritte Schimpansenart, *Pan sapiens*. Dass sich noch keine Heerscharen von Bonobos in unseren Fabriken oder für einfache Dienstleistungen gemeldet haben, liegt an dem „kleinen Unterschied", der sich im Zuge der neueren wissenschaftlichen Forschung immer mehr als fundamental herausstellt.

Während noch vor kurzer Zeit geringfügige Veränderungen im FoxP2-Gen als alleinige Ursache für die Sprachfähigkeit des Menschen vermutet wurden, taucht nun die Gensequenz HAR1 als Schlüssel für unsere, alle näheren Verwandten in den Schatten stellende zerebrale Leistungsfähigkeit auf (POLLARD 2009). HAR1 dürfte dafür verantwortlich sein, dass sich die menschliche Großhirnrinde in wenigen Millionen Jahren so rasch zu ihrer derzeitigen Größe entwickeln konnte. Erst damit wurden die Voraussetzungen für ein Streben nach Leistung um ihrer selbst willen geschaffen. Leistungsmotivation in ihrer absichtsvollen, über bloße Belohnungsmechanismen hinausgehenden Weise gehört zur besonderen Natur des Menschen. Dabei ist allerdings zu bedenken, dass das Leistungsmotiv, wie andere Motive auch, nur relativ grob umfasste Verhaltensprogramme beinhaltet, die durch die jeweilige *Kultur* überformt werden.

Diese Frage des kulturellen Einflusses auf das Leistungsmotiv wird überall dort brisant, wo kulturelle Vielfalt („*Diversity*") – ob gewollt oder hingenommen – die Organisation prägt. Dies kommt bei der Zusammensetzung von Teams besonders zum Ausdruck. Wer in einer Kultur hoher *Unsicherheitsvermeidung* (z. B. Portugal, Griechenland) sozialisiert wurde, wird eher durch aufgabenfremde Anreize wie Arbeitsplatzsicherheit und klare Regeln geleitet werden. Personen, die aus einer *risikoaffinen* Kultur stammen (z. B. Großbritannien, USA) werden eher die Selbstbestimmung suchen. In *maskulinen* Kulturen (z. B. Japan, Österreich) sind die gesellschaftlichen Rollen klar getrennt und die männliche Rolle zeichnet sich durch implizites Leistungsstreben kombiniert mit Dominanzverhalten aus. In eher *femininen* Kulturen (z. B. Niederlande, Norwegen) regt hingegen das *gemeinsam* erzielte Ergebnis zu höherer Leistung an, sodass hier das Leistungsmotiv häufig mit einem starken Motiv nach sozialer Zugehörigkeit gepaart ist.

Die Leistungsmotivation hat ihre Wurzeln in den Phasen der frühkindlichen Entwicklung. In deren Verlauf können sich drei typische Leistungshaltungen entwickeln (GEISSLER 1977):

- eine *selbstbewusste* Leistungshaltung, die mit der eigenen Persönlichkeit eine Einheit bildet; hohe Leistungsforderungen werden angenommen, ohne zu Verunsicherung oder Zweifel zu führen;
- eine *defensive* Leistungshaltung, die Leistungsansprüchen aus dem Weg geht; damit soll verhindert werden, dass das mühsam erreichte Autonomiegefüge aus dem Gleichgewicht gerät;
- eine *kompensatorische* Leistungshaltung, die im Leistungserfolg die Möglichkeit sieht, sich ein eigenes Umfeld zu gestalten und das Selbstwertgefühl zu stärken.

Dies unterstreicht, wie wichtig Elternhaus, soziale Einbettung und erste Schulerfahrungen für die Berufswahl und den Berufserfolg sind. MAX WEBER (1981) ging sogar soweit, dass er in der protestantischen Konfession eine leistungsbetonte Vorbestimmung sah, die geradewegs zum Unternehmertum führe. Die Ergebnisse der Gründungsforschung belegen, dass das Bedürfnis nach Leistung (*need for achievement*) in Unternehmerfamilien besonders ausgeprägt ist. Nicht wenige erfolgreiche Unternehmer stammen aus einer Selbständigenfamilie (STAHL 2003a). Frühe Prägungen der Leistungsmotivation sind allerdings nicht unveränderbar. Der Verhaltenswissenschaftler DAVID MCCLELLAND (1917–1998) war überzeugt, dass Leistungsmotivation durch gelenkte Lernprozesse verstärkt werden kann.

Von den drei Leistungshaltungen spielt die kompensatorische eine besondere Rolle für die Leistungsmotivation. So können Benachteiligungen und versperrte Aufstiegsmöglichkeiten sowie Zurückweisung und Ablehnung in der Kindheit zu besonderer Leistung motivieren (BRÜDERL et al. 1996). Dies erinnert an ALFRED ADLER (1870–1937), dem Begründer der Individualpsychologie, der in dem Gefühl von Minderwertigkeit die Triebfeder für kompensierendes Leistungsstreben sah. Bestimmte Berufsrollen bieten den in der Kindheit Verwöhnten, Überforderten, Vernachlässigten oder Abgelehnten Aktionsfelder, auf denen sie ihre Ich-Schwächen *kompensieren* (indem sie ihre psychischen Energie dorthin verlagern) oder *überkompensieren* (indem sie die Haltung „jetzt erst recht" einnehmen) können.

Noch wichtiger als die Wurzeln der Leistungsmotivation aufzuspüren ist die Frage, wie denn Führung Menschen zu einer bestimmten Leistung „motivieren" kann. Diese Führungsleistung wird mit „extrinsischer" Motivation umschrieben. Sie wird meist der „intrinsischen", also aus einem inneren Bedürfnis herrührenden Motivation gegenübergestellt. Der Psychologe FALKO RHEINBERG ist einer der wenigen, die diesen vermeintlichen Gegensatz zwischen „innen" und „außen" als irreführend entlarvt haben (RHEINBERG 2010, S. 367). Er schlägt stattdessen eine Unterscheidung vor, die Führungskräfte davon befreit, entweder dem „Phantom der intrinsischen Motivation" (RHEINBERG) nachzujagen oder dem Glauben zu erliegen, Menschen könnten „von außen" beliebig gesteuert werden (siehe auch Abb. 22).

- Leistungsmotivation ist *tätigkeitszentriert*, wenn sie ihre Anreize aus dem *Vollzug einer Tätigkeit* bezieht. Diese Anreize werden von *impliziten*, also weitgehend unbewussten Motiven geliefert. Maßgebend ist hier das Erleben, auf dem Weg zu einem bestimmten Ziel seine Fähigkeiten bestmöglich entfalten zu können.
- Leistungsmotivation ist *zweckzentriert*, wenn sie ihre Anreize aus den *erwarteten Folgen* bezieht, die aus dem *Ergebnis* einer Tätigkeit entstehen. Diese Anreize werden sowohl von den *impliziten* Motiven (z. B. dem eigenen Tüchtigkeitsmaßstab, dem Wetteifern mit sich selbst) als auch den *expliziten* Motiven (z. B. dem Vergleich mit anderen) geliefert.

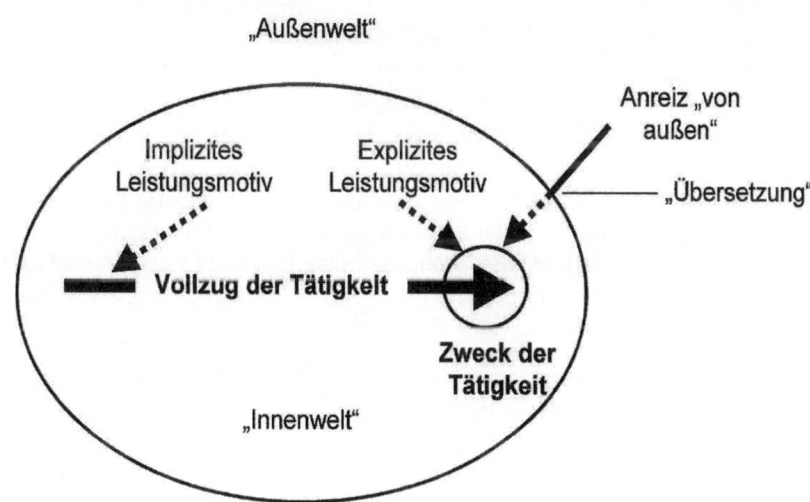

Abb. 22: Tätigkeits- und zweckzentrierte Leistungsmotivation. Quelle: STAHL 2013, S. 63.

Leistungsmotivation ist damit grundsätzlich ein aus dem „Inneren" kommender Antrieb. Es gibt keine „von außen" geleitete Motivation. Eine in Aussicht gestellte Belohnung, eine Anweisung, selbst ein Befehl wirken ja nicht automatisch handlungsleitend, sonst wären wir Menschen tatsächlich einfache Reiz-Reaktions-Apparate, wie sie von der behavioristischen Lerntheorie gedacht worden waren. Diese Außenreize werden vielmehr vom Empfänger immer gegen die möglichen Folgen und auf die Übereinstimmung mit dem eigenen Wertesystem überprüft. Alles was „von außen" kommt muss in ein entsprechendes „inneres Programm" übersetzt werden. Für Führung bedeutet dies zweierlei. Ihr Anspruch, Menschen durch Erfahrung, Geschick oder was auch immer „steuern" zu können, muss einer Bescheidenheit weichen. Menschen sind keine „trivialen Maschinen", die auf einen bestimmten Tastendruck ein bestimmtes Ergebnis liefern. Und um jemanden zu „motivieren", muss man sein „inneres Programm" kennen, was ein hohes Interesse am Menschen und seinen Eigenheiten voraussetzt. Damit schließt sich der Kreis zur →*Individualisierung* als Leitlinie zeitgemäßer Führung.

Lob

„Wann wurden Sie das letzte Mal von Ihrem Chef gelobt? Wenn Sie lange nachdenken müssen, um diese Frage zu beantworten, geht es Ihnen wie vielen Mitarbeitern in deutschen Unternehmen. Lob ist für die meisten Führungskräfte ein Fremdwort und kommt nur selten über deren Lippen." So wird gerne die deutsche Lobkultur charakterisiert. Vielleicht ist auch nur die Fragestellung unpassend, denn wer hungrig ist nach Lob, wird davon einfach nie genug kriegen können. Das Lobverhalten wird meist in Studien über die Bereitschaft von Führungskräften, Feedback zu geben und anzunehmen, untersucht. Der Tenor dieser Beobachtungen ist, dass zwar Defizite und Fehler sehr offen angesprochen werden, das Loben aber eher eine geringe Rolle spielt. Vermutet wird dahinter das Distanzverhalten vieler Führungskräfte, die niemand an sich heranlassen möchten. Lob schafft Nähe, die nicht zur Führungsrolle passt.

Dabei gehört das Loben keinesfalls zu den anthropologischen Universalien, die als Teil unseres Erbes in allen Kulturen gleichbleibend vorhanden sind. Vielen Gesellschaften ist das Loben, wie wir es kennen, bis heute fremd. Die Entwicklungspsychologin HEIDI KELLER berichtet von Familien in Asien und Afrika, bei denen sie vergebens nach Aufmunterungen oder gar Lob suchte, die Kinder von ihren Eltern erfuhren. Wo Kinder innerhalb fester Clan- und Dorfstrukturen leben, ist die Erziehung offenbar von der Zurechtweisung in zugedachte Rollen geleitet. Schülerinnen in Indien reagieren verunsichert, wenn sie gelobt und damit herausgestellt werden (KELLER 2003). Die meisten Mütter unseres Kulturkreises loben hingegen eher zu viel und erzeugen so eine Abhängigkeit vom Lob oder sogar eine Selbstüberschätzung der Kinder.

Loben galt in der Antike als Kunst. Die Lobrede, das *Enkomion*, wurde als Hohe Schule der Rhetorik geschätzt. Ihre Adressaten waren vor allem Helden und mythische Gestalten. Die Christen übertrugen dann das Lobpreisen auf den einen Gott: Lobet den Herren, lautet auch heute noch die Devise. Im alten Rom wurden nicht nur prominenten Toten ausführliche „Laudationes" gewidmet. Das Hochloben der lebenden Herrscher war geradezu Pflicht. Alte germanische Riten deuten darauf hin, dass sich das Wort „Lob" von „Laub" ableiten dürfte. Vermutlich wurden im Dorf immer dann üppig Zweige aufgehängt, wenn die erfolgreichen Helden von ihren Taten heimkehrten. Im Mittelalter wurde das Lob dann „entsubjektiviert". Wenn ein Sänger einem großmächtigen Fürsten sein Loblied darbrachte, so galt dies eher dessen Einfluss als der Person.

In der Gesellschaft der Zünfte und Stände, in der jeder seinen angestammten Platz hatte, war öffentliches Lob ein Zeichen der Ein- und Unterordnung. Das Grundprinzip blieb immer dasselbe: Lob gehorchte dem hierarchischen Prinzip, und zwar in der Richtung von unten nach oben. Parallel dazu begann sich allerdings in der Renaissance das gegenseitige Loben zu entwickeln. Mit der Entdeckung der Individualität wollten auch Künstler wie LEONARDO DA VINCI nicht mehr anonym vor sich hin schaffen, sondern öffentlichen Zuspruch erfahren. In der Pädagogik wurde das Lob mit dem Tadel zum Instrument der Erziehung gepaart. Der Tadel ist heute längst durch die „Kritik" ersetzt worden. Dieser Begriff ist weniger radikal (er leitet sich aus dem griechischen *krinein* = trennen, unterscheiden ab) und erlaubt es daher, eine Rüge in der Kritik quasi „mit zu schmuggeln". Kritik kann eben sprachlich leicht „ambiguiert", also bewusst vage gehalten werden, während Lob Klarheit verlangt. Falsches Lob kann in seiner Wirkung schlimmer sein als Tadel.

Die Neurobiologie sieht Lob ganz nüchtern. Es fällt in dieselbe Kategorie wie Tagträume, Vorfreude und Neugierde, menschliche Zuwendung, Gedanken an etwas Schönes und dergleichen. Solche Ereignisse bewirken, dass im mesolimbischen System des Gehirns der Neurotransmitter Dopamin ausgeschüttet wird. Dopamin weckt auf, es regt uns zu Taten an und erhöht die Aufmerksamkeit. Dieser Botenstoff sorgt dafür, dass wir uns auch angenehme Erfahrungen einprägen und nicht nur auf die schlechten fixiert sind. Da Dopamin bestimmte Feinbewegungen steuert, kann man die von ihm ausgelöste „Beglückung" durch Lob an unserem Gesichtsausdruck ablesen. Es ist nur zu verständlich, dass das Belohnungssystem nach mehr solcher Stimuli verlangt. Wird ein bestimmtes Verhalten durch Lob belohnt, so steigt die Wahrscheinlichkeit, dass dieses Verhalten wiederholt wird. Es findet ein Belohnungslernen oder „operantes Konditionieren" statt – womit sich unter anderem auch die Dressur von Tieren oder die menschliche Spielsucht erklären lässt.

Genau hier setzt häufig die Kritik an. Lob werde im Kontext von Führung überwiegend *manipulativ* gehandhabt, meint der Psychologe REINHARD SPRENGER (2000). Es würde vielfach zuerst gelobt, weil man dadurch den darauf folgenden Tadel voll zur Geltung bringen könne. Die Steuerung dieses Systems erfolge mit Hilfe von „Lobkonten" und „Lobintervallen". Lob wird zu allererst als Ersatz-Instrument gebraucht, so die Klage, weil die alten Waffen der Drohung und des Zwangs in einer Welt gewandelter Wertevorstellungen stumpf geworden sind. Das manipulative Loben könne jedoch leicht zu einem Bumerang für die Führungskraft werden. Es erziehe die Mitarbeiter zur „Schlitzohrigkeit", indem diese etwa künstliche Erfolgsmeldungen produzierten oder die Arbeitsstätte als Bühne für lobheischende Selbstdarstellungen benutzten. Für den Soziologen DIRK BAECKER (Magazin Focus 40, 2008) ist Lob sogar „obszön", weil es in seiner Zudringlichkeit zu infantilisieren versucht und noch dazu beleidigend wirkt, wenn es von der „falschen Person" kommt.

Zu guter Letzt ist Lob, so die Kritik, immer noch eine *hierarchische* Kategorie. Gelobt wird heute allerdings nicht mehr wie in den alten Zeiten von unten nach oben, sondern genau umgekehrt. Die Beziehungen zwischen Eltern und Kindern, Lehrer und Schülern, Führenden und Geführten sind Beispiele dafür. „Höhergestellte" verzichten auf die Lobpreisungen von unten (narzisstisch gestörte Führungskräfte und Politiker ausgenommen) und genießen dafür ihre Monopolstellung der Lobverteilung. Wer führt, versucht seine Belohnungsmacht als wichtige Ressource in die Waagschale zu werfen. Dazu gehört eben das Vorrecht zu bestimmen, ob, wer, warum, wann und wie gelobt wird.

Diese Kritik am Loben ist nicht ganz von der Hand zu weisen. Allerdings stört ihre Absolutheit. Lob ist, wenn man vom Eigenlob absieht, ein äußerer Reiz, der immer erst im Inneren des Empfängers verarbeitet werden muss. Das Wie dieser Verarbeitung hängt von persönlichen Erfahrungen, Wünschen und Erwartungen, von Überzeugungen, Präferenzen, Stimmungen und so fort ab. Dasselbe Lob kann bei verschiedenen Personen wahlweise als Floskel, Zumutung oder Gängelung oder aber als Ansporn, Anerkennung oder Erfüllung ankommen. Ein Beispiel für diese Variabilität ist der oft zitierte Verdrängungs- oder Korrumpierungseffekt. Es kann ohne weiteres sein, dass eine Tätigkeit, die jemand von sich aus gerne ausübt, dann an Wert verliert, wenn sie mit einem Lob verbunden wird. Manche Menschen sehen sich durch die von außen herangetragene Belohnung in ihrem inneren Streben verletzt, ihr Handeln selbst zu bestimmen. Andere wiederum fühlen sich durch ein Lob in ihrer Autonomie bestärkt und widmen sich dann einer Aufgabe mit noch mehr Zuwendung.

Das Problem mit dem Loben – und hier ist Kritikern wie REINHARD SPRENGER (2000) zuzustimmen – besteht in seiner praktischen Anwendung als *Instrument*. Der Appell nach „mehr Loben" klingt wie die Forderung nach „mehr Bewegung", „mehr Obst essen" oder „mehr Frohsinn zeigen". Lob ist bloß Teil eines wesentlich größeren Ganzen, der *Wertschätzung*. Diese drückt eine bestimmte Haltung aus, hinter der sich ein relativ beständiges Verhalten den Mitmenschen und der materiellen Umwelt gegenüber verbirgt. Wertschätzung erkennt man z. B. an einer ungekünstelten Zugewandtheit, die dem Gegenüber signalisiert „Du bist mir wichtig". Sie wird anhand ihres Gegenteils, der *Geringschätzung*, besonders deutlich. In ihr steckt ein Schutzmechanismus, den der Philosoph BERTRAND RUSSELL (1872–1970) sinngemäß so ausdrückte: „Ein Hund bellt weniger laut und beißt weniger schnell zu, wenn man ihm Verachtung zeigt, als wenn man sich vor ihm fürchtet ..."

Wertschätzung gehört zu den Grundhaltungen der Humanistischen Psychologie. Sie spielt in allen Arten zwischenmenschlicher Beziehungen eine tragende Rolle. In Führungsbeziehungen wird Wertschätzung in Form von drei Teilhaltungen sichtbar: →*Achtsamkeit*, Gesprächstoleranz und →*Ressourcenorientierung*.

- *Achtsamkeit* bedeutet hier, andere Menschen bewusst wahrzunehmen, ohne sie jedoch sofort mit Gedanken und Gefühlen gefangen zu nehmen, um sie dann in vorgefasste Kategorien einzuordnen.
- Die *Gesprächstoleranz* gibt dem Mitarbeiter die Möglichkeit, seine Ich-Identität in seiner ureigenen Sprache und mit Hilfe seiner nichtsprachlichen Ausdrucksmittel in das Führungsgespräch einzubringen.
- Die *Ressourcenorientierung* ist eine positive Haltung, die menschliche Schwächen oder Defizite zwar nicht leugnet, aber den Menschen dort einzusetzen versucht, wo seine Stärken liegen und wo eventuelle Defizite das Gelingen einer Aufgabe nicht gefährden.

Die Haltung der Wertschätzung bezieht das Loben als natürliches Ausdrucksmittel des Hervorhebens immer mit ein. Es braucht nicht extra „gelernt", um etwa in Form von „Streicheleinheiten" wohlkalkuliert verteilt werden. Lob wird als Teil der Wertschätzung nicht plump durch Schulterklopfen oder phantasielose Lobformeln erteilt, sondern in subtiler Form, sozusagen „um die Ecke", angeboten. Der Lehrling z. B., der in seiner Freizeit eine neue Produktverpackung gebastelt hat, nimmt ab sofort an den Sitzungen des „Kreativ-Boards" teil. Die gelungene Neuerung in der Fertigung wird nun auch offiziell mit dem Namen des „Erfinders" belegt („Die Bernd-Müller-Methode"). Der Kunde, dem ein Mitarbeiter aus der Patsche geholfen hat, erzählt darüber begeistert im Intranet. Diese Art des in Wertschätzung verpackten Lobes hat sicher nichts mit Manipulation zu tun.

Macht

Während das englische „*power*" Kraft signalisiert, wird das deutsche Wort „*Macht*" reflexhaft mit Missbrauch, Besessenheit oder Unterdrückung in Verbindung gebracht. Dabei besteht überhaupt keine Einigkeit darüber, was Macht eigentlich bedeutet. Der Philosoph BERTRAND RUSSELL etwa definierte sie ganz allgemein als die „Herstellung beabsichtigter Effekte" (RUSSELL 1938, S. 35). Ähnlich ist die Vorstellung des Politologen ROBERT DAHL: „A besitzt Macht über B in dem Ausmaß, in dem er B veranlassen kann etwas zu tun, das er sonst nicht getan hätte" (DAHL 1957, S. 202). Der Soziologe NIKLAS LUHMANN sieht Macht ganz anders. Sie sei nicht etwas, das objektiv existiert und das man deshalb anstreben oder kontrollieren könne. Macht sei vielmehr, wie Geld, Liebe, Kunst und Sport, ein Kommunikationsmedium, das über ihre Symbole allgemein verständlich ist (LUHMANN 1988). Solche Medien erzeugten *Ordnung* in den verschiedenen gesellschaftlichen Systemen wie Politik, Wirtschaft oder Wissenschaft: Durch ihren Code verwandelten sie unwahrscheinliche in erfolgreiche Kommunikation. Bei Paraden oder Empfängen, mit Hilfe von Fahnen oder Gedenktagen, durch Monumente oder Denkmäler könne man erfolgreich kommunizieren, dass hier Macht im Spiel ist.

Der Philosoph MICHEL FOUCAULT stimmt mit LUHMANN insofern überein, als Macht auch für ihn keine ontologische (faktische) Größe, sondern in der Vielfalt *sozialer Praktiken* immer schon vorhanden ist. Dadurch müsse man die Macht von der Herrschaft trennen. Macht besteht für FOUCAULT in einer „wettkampfmäßigen" Beziehung zwischen Menschen, die sich in gegenseitiger Einflussnahme ausdrückt, während Herrschaft die Kontrolle dieser wettkampfmäßigen Verhältnisse anstrebt (KÖGLER 2004, S. 193). Vielleicht bietet diese Unterscheidung einen Ausweg aus der Stigmatisierung, den der Begriff Macht, gerade in Verbindung mit „Führung", erleiden muss?

Für den Verhaltenswissenschaftler DAVID MCCLELLAND ist Macht, neben Leistung und Zugehörigkeit, eines der drei soziogenen Motive des Menschen. Er definiert das Machtmotiv als das Bedürfnis „*to feel strong*". Erst dadurch komme es eventuell zu einem Drang, machtvoll zu handeln. Das heißt, andere zu beeinflussen, ist eine von mehreren Möglichkeiten, das Bedürfnis, sich stark zu fühlen, zu befriedigen (1975, S. 77). Hier deutet sich eine Parallele zu FRIEDRICH NIETZSCHE an, der einmal meinte, dass man jemanden nicht nur deshalb angreift, um ihm weh zu tun oder zu besiegen, sondern auch, um sich seiner eigenen Kraft bewusst zu werden. So sieht denn auch die *Soziobiologie* – ein Zweig der Evolutionsbiologie – in der Macht einen Anpassungsvorteil gegenüber solchen Individuen, Gruppen und Gesellschaften, die diesen Vorteil nicht besitzen (SCHMALT/HECKHAUSEN 2010, S. 211).

In dieser kurzen Revue der verschiedenen Positionen zum Phänomen Macht darf MAX WEBERS klassische Definition nicht fehlen. Er versteht Macht „als jede Chance, innerhalb einer sozialen Beziehung den eigenen Willen auch gegen Widerstreben durchzusetzen, gleichviel worauf diese Chance beruht" (WEBER

1976, S. 28). Streng genommen ist hier der Zusatz „Widerstreben" irrelevant und es ist zu vermuten, dass WEBER damit das „Durchsetzen" betonen wollte. Von „gegenseitiger Einflussnahme", wie bei FOUCAULT, ist hier jedenfalls nichts zu spüren. Schließlich ist WEBER ganz und gar auf „Herrschaft" eingestellt.

Diese Fixierung auf die „Überwindung eines Widerstandes" passt nicht zu einer zeitgemäßen Führung. Sie würde sich ständig in Konflikten verhaken, für die es dann nur eine Lösung gäbe, nämlich den anderen zum Aufgeben zu zwingen. Ein Diskurs, mit dem Unterschiede zwischen den Beteiligten verringert oder gar beseitigt werden könnten, stünde gar nicht zur Wahl. Ebenso wenig die Möglichkeit, dass eine der beiden Personen einlenkt, weil dies für sie „kostengünstiger" ist, als den Konflikt schwelen oder eskalieren zu lassen. Führung ist jedoch gerade unter den aktuellen Bedingungen hoher →*Komplexität* und →*Kontingenz* darauf angewiesen, dass nicht jede Interaktion zwischen Führungskraft und Mitarbeitern gleich in einen ausweglosen Konflikt mündet.

Macht ist daher als *Medium* zu sehen, das innerhalb einer Führungsbeziehung, vom Beginn bis zu ihrem Ende, immer präsent ist. Am Zustand dieses Mediums kann man ablesen, wie sich die ursprüngliche Asymmetrie im Laufe der Führungsbeziehung weiterentwickelt hat, ob sie erhalten bleibt, ob sie zwischen Führendem und Geführten je nach Situation oszilliert oder sich sogar gänzlich umkehrt. Wichtig ist dabei lediglich, dass die Ziele der Organisation und die daraus abgeleiteten Aufgaben erfüllt werden. Die Art des Machtgefälles ist unerheblich. HENRY MINTZBERG, einer der anregendsten Managementdenker unserer Zeit, sieht Macht ganz pragmatisch: „Power is the capacity to effect (or affect) organisational outcomes – Macht ist das Vermögen, organisatorische Ergebnisse zu bewirken oder zu beeinflussen" (MINTZBERG 1983).

Dieser Pragmatismus wirft eine wichtige Frage auf: Sind *Macht* und *Einfluss* synonym zu verwenden oder unbedingt voneinander zu unterscheiden? Anders gefragt, sind unter Machtausübung nur solche Handlungen zu verstehen, die vom Handelnden beabsichtigt ausgeführt werden? Das Problem hierbei ist, dass soziales Handeln immer auch unausweichliche Nebenfolgen hat. Auf unserem eiligen Weg zum Abflug-Gate z. B. „veranlassen" wir andere Dahineilende, uns auszuweichen, ebenso wie andere wiederum uns „veranlassen", ihnen auszuweichen. Eine Führungskraft, die unbewusst bestimmte Gewohnheiten oder Macken an den Tag legt, die von den Mitarbeitern ebenso unbewusst imitiert werden, hat in diesen Situationen sicher nicht mit Absicht gehandelt. Auch Sympathie, als Gefühl der verstandesmäßig schwer begründbaren Zuneigung, oder ihr Gegenstück, die Antipathie, kann andere Menschen zu einem bestimmten Handeln anregen. Doch sind weder Sympathie noch Antipathie quasi auf Knopfdruck abrufbar. Solche und andere Wirkungen fallen in die Kategorie der unbeabsichtigten Nebenfolgen einer Machtausübung. Der Philosoph KARL POPPER wusste schon: „Eines der auffallendsten Phänomene im sozialen Leben besteht darin, dass niemals genau jenes Ereignis eintritt, das von den Beteiligten beabsichtigt war" (POPPER 1965, S. 124).

Macht ist folglich als *beabsichtigtes* Tun oder Unterlassen zu definieren, dessen unbeabsichtigte Handlungsfolgen jedoch immer mitzudenken sind. Wer Macht ausübt, muss sich auch die Nebenfolgen seines Handelns zurechnen lassen. Er kann sich nicht auf das Ungewollte oder den Zufall berufen.

Machtprozess

Wer Macht ausüben oder verhindern will, dass Macht auf ihn ausgeübt wird, muss dem Gegenüber glaubhaft signalisieren, dass er über bestimmte *Quellen* oder *Ressourcen* (lat. *resurgere* = hervorquellen) verfügt, aus denen er Machtmittel schöpfen kann, die dem Anderen Vorteile verschaffen oder Nachteile zufügen können. Eine Abteilungsleiterin kann kraft ihrer Position auf Machtquellen zugreifen. Genauso wie der Experte, der über knappes Spezialwissen verfügt, die Sekretärin, die den Zugang zu ihrem Chef steuert, der Beziehungsfreudige, der über eine Vielfalt an Kontakten verfügt, und so fort. Noch nie waren, gerade in Organisationen, die Machtquellen so sehr verteilt wie heute. Die hohe Arbeitsteiligkeit unseres Wirtschaftens ist ein maßgeblicher Grund hierfür. Und noch nie hatten die Menschen, nicht nur in Organisationen, auch den Mut, sich ihrer Machtmittel zu bedienen. Die Wertedynamik, durch die etwa Gehorsam, Demut oder Ehrerbietung durch Spontaneität, Emanzipation oder Anpassungsgeschick ersetzt worden sind, trägt wesentlich zur Aufweichung traditioneller Asymmetrien bei.

Alleine diese beiden Bedingungen – Arbeitsteiligkeit und → *Wertedynamik* – machen es notwendig, Macht anders zu denken, als dies in der „Durchsetzung des eigenen Willens gegen einen zu überwindenden Widerstand" (MAX WEBER) zum Ausdruck kommt. Macht erscheint heute – und dabei soll der Blickwinkel auf die Führung in Organisationen beschränkt bleiben – das Ergebnis sozialer Aushandlungsprozesse zu sein. In solchen Aushandlungsprozessen schöpfen (scheinbar) Machtüberlegene und (scheinbar) Machtunterlegene aus ihren jeweiligen → *Machtquellen* jene Machtmittel, die ihnen in der gegebenen Situation am zweckmäßigsten erscheinen, um den Saldo aus vermuteten Vor- und Nachteilen für sie so günstig wie möglich zu gestalten (siehe Abb. 23).

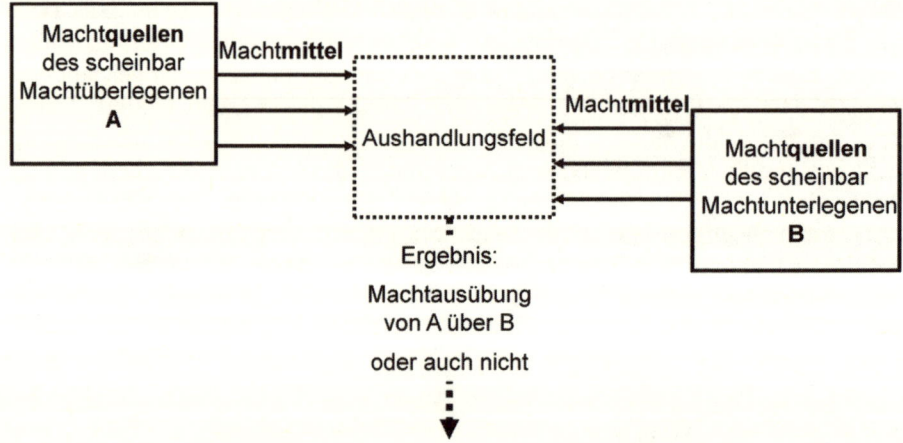

Abb. 23: Macht als Ergebnis eines sozialen Aushandlungsprozesses

In dem (als fiktiv angenommenen) Aushandlungsfeld (Abb. 23) werden die aus den jeweiligen Machtquellen geschöpften Machmittel wechselseitig auf ihre mögliche Wirkung geprüft. Die Beteiligten versuchen, die Wertigkeit der „gegnerischen" Machtmittel zu interpretieren. Sie werden dabei sowohl von ihren bisherigen Erfahrungen als auch der momentanen Stimmung beeinflusst. So wird z. B. der Sachbearbeiter B versuchen, die von der Abteilungsleitein A in die Aushandlung gebrachten Machtmittel auf ihre „Echtheit" einzuschätzen: Sind das die üblichen leeren Drohungen oder Versprechungen? Wie würde A reagieren, wenn sie „richtigen" Widerstand spürt? Welche Machtmittel kann der scheinbar machtunterlegene B am zweckmäßigsten einsetzen? Auch A wird abwägen und interpretieren, eventuell vorpreschen, oder ein besonderes Machtmittel im Moment noch zurückhalten, und so fort. Das Ergebnis dieses Aushandlungsprozesses muss keine Machtausübung sein. Es kann auch eine Pattsituation entstehen. Für den als machtunterlegen in den Aushandlungsprozess Gestarteten bedeutet dies zumindest einen Zeitgewinn, der scheinbar Machtüberlegene muss hingegen entscheiden, ob, wann und wie er eine zweite Aushandlungsrunde inszenieren soll.

Macht hat also immer mit *Möglichkeiten*, mit einer *„Potenzialität"* zu tun. Etwas wird erst dann zum Machtmittel, wenn es für die Gegenseite relevant ist, weil es bestimmte Bedürfnisse oder Interessen oder ganz einfach die Möglichkeit eines selbst bestimmten Handelns berührt. Macht ist nicht etwas von vornherein Feststehendes, sondern entsteht in einem dynamischen Prozess mit offenem Ausgang. Dabei werden die vor dem Aushandlungsprozess getroffenen *Einschätzungen* in „machtüberlegen" und „machtunterlegen" erst nach dem Prozess bestätigt oder widerlegt, oder sie bleiben zunächst offen.

Besteht eine Führungsbeziehung über längere Zeit, so wird sich zwischen den Beteiligten ein Gleichgewicht der Macht ausbilden, das man sich als Ergebnis eines Lernprozesses vieler mehr oder weniger erfolgreicher Aushandlungsepisoden denken kann. Die Absicht, jemanden in dessen Verhalten zu beeinflussen oder sich dieser Beeinflussung zu entziehen, wird immer mehr durch Automatismen ersetzt, die sich entweder bewährt haben oder denen man sich mangels anderer Möglichkeiten unterworfen hat. Wer führt, wird zugleich auch geführt. Daher kann durchaus sinnvoll sein, auch als scheinbar vollkommen Machtüberlegener ganz bestimmte Machtquellen und Machtmittel des anderen als überlegen zu akzeptieren und sich eben führen zu lassen. Das Klischee vom Chef, der in bestimmten Belangen von seiner Sekretärin geführt wird, passt hierher – und vielleicht ist es gar kein Klischee, selbst in der heutigen Zeit, in der sich das Frauenbild so sehr verändert hat?

Machtquellen

Die Quellen der Macht, aus denen ganz konkrete Machtmittel geschöpft werden können, sind entweder struktureller oder persönlicher Natur. Zu den wichtigsten *strukturellen* Machtquellen, die für Führung in Organisationen wichtig sind, zählen die Legitimation von Führung, das Schleusen von Nachrichten, die Kontrolle von Unsicherheitszonen und die Definition von Situationen. Zu den Machtquellen, die ihren Ursprung in der *Person* des Machtaushandelnden haben, gehören die Persönlichkeit, das Expertenwissen, die sozialen Kontakte und die Fähigkeit zur Inszenierung.

- Die *Legitimation von Führung*, die mit einer bestimmten Position innerhalb der Organisation verbunden ist, wird durch zwei Pole bestimmt: Menschen *wollen* geführt werden (die Sehnsucht nach der „starken Hand") und Menschen *müssen* geführt werden (um sie „zur Ordnung" zu rufen). In beiden Fällen wird der Aushandlungsprozess von Macht nicht lange dauern. Beim „Wollen", weil hier ohnedies der Wunsch nach Unterordnung besteht, und beim „Müssen", weil notfalls Zwang den Prozess abkürzt. Zur Legitimation von Führung zählt vor allem das Recht, die Verhaltensweisen anderer durch *Sanktionen* (Belohnungen oder deren Entzug oder „Bestrafungen") zu beeinflussen.

- Das *Schleusen von Nachrichten* ist an eine bestimmte Stellung innerhalb der Organisation gebunden. Es beinhaltet die Möglichkeit, die Weitergabe und Verwertung von Beobachtungen und damit Nachrichten (*nicht* Informationen, denn diese entstehen erst beim Empfänger!) kontrollieren zu können. Der passende englische Ausdruck „*Gatekeeping*" stammt aus den Anfängen des Journalismus, als der Journalist allein entscheiden konnte, was letztlich in der Zeitung stand. Wer zum „Schleusen" autorisiert ist oder sich diese Möglichkeit auf geschickte Weise angeeignet hat, kann Meldungen unterdrücken, verkürzen, umlenken, beschönigen, dramatisieren und so fort. Stellen mit Entlastungsfunktionen – SekretärInnen, AssistentInnen, Stäbe – bieten den Zugang zu dieser Machtquelle.

- Die *Kontrolle von Unsicherheitszonen* ist eine weitere Machtquelle scheinbar Machtunterlegener. Durch die Ausdünnung der Mitte vieler Organisationen im Zuge der „Lean Management"-Euphorie fällt den verbliebenen mittleren Führungskräften oft eine monopolartige Position zu, weil nur sie bestimmte kritische Schnittstellen im Betrieb beherrschen können. Meister und Betriebsleiter in der Produktion, Logistiker und Key Account Manager, Personen im ohnedies knapp besetzten Gesundheits-, Heil- und Pflegebereich, „Altgediente" im Wissenschaftsbetrieb und so fort kontrollieren häufig solche Unsicherheitszonen. Ob und inwieweit sie diese Machtressource dann in Aushandlungsprozessen tatsächlich einsetzen, hängt von den Umständen und ihrer Persönlichkeit ab.

- Eine weitere strukturelle Machtquelle besteht in der Möglichkeit, *Situationen* im Führungsalltag zu *definieren*. Wer kraft seiner Position diese Möglichkeit besitzt, kann bestimmten Episoden einen *Rahmen* („*frame*") verleihen. Dadurch wird für den „Rahmenden" die Gelegenheit berechenbarer, weil sich der Andere der besonderen Logik der Situation fügen muss. Der Wert dieser Machtquelle ist offensichtlich. So kann z. B. ein Führender die Situation „Mitarbeitergespräch" durch räumliche und zeitliche Bedingungen (z. B. großes Büro, imposanter Schreibtisch, Beginn, Dauer und Ende des Gesprächs) so in seinem Sinne definieren, dass es dem Mitarbeiter schwer gemacht wird, eigene Machtmittel in den Aushandlungsprozess einzubringen.

Die Legitimation von Führung und die Definition von Situationen spielen unverkennbar dem zunächst Machtüberlegenen in die Hände. Die beiden anderen strukturellen Machtquellen, das Schleusen von Nachrichten und die Steuerung von Unsicherheitszonen, bieten jedoch jenen Personen ein Gegengewicht, die keine sichtbar herausragende Position in der Organisation innehaben. In manchen Fällen kann man durchaus von „der Macht der Fliege über den Hund" (MAYER 2007) sprechen.

Die persönlichen Machtquellen, die im Folgenden skizziert werden, weisen eine ähnliche Balance auf.

- Die →*Persönlichkeit* ist für beide Aushandelnden eine Machtressource. Zu erwähnen sind hier die physische Attraktivität, Selbstsicherheit und die Fähigkeit des →*Überzeugens*. „Ausstrahlung" wird in diesem Zusammenhang oft erwähnt. Sie kann zwar nicht nach Belieben abgerufen werden, aber eine erfahrene Führungskraft wird sich an Situationen erinnern, in denen ein bestimmtes Verhalten positive Wirkungen auf andere Personen hatte. Dieses Verhalten dann in ähnlichen Situationen zu wiederholen, liegt nahe. Daraus kann sich im Lauf der Zeit das Erscheinungsbild einer Person entwickeln, das als außergewöhnlich, nicht für jedermann zugänglich und vorbildlich gesehen wird und so Menschen zur Gefolgschaft veranlasst. Das ist eine Ressource, die nur dem ohnedies schon Machtüberlegenen zufällt. Sie heißt → *Charisma*.

- Das Wesen des *Expertenwissens* besteht darin, dass jemand über ein großes, hochgradig organisiertes Detailwissen verfügt. Es ist als Ressource für scheinbar Machtunterlegene umso wirksamer, je rarer und je schwieriger es zu ersetzen ist. Der (meist scheiternde) Versuch, Spezialwissen innerhalb der Organisation zu verteilen, ist die klassische Gegenstrategie, um diese Machtquelle auszutrocknen. Allerdings wird heute in Organisationen der Wert des Expertenwissens viel mehr anerkannt als früher. Besonders die großen Unternehmen versuchen daher, die Expertenlaufbahn der klassischen Führungslaufbahn (und der ebenfalls neuen Projektlaufbahn) sowohl in der materiellen Ausstattung als auch im Status gleichzustellen.

- Soziale *Kontakte* sind deshalb eine Machtquelle, weil man in schwierigen Situationen Verbündete mobilisieren und auf die Unterstützung von anderen direkt oder indirekt Beteiligten zählen kann. Je mehr Leute mit entsprechenden Machtquellen einem dabei folgen, umso größer ist diese eigene Hausmacht. Der konkrete Nutzen dieser Machtquelle liegt in der Möglichkeit,

Koalitionen zu schmieden und Mehrheiten zusammenzuführen. Seine Höhe hängt davon ab, wie viel Zeit und Energie jemand in den Aufbau von sozialen Netzwerken investiert hat, welche Reputation er dabei aufbauen konnte und inwieweit sich andere ihm verpflichtet fühlen.

- Eng mit der Persönlichkeit verbunden ist die *Fähigkeit zur Inszenierung* (→*Inszenatorische Kompetenz*). Je mehr sich die Machtquellen innerhalb von Organisationen verteilen, statt wie früher an der Spitze konzentriert zu sein, desto wichtiger wird die Fähigkeit zur Selbstdarstellung im sozialen Aushandlungsprozess um Macht. Durch eine überzeugende Inszenierung vermag man in anderen einen *Eindruck* hervorzurufen, der sie eventuell veranlasst, auf bestimmte Machtmittel zu verzichten und mit den an sie herangetragenen Absichten übereinzustimmen. Inszenierung ist allerdings eine Gratwanderung. Ein falscher Schritt und sie wird zum durchschaubaren Blendwerk.

Um die eher abstrakten Macht*ressourcen* fassbar zu machen, bedarf es konkreter Macht*mittel*. Mit ihrer Hilfe können die Machtressourcen in „Aushandelbares" übersetzt werden. Es gibt offensiv-positive, offensiv-negative und defensive Machtmittel. Hierzu einige Beispiele.

- *Offensiv-positive Machtmittel*: Überzeugen; etwas versprechen; eine Belohnung in Aussicht stellen; sich einschmeicheln; ein hohes Selbstwertgefühl und Kompetenz signalisieren; die eigene Glaub- und Vertrauenswürdigkeit herausstreichen; sich als moralisch beispielhaft präsentieren; seine physische Attraktivität in die Waagschale werfen; den „Auftritt" wirkungsvoll gestalten; den eigenen Status hervorkehren.

- *Offensiv-negative Machtmittel*: Dem Anderen eine Bestrafung oder den Entzug einer Belohnung androhen; jemanden verwarnen und einschüchtern; die Willensschwäche oder eingeschränkte Entscheidungsfähigkeit des anderen ausnutzen; falsche Tatsachen vorspiegeln; durch Bluffen ein Manko an eigenen Machtressourcen kaschieren.

- *Defensive Machtmittel*: Sich entschuldigen und rechtfertigen; widerrufen und leugnen; sich als nicht zuständig erklären und Verantwortlichkeit abstreiten; sich als unvollkommen oder hilfsbedürftig darstellen; dem Anderen lästig sein oder ständig auf die Nerven fallen.

Ein kurzes Beispiel soll die Anwendung von Machtquellen und Machtmitteln illustrieren. Geschäftsführer A hat vor kurzem die Leitung der Tochtergesellschaft eines internationalen Konzerns übernommen. Er muss für die Konzernzentrale ein wichtiges Projekt durchführen. Der Leiter des Rechnungswesens B hat genau das Wissen, das A für dieses Projekt braucht. Zudem scheint B, nach Einschätzung von A, keineswegs ausgelastet zu sein. A versucht nun, B von der Notwendigkeit seiner Mitarbeit an dem Projekt zu überzeugen. B kontert, dass in Kürze die Arbeit an der Jahresbilanz beginne. A verspricht eine Sonderprämie. B weist auf zwei noch unerfahrene Kräfte in seiner Abteilung hin. A hält B vor, seine freien Kapazitäten zu verschleiern; B entgegnet, die Qualität der Bilanz verlange höchsten Arbeitseinsatz. A droht B mit dem Entzug persönlicher Vergünstigungen. B beruft sich auf seinen Rückhalt beim Chef-Controller in der Konzernzentrale. Nach einigen weiteren pingpongartigen Runden, in denen A immer mehr offensiv-negative und B immer mehr defensive Machtmittel in die Aushandlung einbringt, bricht A den Aushandlungsprozess ergebnislos ab. Er nimmt sich vor, in zwei Tagen einen weiteren Versuch zu starten.

Meditation

Führen heißt (auch) vorangehen. Menschen, die in sich ruhen, können selbst im ärgsten Trubel ihre Mitarbeiter dazu anregen, eine Wegstrecke mit Ihnen zu gehen. Dieses Vorangehen schließt mit ein, dass Führungskräfte es auch wagen, einen völlig *neuen* Weg zu beschreiten. Die Verantwortung der Führung mit der Praxis der Meditation zu verbinden, ist ein solcher neuer Weg. Weit davon entfernt eine Mode geworden zu sein (dafür ist Meditation viel zu anspruchsvoll), wenden sich doch immer mehr Führungskräfte – in Gedanken wie in Handlungen – der Meditation zu.

Meditation (lat. *meditari* = nachsinnen) ist eine spirituelle Praxis, die in vielen Kulturen und Religionen zur Beruhigung und Sammlung des Geistes betrieben wird. Ein philosophischer Zugang zur Meditation besteht darin, dass man sie als einen der vielen Versuche deuten könnte, die Spaltung zwischen Subjekt (dem Erkennenden) und dem Objekt (dem Gegenstand der Erkenntnis, der natürlich auch das eigene Ich sein kann) zu überwinden. Dieser aufhebende Zustand der Versenkung ist aus Hinduismus, Buddhismus und Taoismus nicht wegzudenken. Er findet sich auch im Christentum etwa in den Exerzitien des IGNATIUS VON LOYOLA wieder, allerdings nicht unbedingt im christlichen Gebet, das ja einen dialogischen Charakter aufweist.

Es gibt vielfältige Meditationstechniken, von denen manche für unsere westliche Praxis ein Hindernis darstellen. Seit bestimmte Formen der Meditation an okzidentale Bedürfnisse angepasst wurden, sind die Barrieren niedriger geworden. Im Mittelpunkt steht das Bestreben, sich frei zu machen von eingefahrenen Denkmustern, die Zukunft nicht mehr als schicksalhaftes Datum, sondern als angstfrei gestaltbar zu erleben und vor allem einen Bewusstseinszustand zu erleben, in dem äußerste Wachheit mit vollkommener Entspannung verbunden werden kann. Dabei liegen uns im Allgemeinen kontemplative Techniken, etwa das stille Sitzen, näher als aktive Praktiken, wie z. B. lautes Rezitieren. Dies erklärt auch, warum gerade *Zen* inzwischen zu einer beliebten Form des Meditierens geworden ist.

Zen ist eine einfache Meditationsmethode, die schon seit Jahrtausenden im Fernen Osten praktiziert wird. Sie ist nicht unbedingt leicht zu erlernen, verleiht jedoch, wenn man sie regelmäßig praktiziert, innere Gelassenheit und Kraft, um Entscheidungen rasch zu treffen und flexibel zu handeln. In der heutigen Zeit hoher →*Komplexität* (alles scheint miteinander verflochten zu sein), hoher →*Kontingenz* (morgen kann schon alles wieder ganz anders sein) und hoher *Volatilität* (die Ausschläge werden immer heftiger und häufiger) ist es wichtig, auf Veränderungen mit *Resilienz* (einer Form der Widerstandsfähigkeit, die immer auch die Selbstregulation eines Systems berücksichtigt) und durch *Ausblenden* von Stereotypen und Vorurteilen zu reagieren. Führungskräfte müssen heute zwei Dinge in sich vereinen: innere Stärke mit flexibler Handlungsbereitschaft.

In Japan ist das Zen-Training fester Bestandteil des Führungskräftetrainings vieler Unternehmen. Ein- bis zweimal im Jahr begeben sich Führungskräfte in Zen-

Klausur. Dort tanken sie ihre Kraft auf und entwickeln durch das gemeinsame Zen-Erlebnis neuen Zusammenhalt. Die Japanologin und Zen-Meditationslehrerin FLEUR SAKURA WÖSS sieht einen großen Unterschied in der Auffassung von „Lernen" (wozu ja auch Verhaltensänderungen gehören) in West und Ost. In Japan bedeutet etwas zu lernen, es tausende Male zu wiederholen. Im Japanischen heißt dieses Training *shugyo*, was aus zwei Schriftzeichen besteht, die „meistern" und „praktizieren" bedeuten. Nur durch körperliches Praktizieren erlangt man Meisterschaft. Im Westen denkt man häufig, es reicht, etwas gelesen zu haben, und man „weiß" es schon. Mitnichten, so WÖSS, denn der Körper läuft noch immer in seinen alten Bahnen. Nur wenn jede Körperzelle nach unzähligen Wiederholungen begriffen hat, was der Geist will, dann ändert sich etwas. Körper und Geist werden auf diese Weise zusammengeführt (WÖSS/MATUSEK 1986).

So lernt man Zen nur durch Praktizieren. Nur das Tun bringt Resultate und nicht das Reden über Zen. Es muss körperlich erfahren werden. Anders formuliert: Durch den Körper betritt man den Geist. Was so harmlos klingt, ist für die meisten Menschen zugleich die erste große Hürde, die sich vor Zen aufbaut. Das Zen-Sitzen („*Zazen*") verlangt einiges ab und ist vor allem keine Übung, die man je nach Laune so eben mal durchführt. Der Anfang ist schwer. Auf dem Boden sitzend und den Blick auf einen imaginären Punkt gerichtet, rebelliert der Geist. Er verweigert sich der Ruhe und drängt die innere Welt als Gemenge von Gedanken, Vorstellungen und Erlebnisbruchstücken immer wieder in den Vordergrund. Erst durch regelmäßiges Üben bekommt die Ruhe Oberhand, können alte Denkmuster im Gehirn gelöscht und durch neue ersetzt werden. Diese „Re-Engrammierung" im Langzeitgedächtnis braucht Zeit und damit Geduld.

Beide sind knappe Güter, besonders wenn es um Management und Führung geht. Führungskräfte brauchen gute Gründe, um ihr Leben so einschneidend zu ändern, dass sie sich ernsthaft dem Zen zuwenden. Aus Praxisberichten (JÄGER/KOHTES 2009) wird deutlich, dass für viele Führungskräfte der *Nutzen*, den Zen verspricht, attraktiv genug ist, einen neuen Weg einzuschlagen. Die einen wollen sich von ihrer inneren Zerrissenheit und Oberflächlichkeit befreien, andere wiederum die Fähigkeit entwickeln, mit den Veränderungen in einer turbulenten Welt Schritt zu halten. Viele möchten den Ballast unnützen Wissens abwerfen und so „leer werden". Oft wird auch der Wunsch nach „Authentizität" genannt. Stellen sich die ersten zarten Erfolge ein, so wirken diese selbstverstärkend und erhöhen die Chancen, dass aus einem Zen-Novizen dann ein Könner wird.

Ein zweiter wichtiger Grund für Führungskräfte, Zen-Meditation in ihr Leben zu integrieren, ist die Suche nach *Spiritualität*. Diese Haltung, die das Überschreiten („Transzendieren") des üblich Wahrnehmbaren im Blick hat, kann höchst unterschiedlich ausgeprägt sein. Sie reicht von dem Streben, die reduktionistische Weltsicht durch eine ganzheitliche Perspektive zu ersetzen, über die Idee einer spirituellen Intelligenz bis hin zu Versuchen, meditative Zustände in die Nähe der Physik zu rücken.

- Die *ganzheitliche* Sichtweise ist eine sehnsuchtsvolle Haltung, die seit den frühen Schriften des Physikers und Philosophen FRITJOF CAPRA (z. B. „Das Tao der Physik", 1977) „postmodern" ausgerichtete Menschen in den Bann zieht.
- Die Idee, Spiritualität mit *Intelligenz* zu verbinden, verdanken wir dem Erziehungswissenschaftler HOWARD GARDNER. Er führte den Begriff der spirituellen Intelligenz ein, um im Rahmen seines Konzepts der multiplen Intelligenzen auch „existenzielle und kosmologische" Aspekte zu berücksichtigen. GARDNER behauptet, dass diese Vielfalt an Intelligenzen durch die Evolution des Gehirns erklärbar ist. Die spirituelle Intelligenz sei das (vorläufig) letzte Glied einer evolutionären Kette (GARDNER 2002).
- Eine noch weiter gehende naturalistische Deutung von Spiritualität bietet die Physikerin DANAH ZOHAR. Sie versucht Spiritualität über die Wirkung der *Gammawellen* im Gehirn zu erklären (ZOHAR/MARSHALL 2000). Immer dann, wenn diese Wellen mit ihrer hohen Frequenz von etwa 40 Hz (die Deltawellen des Tiefschlafs kommen z. B. auf höchstens 3 Hz) weite Bereiche des Gehirns erfassen und in synchrone Schwingungen versetzen, scheinen sie beim Menschen innere Bilder auszulösen, die den gewohnten Vorstellungshorizont überschreiten. Durch diesen Fokus auf die Gammawellen hat die wissenschaftliche Suche nach den berühmten „Gottesstellen" (den *„God Spots"*), die im menschlichen Gehirn Geist und Mystik beherbergen sollen, deutlich an Schwung verloren.

Naturwissenschaftlich ausgebildete Führungskräfte versuchen oft, einen guten Grund für eine Zuwendung zu Zen in der Neurobiologie zu finden, ohne den Umweg über die Spiritualität zu gehen. Von Neurobiologen erfahren sie z. B., dass sich bei Menschen mit langer Meditationserfahrung deutliche Veränderungen in der Großhirnrinde nachweisen lassen (SINGER/RICARD 2008). Intensive Meditation vermehrt offenbar das sogenannte *Neuropil*, das die Räume zwischen den Nervenzellkörpern im Gehirn ausfüllt und vor allem der Verarbeitung, Speicherung und Weiterleitung von Signalen dient. In dieselbe Richtung weist die Vermutung, dass die hohe Konzentration, die für den Erhalt eines meditativen Zustands notwendig ist, bestimmte Hirnstrukturen nachhaltig verändert. Wer in Zen-Meditation erfahren ist, besitzt mehr Aufmerksamkeitsressourcen und ist dadurch in der Lage, schnell aufeinander folgende Eindrücke lückenlos wahrzunehmen. „Normale" Menschen hingegen müssen Reize laufend überspringen, weil das Gehirn bei deren Verarbeitung nachhinkt.

Fasst man die Befunde und Erfahrungen des letzten Jahrzehnts zusammen, dann erweist sich besonders die Zen-Meditation als wirkungsvolle Methode des mentalen Trainings für Führungskräfte. Selbstfindung, höhere Achtsamkeit und die Fähigkeit, die Welt unverzerrt durch Affekte zu erfassen, lassen sich durch andere Techniken kaum so gründlich erlernen. Zen wird allerdings weder Mode noch Massenbewegung werden. Zu hoch sind die Anforderungen an die kognitive Kontrolle. Dennoch gelten heute Meditation und Führung als durchaus miteinander vereinbar, was noch Mitte der 1990er Jahre zweifelhaft schien.

Menschenbild

„Die Devise unserer Chefin lautet, wir sollen uns ja nicht in Dinge einmischen, von denen wir keine Ahnung hätten." „Seine Leistungsbeurteilung gipfelte in dem Satz, so viel Unfähigkeit hätte er noch nie erlebt." „Abweichler von der großen Linie werden bei uns einfach niedergemacht." „Meist brüllt der Gruppenleiter seine Anweisungen ins Großraumbüro hinein." „Sie liebt es, jemanden vor allen anderen bloßzustellen." „Gespräche mit dem Abteilungsboss gibt es nicht; er sagt, das sei reine Zeitverschwendung." Wer hineinhört in so manchen Führungsalltag, muss an unseren Methoden der Personalauswahl zweifeln. Oder zu dem Schluss kommen, dass sie oft gar nicht angewandt werden. „Menschsein statt Leadership" wäre ein Maßstab, den man an so manche Personalentscheidung anlegen sollte. Und Menschsein hat sehr viel mit dem *Menschenbild* zu tun, das jemand verinnerlicht hat.

Grundsätzlich betrachtet ist das Menschenbild ein Teil des *Weltbildes*. Der verwandte Begriff „Weltanschauung" ist aus der Mode gekommen. Das Weltbild spiegelt die persönlichen Vorstellungen von „der Welt" als Lebensraum und ihrer Stellung im Kosmos wider. Das Menschenbild ist enger gefasst. Es besteht aus Vorstellungen über das *Wesen* der Spezies Mensch, mit deren Hilfe man Schlüsse für den Umgang mit anderen Menschen ableiten kann. Wer ist der Mensch in dieser Welt, wozu ist er da, wie soll er leben? Wie so oft, steht auch hier die Sehnsucht nach Vereinfachung, nach Verringerung der Komplexität, im Vordergrund. In dem Maße, in dem die Vermutungen über das Wesen „des Menschen" bestätigt werden – man denke an das Diktum „Wie man in den Wald hineinruft, so schallt es heraus." –, in dem Maße verfestigt sich das eigene Menschenbild. Es wird schließlich als „richtig" angenommen. Klar, dass man dann daran festhält.

„Aufgeklärte" Führungskräfte beginnen zwar damit, sich mit diesem Thema auseinander zu setzen, doch in aller Regel bleibt eine solche Beschäftigung ein Luxus, den man sich in schlechten Zeiten nicht leisten kann und in guten Zeiten nicht zu leisten braucht. Es werden zwar im betrieblichen Alltag bestimmte Verhaltensmuster erwartet, vorausgesetzt und reproduziert, das zugrunde liegende, dominierende Menschenbild bleibt jedoch meist im Dunkeln. Es bleibt *implizit*, das heißt, die Menschen in Organisationen sind sich ihres Menschenbildes und des ihrer Organisation zugrunde liegenden nicht bewusst. Bereits in den frühen Phasen der Sozialisation verinnerlichen wir bestimmte *Alltagstheorien*, die wir in unserer Lebenswelt laufend auf ihre Tauglichkeit prüfen und schließlich beibehalten. Alltagstheorien geben uns das Gefühl, etwas im Griff zu haben. Nicht die Richtigkeit wie in der Wissenschaft, sondern ihre Tauglichkeit ist für uns wichtig. Dies führt unweigerlich zur Voreingenommenheit und damit oft zum Vorurteil. Das Menschenbild ist eine logische Folge der verinnerlichten Alltagstheorien.

Zwar hat sich das *explizite*, also quasi öffentliche Bild vom Menschen im Zeitablauf immer wieder verändert. Doch erst im Zeitraum des „langen 19. Jahrhunderts", also etwa von der Französischen Revolution bis 1914, entstanden neue Grundvorstellungen über den Menschen (BARSCH/HEJL 2000). Ursachen für diese *Pluralisierung* des Menschenbildes waren die zunehmende Säkularisierung, das Bevölkerungswachstum in den Städten, die Einbindung von immer mehr Menschen in industrielle Organisationen, ein höheres Bildungsniveau sowie Fortschritte in Medizin und Wissenschaft. Alle diese Faktoren ließen eine Vielfalt von Vorstellungen über „den Menschen" entstehen. So finden wir heute anstelle *eines* uniformen Menschenbildes konkurrierende Vorstellungen von der Natur des Menschen.

Von dem unseren Kulturkreis dominierenden *christlichen* Menschenbild – der Mensch ist Geschöpf und Abbild Gottes – haben sich in den letzten einhundert Jahren vielfältige Menschenbilder emanzipiert, die man grob in zwei Gruppen teilen kann: die *wertegebundenen* Menschenbilder, die gewisse Grundsätze erkennen lassen nach denen sich menschliches Handeln *ausrichten* soll, und die *funktionalistischen* Menschenbilder, die menschliches Handeln vorhersagen sollen. Bei ersteren steht die Frage nach dem *Warum*, bei letzteren die Frage nach dem *Wie* im Vordergrund. Da die letzten einhundert Jahre der Menschheitsgeschichte besonders vom technischen Fortschritt geprägt waren, überwiegt auch die Zahl der funktionalistischen Menschenbilder.

Ein typisches Beispiel für eine wertegebundene Vorstellung vom Menschsein ist das *autonome* Menschenbild. Der Mensch ist im Umgang mit seiner Existenz unabhängig, auf sich gestellt und damit autonom. Sein Handeln ist selbstbestimmt. Zwischenmenschliche Bindungen werden aus gefühlsmäßigen (z. B. Freundschaft, Liebe) oder traditionellen (z. B. Familie, Gefolgschaft) Gründen erklärt, jedoch nicht aus grundsätzlichen. Hier ist sich jeder selbst der Nächste. ABRAHAM MASLOW (1908–1970) und die Wiederentdeckung des Ich förderten das Bild vom autonomen Menschen. Die in Deutschland aufbrechende Wertedynamik der späten 1960er Jahre nahm diese Befreiung von den alten Zwängen und die Hinwendung zur Selbstverwirklichung freudig an. Dieses Menschenbild ist durch die aktuelle Diskussion über die rein neurobiologisch begründete Behauptung „Der Mensch hat keinen freien Willen" wieder in den Mittelpunkt des Interesses gerückt.

Dem autonomen steht das auf Gleichheit und Gemeinschaft ausgerichtete *solidarische* Menschenbild gegenüber. Nach ihm kann sich Menschsein nur in Strukturen entwickeln, die eine Teilhabe an den Prozessen ermöglichen. Da trotz akzeptierter individueller Unterschiede gilt, dass alle Menschen als gleichwertig und gleich wichtig gelten, sind für Entscheidungen möglichst ein Konsens oder zumindest Mehrheitsbeschlüsse nötig. Ein anderes wertegebundenes Menschenbild bezieht seine Legitimation gleichfalls aus einem Gegensatz, das *holistische* Menschenbild. Es wendet sich gegen alle Versuche, den Menschen in Leib und Seele zu spalten oder gar auf seine Bestandteile – Organe, Zellen, Moleküle – zu reduzieren. Es sieht den Menschen vielmehr als Einheit von Körper, Geist und Gefühlen, die in Wechselwirkung miteinander stehen und sich möglichst in einem Gleichgewicht (*Homöostase*) befinden sollen. Mit der wachsenden Akzeptanz der traditionellen chinesischen Medizin (TCM) findet auch das holistische Menschenbild immer mehr Anhänger.

Die zurzeit einflussreichste Vorstellung vom Menschsein spiegelt sich im *humanistischen* Menschenbild wider. Es gehört zum Fundament der Humanistischen Psychologie, die vor allem auf CARL ROGERS (1902–1987) zurückgeht. Diese Richtung der Psychologie versteht sich als „dritter Weg" nach der *Psychoanalyse* (mit ihrem Fokus auf unbewusste Vorgänge) und dem *Behaviorismus* (der Verhalten naturwissenschaftlich erklären wollte). Dem humanistischen Menschenbild zufolge ist der Mensch von Natur aus gut und konstruktiv. Er besitzt die Fähigkeit, sich zu entwickeln, wozu ihm sein Selbstkonzept und seine Erfahrungen dienen. Wenn etwa in einem Gespräch zwischen Führungskraft und Mitarbeiter nicht die *Schwächen* des Mitarbeiters im Vordergrund stehen, sondern dessen *Ressourcen*, die es gemeinsam zu entwickeln gilt, dann liegt einem solchen Dialog ein humanistisches Menschenbild zugrunde.

Den Übergang von den wertegebundenen zu den funktionalistischen Menschenbildern bildet das *evolutionistische* Menschenbild. Es unterscheidet sich vor allem vom humanistischen dadurch, dass es nicht von der Entwicklungsfähigkeit des Menschen, sondern vielmehr von der Trägheit seines evolutionären Erbes ausgeht. Diese kommt in der gleichbleibenden Natur des Menschen zum Ausdruck, etwa in den gerade für Führung so wichtigen Merkmalen wie der Verlustaversion (trotz gleicher „objektiver" Höhe werden Verluste stärker empfunden als Gewinne), der Gegenwartsorientierung (zukünftige Gewinne werden überexponentiell abgezinst) oder dem Hang, das eigene Territorium zu verteidigen (z. B. mit Schreibtisch oder Trennwänden).

Unter den funktionalistischen Menschenbildern ist das *kartesianische* Menschenbild nach wie vor fest verankert in unserer Gesellschaft. Geprägt vom Leib-Seele-Dualismus des Philosophen RENÉ DECARTES (1596–1650), der den Menschen strikt in eine „ausgedehnte" Substanz (*res extensa*) – den Leib – und eine denkende Substanz (*res cogitans*) – den Geist – trennt, dient es vor allem der orthodoxen Medizin als Grundlage. Das kartesianische Menschenbild erlebt überdies durch den Einfluss der Neurowissenschaften als *physikochemisches* Menschenbild eine Verfeinerung. Nach ihm gehen sämtliche innerpsychischen Prozesse mit *neuronalen* Vorgängen in bestimmten Hirnarealen einher und sind daher grundsätzlich durch physikochemische Prozesse beschreibbar.

Am Anfang des Trends zur wissenschaftlichen Betriebsführung (*scientific management*) stand die Vorstellung vom funktionstüchtigen Menschen, wie es im Menschenbild des Ingenieurs FREDERICK TAYLOR so deutlich wird. Diesem Menschenbild liegt eine technisch-nüchterne Haltung zugrunde. Durch Zerlegung der Arbeitsaufgaben in kleinste Schritte, die vom Arbeiter auch ohne Qualifizierung schnell ausgeführt werden können, sollte die Produktion von unproduktiven Störfaktoren freigehalten werden. Im *tayloristischen* Menschenbild wird Führung eins mit Kontrolle. Diese ingenieurmäßige Sicht vom Menschen wurde in den 1930er Jahren vom *sozialen* Menschenbild abgelöst: Die Human-Relations-Bewegung rund um den Soziologen ELTON MAYO (1880–1949) versuchte den Menschen von den ihn beherrschenden Maschinen zu lösen und ihn in die Mitte der Beziehungen mit anderen Menschen zu platzieren. Informelle Kontakte bei der Arbeit waren nicht mehr tabu, sondern sogar Voraussetzung für höhere Leistung.

Unter den funktionalistischen Menschenbildern haben sich zwei als besonders zählebig erwiesen. Zum einen das *vereinnahmende* Bild des „Firmenmenschen" („*organization man*"), der – eingesponnen in die Struktur seiner Organisation – sogar bereit ist, sein Ich zu verraten, nur um Sicherheit und Anerkennung zu erringen. Ein solches Menschenbild stand früher besonders in den großen Konzernen hoch im Kurs. Zum anderen das Bild vom gesetzmäßig bestimmten, von jeglicher Historie unabhängigen und vorhersehbaren Menschen (V. FOERSTER/ PÖRKSEN, 2004). Dieses *triviale* Menschenbild ist weiter verbreitet als man denkt. Es ist eng verwandt mit dem *behavioristischen* Menschenbild, das den Menschen als durch externe Reize vollkommen kontrollierbar sieht. Solche Menschenbilder befreien uns von der unsäglichen Mühe, sich jeden Menschen als einzigartig, unbestimmt und nicht vorhersehbar zu denken.

Ein Menschenbild, das heute „in der Wirtschaft" deutlich zu erkennen ist, markiert den vorläufigen Endpunkt einer langen Entwicklung. Vieles ist probiert worden, jetzt weiß man endlich, was man wirklich will und braucht (NEUBERGER 1994, S. 27 f.). Am Ende dieses Weges steht das *komplexe* Menschenbild. In dieser Vorstellung ist der Mensch von heute flexibel, anpassungsfähig, mobil, lernfähig, änderungsbereit. Er fügt sich nahtlos in die „Globalisierung" und die „Wissensgesellschaft" ein. Für den komplexen Menschen sind Widersprüche kein Thema. Er ist auf der einen Seite voll in die Organisation eingebunden, sorgt jedoch gleichzeitig für seine zukünftige Beschäftigungsfähigkeit („*employability*"). Er weiß sich alleine durchzusetzen und ist zugleich ein empathischer Teamarbeiter. Der komplexe Mensch ist rigide und kreativ zugleich. Er liebt Freiräume, fügt sich aber auch problemlos in bestehende Strukturen ein. Mit anderen Worten, der Mensch ist nun so, wie man ihn braucht – wer immer sich hinter „man" verbirgt.

Mentoring

MENTOR war der Lehrer des TELEMACHOS, einziger Sohn von PENELOPE und ODYSSEUS, dem Helden des Trojanischen Krieges. In HOMERS *Odyssee* nimmt ATHENE, die Göttin der Weisheit, häufig MENTORS Gestalt an. Der Begriff „*Mentor*" wurde lange Zeit für Prinzenerzieher und Hauslehrer verwendet. Heute verbindet man mit einem Mentor einen erfahrenen Ratgeber, Helfer und Anreger. Unternehmen ziehen z. B. „weise" Führungskräfte (sehr oft aus dem Human Resource Management) aus operativen Aufgaben ab, um ihnen die Betreuung von „Novizen" anzuvertrauen. Sie nehmen dann all jene bei der Hand, von denen man sich für die Zukunft einiges verspricht und die sich deshalb rasch in einer neuen Aufgabe, veränderten Strukturen oder einer noch fremden Kultur zurechtfinden sollen. Mit dem Mentor verwandt, aber beileibe nicht identisch ist der *Coach*. Beide sind ausgesprochene „Feedback"-Geber.

Während der Coach Hilfe zur Selbsthilfe anbietet, kommt der Mentor vor allem durch seine Persönlichkeit und Erfahrung zur Geltung. Der Coach arbeitet mit seinem Gegenüber auf gleicher Augenhöhe. Der Mentor wirkt, weil man zu ihm aufschaut. →*Coaching* wäre dann mit „Learning *with*" und *Mentoring* mit „Learning *from*" zu vergleichen. Wenn sich Führungskräfte von ihren Mitarbeitern – einer Mode folgend – als „Coaches" feiern lassen („Ich habe jetzt ein Meeting mit meinem Coach"), so hat das Folgen. Sie müssen sich entweder von der Asymmetrie verabschieden, die dem Konzept „Führung" immer innewohnt. Oder sie muten ihren Mitarbeitern einen ständigen Wechsel zwischen den beiden Rollenerwartungen von „Führung" und „Coaching" zu. Die Rolle des Mentors lässt sich hingegen sehr wohl mit der Führungsrolle vereinbaren. Sie beinhaltet eine vollkommen natürliche Asymmetrie. „Führen durch Mentoring" ist deshalb ein durchaus logischer Ansatz.

Er bedeutet nicht, auf jegliche Kontrollen und Sanktionen zu verzichten und stattdessen blindes Vertrauen und die Hoffnung auf Einsicht walten zu lassen. Die Führungskraft als Mentor versucht vielmehr, innerhalb eines Ordnungsrahmens die Selbstregelung der Mitarbeiter zu kultivieren, Veränderungsbereitschaft zu entwickeln und Sinn zu vermitteln. Führen durch „Mentoring" heißt, auf verordnete Eindeutigkeit verzichten, sich zurücknehmen und in Bescheidenheit üben. Die Befriedigung erwächst hier aus der Möglichkeit, anderen Menschen zu helfen, ihr Selbstvertrauen zu stärken und sie an die eigene Stufe heranzuführen. Was für ein Kontrast zum „Herodes-Prinzip" pathologischer Führung, nach dem der fähigste Mitarbeiter gefeuert oder zumindest so weit weg versetzt wird, dass er als möglicher Nachfolger nicht mehr gefährlich werden kann.

Auch wenn der *Taoismus* mit seinen Idealen der Friedfertigkeit, Zurückhaltung und des Nichteingreifens mit dem rauen Führungsalltag nicht vereinbar scheint, sollte man ihn nicht vorschnell in die Ecke mit den Räucherstäbchen stellen. Es gibt durchaus ehrenwerte Versuche, die chinesische Lebensweisheit des Tao mit der pragmatisch angelegten westlichen Führungsmethode zu verbinden. Im Tao spielen zwei Dinge eine wesentliche Rolle, die sich in einer zeitgemäßen Führungsphilosophie wiederfinden: die Idee der *Zirkularität* („Alles kommt immer wieder zurück") und der Gedanke der *Unterscheidungslosigkeit* („Gegensätze definieren einander"). Diese beiden Ideen widersprechen der klassischen, linear gerichteten Führungslogik ebenso wie der Vorliebe, nach dem Prinzip des „Entweder-oder" zu handeln. Wenn man die Grundgedanken des Tao mit der Idee des Mentoring verbindet, ergibt sich das Profil eines „Tao-Mentoring", das durchaus aktuell und praxisnah ist (HUANG/LYNCH, 1999).

- „*Leer sein*": Nur wer geistigen Ballast abwirft und sich öffnet, lässt auch die Ideen anderer in sich hineinströmen. Dahinter verbirgt sich die Idee des „Entlernens", wie sie auch von manchen Unternehmern und Managern verfolgt wird. So sieht z. B. GÖTZ WERNER, Gründer der DM-Drogeriemarktkette, im Entlernen die noch größere Herausforderung als im ohnedies schon schwierigen Lernen.

- „*Sich selbst annehmen*": Nur wer sein ganzes Selbst auch mit den Mängeln akzeptiert, wird sich in all seinen Dimensionen weiterentwickeln. Von Führungskräften wird immer häufiger → *Authentizität* erwartet. Schlecht gespielte Führungsrollen werden heute nicht mehr so einfach hingenommen.

- „*Kooperationsbereit sein*": Nur wer bereit ist, Vorleistungen zu erbringen und dennoch wachsam bleibt, wird seinen Nutzen mehren. Eine typische Vorleistung ist die Bereitschaft, anderen Menschen Vertrauen zu erweisen. Diese ist allerdings rar geworden, weswegen heute das Wort „Vertrauenskrise" die Runde macht.

- „*Vor-Urteile ablegen*": Nur wer den kritischen Verstand zum Schweigen bringt, wird völlig neue Einsichten gewinnen. Das Hinauszögern eines Urteils zwingt die Führungskraft als Beobachter dazu, die Dinge auch anders zu sehen.

- „*Sich Zeit nehmen*": Nur wer für sich selbst Zeit schafft, kann innehalten, nach innen sehen und daraus Schlüsse für die nächsten Schritte ziehen. „Aktionismus" und das Springen von einem Thema zum nächsten gehören heute zu den häufigsten → „*Führungspathologien*".

- „*Zuhören*": Nur wer anderen aufmerksam zuhört, dem wird Kommunikation auch „gelingen". Das Gespräch ist mehr als ein bloßes Schallereignis, es sollte immer auf Verstehen ausgerichtet sein – was überhaupt nicht trivial ist.

- „*Kontrolle loslassen*": Nur wer andere ihren eigenen Weg finden lässt, schenkt ihnen das Gefühl des selbstbestimmten Handelns. Damit wird ein menschliches Grundbedürfnis befriedigt (unbeschadet der aktuellen Frage, ob der Mensch einen freien Willen besitzt oder nicht).

- „*Vorbild sein*": Nur wer anderen Vorbild ist, erntet wahre Loyalität. Gerade in Zeiten sinkender Grenzmoral, in denen es sich immer weniger zu lohnen scheint, moralisch zu handeln, ist der Wunsch nach Orientierung an Vorbildern besonders hoch.

- „*Sich in andere hineinfühlen*": Nur wer immer wieder „eine Meile in den Schuhen des anderen läuft", wird seine Ich-Bezogenheit ablegen können.

Manche nennen dies „emotionale Intelligenz", andere ganz einfach „Menschsein".

- „*Lachen*": Nur wer auch den Weg des Lachens geht, kommt zu einer Balance der Gegensätze. →*Lachen* befreit, es heilt und es lässt der Angst keine Chance.

Sind diese Grundsätze nicht zu „soft" für das harte Geschäft von Führung? Nein, wenn man *soft* mit leise, sachte oder gedämpft übersetzt. Das Tao-Mentoring schöpft ganz einfach aus den Quellen bewährter und unaufdringlicher Verhaltensweisen, die das Zusammenarbeiten zwischen Menschen erfüllter und damit – ohne ökonomischen Hintergedanken – *erfolgreicher* machen. Es hütet sich, alles auf einen linearen Zusammenhang zwischen Ursache und Wirkung zurückzuführen. Am Tao-Mentoring ist auch nichts Esoterisches im Sinne einer Geheimlehre für wenige Eingeweihte. Es ist vielmehr allgemein zugängliches und praktizierbares Wissen.

Mikropolitik

Das Bild der Organisation als steuerbares Räderwerk hängt schon seit langem schief. Mit dem neuen Verständnis von Organisationen als komplexe, sich selbst regulierende soziale Systeme sollte man es endgültig abhängen. KARL E. WEICK, einer der Vordenker des „postklassischen" Managements, hatte sich schon vor Jahrzehnten sein eigenes Bild darüber gemacht. Organisationen könne man am besten mit einem seltsamen Fußballspiel vergleichen (WEICK 1976, S. 1): Das Spielfeld ist rund und abschüssig und die Tore sind wahllos über das Spielfeld verteilt. Die Leute dürfen nach Belieben mitspielen oder aufhören oder Bälle ins Spielfeld werfen. Jeder kann jederzeit sagen, „Das ist mein Tor" und jeder tut so, als ergebe das Ganze einen Sinn …

Während also im alten Bild der Organisation die Akteure vollkommen und weitgehend widerspruchslos im Kollektiv aufgehen, stehen nun *individuelle* Interessen, Vorstellungen und Wirklichkeitskonstruktionen im Mittelpunkt. Mit dieser Wandlung in Richtung chaotischer Verhältnisse rückt auch die Mikropolitik ins Blickfeld. Sie ist ein Potpourri ausgeklügelter Techniken und Taktiken, mit deren Hilfe die Mitglieder einer Organisation ihre eigenen Interessen und Ziele durchzusetzen versuchen. Diese Techniken und Taktiken wirken nur kleinräumig und werden nur von wenigen wahrgenommen, deshalb der Begriff „*Mikro*politik". Zudem sind gerade in bürokratischen Organisationen viele Abläufe festgezurrt, sodass man sich der allgemeinen Kontrolle nur in Nischen entziehen kann.

Natürlich spielt bei der Mikropolitik →*Macht* eine Rolle. Um in den Aushandlungsprozessen, an deren Ende eine Machtausübung stehen kann, möglichst gut abzuschneiden, versuchen die mikropolitischen Akteure ihre Machtquellen auszubauen und neue Machtmittel hinzuzugewinnen. Ansehen, Erfahrung und scheinbare Integrität, Steh- und Einfühlungsvermögen, Sach-, Hintergrund- und Geheimwissen etc. werden hier in die Waagschale geworfen. Daneben gibt es noch Machtquellen, die nicht fest an Personen oder Funktionen gebunden, sondern gleichsam „frei flutend verfügbar" sind (BOSETZKY 1992). Wer z. B. die unerfüllten Bedürfnisse und Sehnsüchte innerhalb der Belegschaft erkannt hat, kann diese für seine Zwecke nutzen. Damit bringt Mikropolitik immer auch Dynamik in die Organisation. Sie belebt, die Frage ist nur, wie sehr dies dem offiziellen Zweck der Organisation dient.

Die Existenz politischer Prozesse in Organisationen wurde lange Zeit kaum beachtet oder sogar geleugnet, jedenfalls aber als etwas Negatives bewertet. Wenn schon von „Politik" die Rede war, dann im Sinne der befugten Organe, die grundsätzliche Entscheidungen treffen dürfen, um die Verwirklichung der Organisationsziele zu sichern. In der Englisch sprechenden Welt denkt man differenzierter. Das Englische unterscheidet zwischen „*polity*" als übergeordnete Strukturen, „*policies*" als die daraus abgeleiteten Prozesse und „*politics*" als konkrete Inhalte. Mikropolitik setzt an den Inhalten an, um mit bestimmten Spielzügen die Prozesse zu beeinflussen und letztlich die Strukturen in ihrem

Sinne zu verändern. Sie wirkt also in eine Richtung, die der „normalen" Politik entgegengesetzt ist.

Mikropolitik gilt weithin als Parasit der Organisation, als Sand im Getriebe, als Krankheit. Diese Sichtweise setzt allerdings voraus, dass es so etwas wie eine organisationale Rationalität gibt, die als Muster dienen kann, um Abweichungen festzustellen und zu beseitigen (MAYERHOFER 2010). Hält man sich hingegen vor Augen, dass Menschen nur über eine begrenzte Rationalität verfügen, eine Vielfalt von Interessen und Zielen verfolgen sowie Situationen und Probleme immer in ihrem Sinn definieren, so wird Mikropolitik eher zum Normalfall in Organisationen. Und mit deren Größe erhöht sich auch die Wahrscheinlichkeit, dass mikropolitisches Handeln zur Selbstverständlichkeit wird. In Organisationen ab etwa drei- bis vierhundert Beschäftigten beginnt sich die Mikropolitik bereits zu regen. Natürlich kann versucht werden, diesen Ansätzen durch strenge Hierarchisierung und Formalisierung den Boden zu entziehen. Für die Immunisierung gegen Mikropolitik ist allerdings ein hoher Preis zu entrichten: Die Lernfähigkeit der Organisation wird erstickt. Umgekehrt weisen losere Organisationsformen größere Ungewissheitszonen auf, was dann zwar mikropolitisches Handeln fördert, dafür aber die Wandlungsbereitschaft und den Ideenreichtum vergrößern.

Mikropolitisches Agieren ist keine eigene Handlungsweise, sondern vielmehr eine besondere *Qualität* des Handelns (NEUBERGER 2006). So ist z. B. das Ausnutzen und Erzeugen von Intransparenz, Widersprüchen und Wissenslücken typisch für mikropolitische Qualität. Revolution und Umsturz sind keine Kategorien, in denen ein gewiefter Mikropolitiker denkt und handelt. Er agiert viel subtiler, indem er etwa seine wahren Absichten hinter potemkinschen Kulissen verbirgt. Mikropolitik braucht keine öffentlichen Arenen, sie wirkt unerkannt am besten.

Wenn es um das konkrete Handwerkzeug mikropolitischen Handelns geht, kommt niemand an NICCOLO MACHIAVELLI und seinen Regieanweisungen für Machterhalt und Machterweiterung vorbei. Der Machiavellismus ist längst zum Inbegriff der politischen Skrupellosigkeit und moralischen Indifferenz geworden. Dabei hat dieser Philosoph nur das unverbrämt ausgesprochen, was so mancher Denker nach ihm in verkappter Weise formulierte. Dem Organisationspsychologen OSWALD NEUBERGER kommt das Verdienst zu, die Vielzahl und Vielfalt mikropolitischer Techniken ideologisch zu entkleiden und als unausweichlichen Teil des Handelns in Organisationen zu präsentieren. Dazu einige Beispiele.

Eine wichtige Technik besteht darin, anderen deren Überzeugungen auszureden, um sie für die eigenen Interessen einzuspannen. Selbstbewusst, „cool", unbeirrt und dominant aufzutreten, ist ein Muss. Meldungen, Nachrichten, Mitteilungen – also alles, was innerhalb der Organisation Wissen schaffen könnte – werden je nach Taktik zurückgehalten, verkürzt oder geschönt, dramatisiert, umgelenkt oder anders ausgelegt. Es gilt auch Tratsch und Klatsch zu lancieren, um neue „Wirklichkeiten" zu erzeugen oder von bestehenden abzulenken. Wichtig ist es, sich in Unsicherheitszonen der eigenen Organisation einzunisten, um diese dann als Monopolist zu kontrollieren und sich auf diese Weise unentbehrlich zu machen.

Wer „Leichen im Keller" kennt und sie im richtigen Augenblick ans Tageslicht bringt oder zumindest damit drohen kann, verfügt über eine wertvolle mikropolitische Ressource. Die Fähigkeit zur Ablenkung, Täuschung und zum Bluff ist ohnedies Voraussetzung für Mikropolitik. Zum ABC der Mikropolitik gehört es auch, sich eine Hausmacht aufzubauen oder so früh wie möglich Aufnahme in der „richtigen" Seilschaft zu finden. Hilfreich ist es auf jeden Fall, Koalitionen bilden zu können, ohne dass diese sofort erkennbar sind. Zu den Pflichtfächern der Mikropolitik zählt auch das Beherrschen des „Don-Corleone-Prinzips": Den passenden Leuten Gefälligkeiten zu erweisen oder sie ihnen sogar aufzudrängen, um dann bei der passenden Gelegenheit die Gegenleistung einzufordern.

Daraus wird deutlich: Mikropolitik ist handlungsorientiert. Mit ihrer Hilfe können Führungskräfte z. B. starke informelle Gruppen für die offiziellen Ziele der Organisation gewinnen. Sie bietet ihnen auch die Möglichkeit, ihre „Amtsautorität" durch Mikropolitik aufzustocken, um bestimmte Entscheidungen gegen den Widerstand anderer durchzusetzen. Reorganisationsprojekte können oft nur auf diese Weise gerettet werden. Die Kehrseite der Medaille liegt in der Gefahr einer zunehmenden Fragmentierung der Organisation, weil die Partikularinteressen der Organisationsmitglieder einfach überhand nehmen. Damit werden die offiziellen Ziele immer mehr verschleiert und eine Schattenorganisation beginnt langsam und stetig das Kommando zu übernehmen.

Mikropolitik hat also ihre positiven wie schädlichen Seiten. Sie braucht strukturelle Freiräume und die hat sie dort, wo sich Organisationen möglichst weit von der Bürokratie entfernen. Genau das ist das Dilemma. Bürokratien haben in der Regel die meisten Freiräume durch Regeln geschlossen, sodass sich die positiven Seiten der Mikropolitik gar nicht entfalten können. Lockere Organisationsformen mit ihren polyzentrischen oder netzwerkartigen Strukturen sind hingegen beweglich genug, um die dynamisierenden Segnungen der Mikropolitik entbehren zu können. Gerade hier kann sich diese jedoch mit ihren schädlichen Wirkungen ausbreiten.

Moral

Alle sprechen von Ethik und nur wenige von Moral. Die *Ethik* (griech. *êthos* = Gewohnheiten des Denkens und Handelns) gehört zu den Teilgebieten der Philosophie. Sie stellt Richtlinien auf, an denen sich menschliches Handeln ausrichten soll. Dabei beruft sie sich auf ein für jeden Vernunftbegabten einsehbares, oberstes Prinzip. Das Wort *Moral* (lat. *mores*) bezeichnet hingegen die Sitten und Gebräuche, denen man als Mitglied einer kulturellen Gemeinschaft zu folgen hat. Da sich heute immer mehr Menschen gefühlsmäßig dagegen wehren, von außen moralisch gegängelt zu werden – noch dazu von einem „Moralapostel" –, ziehen sie den Begriff Ethik vor. Er klingt neutral und verleiht das Gefühl, sein moralisches Handelns selbst bestimmen zu können.

Diese Selbstbestimmung wirft eine gewichtige Frage auf: Wieso ist es für jemanden *vernünftig*, eine geltende Moralnorm, deren Verletzung in einem konkreten Fall zu seinem Vorteil wäre, trotzdem zu befolgen? Ein offensichtlicher Grund für eine Normbefolgung sind drohende *äußere* Sanktionen. Das Spektrum reicht von informellen Sanktionen wie Tadel oder sozialer Ausgrenzung bis hin zu formellen Sanktionen in Form von Strafen, falls Moral- und Rechtsnormen zusammenfallen. Es gibt allerdings immer wieder Verstöße gegen Moral- wie auch Rechtsnormen, denen keine äußeren Sanktionen folgen, weil der Täter nicht entdeckt wird. Warum sollte sich also jemand einer Norm unterwerfen, wenn er von einem Verstoß dagegen nur profitieren könnte? Der Grund kann nur im Einfluss *innerer* Sanktionen liegen. Diese inneren Sanktionen fallen als „Gewissenskosten" in Form von Reue, Schuldgefühlen, Scham etc. an.

Voraussetzung dafür ist, dass eine bestimmte Moralnorm für mich ein verbindlicher Verhaltensmaßstab ist. Das ist dann der Fall, wenn ich sie mir als Regel zu eigen gemacht und somit verinnerlicht („internalisiert") habe. Dann werde ich diese Norm auch dann befolgen, wenn dies nicht in meinem unmittelbaren Interesse liegt. Ja, ich stelle mir diese Frage nach dem Nutzen gewöhnlich gar nicht, sondern befolge diese Norm einfach wegen meiner inneren Einstellung zu ihr (HOERSTER 2008). Wer so handelt, für den ist *Fairness* ein besonderer Wert. Wenn ich nämlich die allgemeine Praxis einer sozial geltenden Moralnorm für mich ausnutze, indem ich von der Normakzeptanz meiner Mitmenschen profitiere und als „Trittbrettfahrer" agiere, so handle ich höchst *unfair*.

Fairness ist jedoch beileibe keine „irrationale" Einstellung. So kann es für mich als Führungskraft durchaus vernünftig sein, Zeit und Energie zu „opfern", um anderen in der Organisation zu helfen, ihre eigenen Ressourcen zu erkennen, zu entwickeln und zu nutzen. Ich kann sogar so weit gehen – wenn ich dem Prinzip des *„Servant Leadership"* (SCHNORRENBERG 2007) folgen möchte –, meinen Mitarbeitern zu „dienen". Ich animiere sie auf diese Weise dazu, sich an meinem kooperativen „Spiel" zu beteiligen. Die Chancen stehen nicht schlecht, dass Fairness schrittweise zu einer allseits akzeptierten Norm wird. Meine Vorleistung hätte sich dann gelohnt und der Organisation einen Mehrwert beschert.

Es gibt noch einen zweiten Gesichtspunkt, der für ein Leben mit *Gewissen* spricht. Er beruht auf jenem egoistischen Interesse, das von Natur aus jedem von uns eigen ist. Angenommen, ich handle nur dann moralkonform, wenn ich entweder an einer moralwidrigen Handlung kein Interesse habe oder wenn ich für eine solche Handlung mit gravierenden äußeren Sanktionen rechnen muss. Ich verzichte dann, eine moralische Haltung einzunehmen. Ich überlasse es den anderen, Moral zu praktizieren und Moral nach außen zu vertreten. Die Konsequenz einer solchen Haltung wäre, dass mich immer mehr Menschen für den halten, der ich wirklich bin: einen Menschen ohne Moral. Sie würden annehmen, dass ich mich nicht um die Moral kümmere; und sie würden versuchen, für diese These Beweise zu finden. All das aber würde mich in meinem sozialen Umfeld auf Dauer derart in Misskredit bringen, dass ich das Leben eines Außenseiters führen müsste, mit dem die wenigsten Menschen Kontakt haben wollen (HOERSTER 2008). Es sei denn, ich richte mich nach dem BERTOLT BRECHT zugeschriebenen Motto: „Ist der Ruf erst ruiniert, lebt es sich ganz ungeniert."

Wie reagiert nun ein *moralischer* Mensch, wenn entweder er selbst oder jemand aus seinem Umfeld – Familie, Freundeskreis, Arbeitskollegen, Nachbarn – von der unmoralischen Handlung eines anderen betroffen ist? Er wird mit Tadel, Ablehnung und Verachtung reagieren, also mit jenen äußeren Sanktionen, denen Moralverstöße gewöhnlich ausgesetzt sind. Wie aber soll ein Mensch *ohne* Gewissen hier reagieren? Einerseits ist auch er wie jeder andere Mensch daran interessiert, dass alle anderen sich möglichst moralkonform verhalten, also nicht Trittbrett fahren. Denn er selbst möchte ja nicht Opfer eines Verstoßes gegen eine auch in seinem Interesse liegende Moralnorm werden. Andererseits jedoch ist das Leben eines Trittbrettfahrers für ihn selbst eine wohlbegründete Option.

Unser Mensch ohne Gewissen müsste daher eine Doppelstrategie verfolgen: Als Handelnder müsste er Trittbrett fahren, als Betroffener oder Beobachter von Moralverstößen jedoch müsste er die Moral predigen und stützen. Er müsste seiner Umwelt eine Einstellung vorspielen, die er in Wahrheit nicht besitzt. Dieses Heucheln erfolgreich zu praktizieren, ist auf Dauer nicht einfach. Es erfordert große Mühe und Wachsamkeit. Die Gefahr droht, dass zumindest seine engere Umgebung ihn irgendwann durchschaut und daraus Konsequenzen zieht. „Kluge Leute glauben zu machen, man sei, was man nicht ist, ist in den meisten Fällen schwerer, als wirklich zu werden, was man scheinen will", meinte einmal der Mathematiker und Aufklärer GEORG CHRISTOPH LICHTENBERG (1742–1799). Es ist daher meist einfacher, sein moralisches Ziel dadurch zu erreichen, dass man tatsächlich moralisch wird, als dadurch, dass man sich bloß als moralisch darzustellen versucht (HOERSTER 2008).

Ein solches Verhalten wirft noch dazu eine beachtliche Dividende ab. Es ermutigt die Menschen im eigenen Umfeld, anderen → *Vertrauen* zu erweisen. Nicht blind, sondern in kleinen Schritten und jeweils die Voraussetzungen hierfür prüfend. Wer dieses kostbare Gut des gesunden Vertrauens, das die Handlungsmöglichkeiten der Beteiligten so wohltuend zu erweitern vermag, nicht aufs Spiel setzen will, ist gut beraten, es noch mit der → *Gerechtigkeit* zu verknüpfen. Gerechtigkeit ist, ganz pragmatisch, geschuldete *Moral*. Wer etwa als Führungskraft seine Leiharbeiter die Mittagspause im Flur sitzend mit ihren Brotdosen auf dem Schoß verbringen lässt, weil sie sich (bei einem Stundenlohn von 4,50 Euro) die 6,50 Euro für ein „Gästeessen" nicht leisten können (LEHKY 2011, S. 26 f.), verstößt nicht bloß gegen eine Tugendmoral. Hier steht die Menschenwürde auf dem Spiel.

Damit schließen sich Vertrauen, Gerechtigkeit und Moral zu einem Dreiklang zusammen, welcher der Führung unter den heutigen Bedingungen hoher Komplexität, hoher Unbestimmtheit und hoher Vielfalt an Werteprofilen die nötige Orientierung verleihen sollte (Abb. 24).

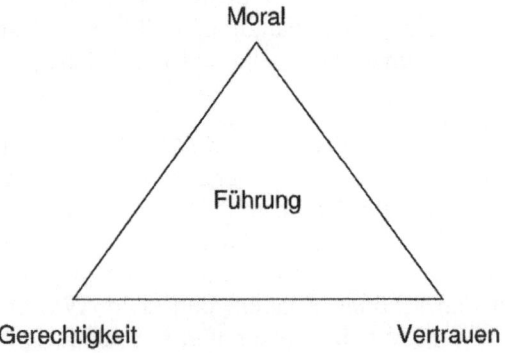

Abb. 24: *Ein fundamentaler Dreiklang zeitgemäßer Führung*

Moralische Normen haben durchaus ihren Platz in Führungsgrundsätzen, Moralkodizes, Leitbildern und so fort. Die Vorstellung, in einer Organisation folge moralisches Handeln einfach den ausdrücklich formulierten moralischen Grundsätzen, ist jedoch zu naiv. Abstrakte Maximen können überhaupt erst dann beginnen, eine Wirkung zu entfalten, wenn sie *beobachtbar* gemacht werden. Leider gibt es in der Führungspraxis nur einen Weg dorthin: *vorbildliches* Verhalten. Dieses wiederum setzt voraus, dass sich die Führungskräfte, die als Vorbild wirken möchten, intensiv mit ihren eigenen Werten auseinandersetzen, was mitunter mit schmerzhaften Konsequenzen verbunden ist. Von nun an heißt es nämlich Wasser predigen und ebensolches trinken. Erst wenn diese Notwendigkeit zum Verzicht verinnerlicht worden ist, hat es Sinn, moralische Grundsätze zu proklamieren. Alles Geschriebene und Gedruckte *folgt* dem moralischen Handeln und nicht umgekehrt. Moralische Grundsätze wirken erst dann, wenn sich bei den Menschen ein Vertrauen in ihre Robustheit entwickelt hat. Genau darin liegt die Bewährungsprobe für eine Führung, die Moral ernst nehmen möchte.

Narzissmus

NARZISS (griech. *Narkissos*) ist der Sohn der Nymphe LEIROPE und des Flussgottes KEPHISSOS. Er wächst zu einem außerordentlich schönen Jungen heran und wird schließlich so bezaubernd, dass sich viele in ihn verlieben. Aber, voll trotzigem Stolz auf seine eigene Schönheit weist er immer wieder die Liebe von Männern und Frauen zurück. Als ihn die Bergnymphe ECHO auf der Jagd erblickt, verliebt auch sie sich in NARZISS. Heimlich folgt sie ihm. So sehr sie aber auch in Liebe zu ihm entbrennt, ist sie nicht imstande, ihn anzusprechen. Schließlich verirrt sich NARZISS und fragt zu seiner Orientierung: „Ist jemand hier?" Für ECHO ist dies das ersehnte Zeichen. Sie läuft voller Freude aus ihrem Versteck, um den Geliebten zu umarmen. NARZISS aber weist sie brüsk von sich: „Ich würde eher sterben, als mit dir liegen!" ECHO zieht sich daraufhin in die Einsamkeit der Berge zurück. Dort verzehrt sie sich vor unerfüllter Liebe und siecht dahin, bis „nur ihre Stimme zurückblieb."

Ähnlich erging es auch anderen Frauen und Männern, die sich in NARZISS verlieben. Sie werden allesamt abgewiesen. Einer der Verschmähten ruft die Götter um Hilfe. ARTEMIS hört seine Bitte. Sie bestraft NARZISS daraufhin „mit unerfüllbarer Selbstliebe." Ohne von seinem Schicksal zu wissen, kommt NARZISS an eine Quelle. Er wirft sich erschöpft nieder und verliebt sich in sein eigenes Spiegelbild. Zuerst versucht er den schönen Knaben, den er im Wasser vor sich sieht, zu umarmen und zu küssen. Aber bald erkennt er sich selbst. Er kann es nicht ertragen, seine Liebe zu besitzen und doch nicht zu besitzen. Kummer quält ihn endlos, doch er erfreut sich an der Qual. Denn wenigstens weiß er, dass sein Bildnis ihm treu bliebe, was immer auch geschehe. In der Erkenntnis aber, dass die ersehnte Vereinigung mit dem Geliebten nicht möglich sein wird, kommt NARZISS schlussendlich zu Tode (RANKE-GRAVES 1992, S. 259).

SIGMUND FREUD (1856–1939) definiert den Narzissmus als ein Phänomen, bei dem der Außenwelt *Libido*, also die den Sexualtrieb begleitende psychische Energie, entzogen und stattdessen auf das Ich konzentriert wird (FREUD 1955). Der „narzisstische" Charaktertypus bei FREUD ist also durch eine gesteigerte libidinöse Besetzung des Ichs gekennzeichnet. Dies löst einen starken Wunsch nach Bewunderung aus, wofür die Überschätzung der eigenen Wichtigkeit die Grundlage liefert. Für Führung bedeutet dies, dass es immer dann zum Empfinden „triumphaler Größe" kommt, wenn im „Ich" etwas mit dem „Ich-Ideal" zusammenfällt. Ist dies nicht der Fall, so stellen sich Bedrücktheit, Schuld oder das Gefühl der Minderwertigkeit ein.

In der Zeit nach FREUD wird der Narzissmus „entlibidinisiert", das heißt vom Konflikt zwischen lustsuchendem und destruktivem Verhalten befreit. Der Psychoanalytiker HEINZ KOHUT (1913–1981) stellt dem „schuldigen Menschen" FREUDS den „tragischen Menschen" gegenüber. Diesen definiert er anhand zweier grundlegender menschlicher Bedürfnisse. Auf der einen Seite haben wir Menschen ein „Spiegelungsbedürfnis", das heißt, wir wollen unser Selbst bestätigt oder gar bewundert wissen. Auf der anderen Seite besitzen wir ein „Idealisierungsbedürfnis", das sich in dem Wunsch ausdrückt, mit jemanden, den wir für stark halten, zu verschmelzen. Wie FREUD geht auch KOHUT von einem paradiesisch gedachten Zustand völliger Selbstgenügsamkeit aus, den er *primären* Narzissmus nennt. Da diese Vollkommenheit durch die Begrenztheit mütterlicher Fürsorge kaum lange währt, kompensiert das Kind dieses Defizit durch den Aufbau zweier Selbst-Objekte, die den *sekundären* Narzissmus bilden: zum einen das „Größen-Selbst" als grandioses und exhibitionistisches Bild des eigenen Ich; und zum anderen die „idealisierte Elternimago" gleichsam als „bewundertes Du". Das Größen-Selbst verkörpert die Überzeugung „Ich bin vollkommen", während die idealisierte Elternimago ausruft: „Du bist vollkommen, aber ich bin ein Teil von dir" (STEYRER/ STAHL 2008).

Die Eigenheiten narzisstischer Störungen sind nach KOHUT auf eine gefühlsarme Erziehung zurückzuführen. Empathische Eltern vermögen das Größen-Selbst des Heranwachsenden zu „zähmen" und zu relativieren. Auf diese Weise kann sich eine gesunde Außenorientierung entwickeln gepaart mit der Bereitschaft, nach Erfolg zu streben und Außergewöhnliches zu leisten. Werden jedoch die Bedürfnisse nach Spiegelung und Idealisierung nicht ausreichend befriedigt, so bleibt das Selbst in seiner frühkindlichen, gleichsam archaischen Form stecken. Daraus kann einerseits ein „Spiegelungshunger" entstehen, der sich etwa in einem Verlangen nach Bewunderung und dem Drang, sich exhibitionistisch zur Schau zu stellen, ausdrückt. Andererseits mündet das Streben, die empfundene Leere aufzufüllen und Angst durch idealisierte Selbst-Objekte zu kompensieren, oft in einem „Idealisierungshunger".

Während KOHUT im Narzissmus durchaus positive Seiten erkennt, interpretiert ihn OTTO F. KERNBERG, einer der Pioniere der Psychoanalyse, ausschließlich pathologisch. Das krankhafte Größen-Selbst entsteht bei ihm aus der Verschmelzung dreier Vorstellungen:

- dem *Real-Selbst*, das z. B. von der Phantasie lebt, jemand Besonderer zu sein, was oft schon in der frühen Kindheit bestärkt wurde;
- dem *Ideal-Selbst*, wie es etwa in den Vorstellungen von Macht und Reichtum, von Allwissenheit und Schönheit zum Ausdruck kommt, mit denen das Kind seine Erfahrungen von Frustration und Neid zu kompensieren sucht;
- und den *Ideal-Objekten* z. B. in Form der herbeigesehnten, unablässig gebenden und grenzenlos liebenden Elternfigur.

Diese Verschmelzung von Real-Selbst, Ideal-Selbst und Ideal-Objekten dient der Abwehr gegen „unerträgliche reale Gegebenheiten im zwischenmenschlichen Beziehungsfeld", so KERNBERG (1978, S. 266). Das Versagen der Eltern tritt also bei ihm gegenüber der Entgleisung der Betroffenen deutlich in den Hintergrund. Hinter all dem steht die verleugnete Grundeinstellung eines ausgehungerten, wütenden und innerlich entleerten Selbst. Sie nährt sich aus dem Zorn über erlittene Kränkungen und der Angst vor dem Hass und der Rache der anderen. Aufgrund dieser leidvollen Erfahrungen sind Menschen mit narzisstischen Störungen so sehr mit ihrem Größen-Selbst verhaftet, dass sie das Bild, das zeigt, wie sie wirklich sind, längst eliminiert haben.

Ein gesundes Selbst weiß hingegen sehr wohl über die Stärken und Schwächen seiner verschiedenen Bezugsinstanzen Bescheid. Es erkennt, dass auch in seinem Ideal-Selbst positive und negative Anteile enthalten sind und es nimmt auch bei den wichtigsten Vorbildern starke Seiten und Defizite wahr. Fehlen solche Vorbilder in der frühen Phase der Sozialisation, so kann es zu einer Rollendiffusion kommen. Der Jugendliche hat keine Möglichkeit, „seine Rolle" zu finden. Das Selbst wird als bruchstückhaft wahrgenommen und Verwirrung ist die Folge. Die Frage „Wer bin ich und was soll ich werden?" bleibt in frustrierender Weise unbeantwortet. Heranwachsende wechseln ständig ihre Rollen und schlüpfen schließlich oft in eine, die von der Gesellschaft betont kritisch gesehen wird, z. B. als Rocker oder Punker.

Beim pathologischen Narzissmus kennen Real-Selbst, Ideal-Selbst und Ideal-Objekte keine Schattierungen mehr. Sie sind in einer Struktur des Größenwahns verschmolzen. Alle negativen Aspekte und die darin enthaltenen von sich gewiesenen Emotionen werden auf andere projiziert. Auf diese Weise werden die äußeren Objekte einerseits stark entwertet und andererseits aus Angst zu verfolgenden Objekten. Ein arrogantes, überhebliches Verhalten ist die Folge davon (Eine Zusammenfassung von Merkmalen narzisstischer Störungen erfolgt im Diagnostischen und Statistischen Handbuch Psychischer Störungen DSM-IV). Wer solcherart eine Führungsposition ausübt, wird seine „Untergebenen" (hier stimmt dieser unzeitgemäße Ausdruck tatsächlich) beherrschen und ausbeuten, ohne auch nur die geringsten Schuldgefühle zu hegen.

Solche parasitären und rücksichtslosen Führungsbeziehungen werden von zweierlei Einstellungen gesteuert: einer verächtlichen, mit der andere ausgenutzt werden, solange sie gebraucht werden; oder einer angstbetonten, die sich in der panischen Abwehr ausdrückt, von irgend einem anderen Menschen abhängig zu sein oder gar beherrscht zu werden (STEYRER/STAHL 2008). Überall dort, wo Organisationen den handelnden Personen eine narzisstische Bühne bieten – wobei „die Medien" oft eine wichtige Rolle spielen –, kann sich ein pathologisches Größen-Selbst mit all seinen destruktiven Folgen ausleben. Das gesunde Spiegelungsbedürfnis, das so wichtig ist, um mit Energie nach Leistung zu streben, aus Kritik zu lernen und selbständig Entscheidungen zu treffen, gerät dabei unter die Räder.

Gerade die Großorganisation von heute wird so zum Einfallstor für zwei abträgliche Spielarten des Narzissmus: dem „illusionären", dem oft überfordernde Eltern Vorschub leisten, und dem „reaktiven", dessen Ursprung nicht selten in einer abweisenden frühkindlichen Erziehung liegt. Der „illusionäre" Narzisst jagt beständig einem realitätsfernen Ideal nach, hat Angst vor Misserfolgen, ist wenig entschlussfreudig und bevorzugt unkritische Mitarbeiter. Der „reaktive" Typ strebt nach Dominanz, ist kalt und mitleidlos, reagiert mit Wut auf Kritik und wird Fehlschläge niemals zugeben (KRAINZ 1998). Die beiden Typen zeigen auch, wie sehr der Narzissmus zwei anderen psychischen Besonderheiten nahesteht: dem →*Charisma* und der Paranoia. Charisma ist eine riskante Gratwanderung zwischen Grandiosität und Stigmatisierung. STEVE BALMER, der CEO von MICROSOFT, genießt z. B. gleichermaßen Bewunderung wie Spott – letzteren etwa durch die Bezeichnung „monkey boy". Paranoia wiederum ist eine durch übertriebenes Misstrauen verursachte Wahnvorstellung. So fühlen sich oft Führungskräfte börsennotierter Unternehmen der Meute von „Analysten" und berufsmäßigen Beobachtern regelrecht ausgeliefert.

Die moderne Organisation hat sich zwar inzwischen von der reinen Hierarchie entfernt, indem sie die strenge vertikale Ordnung z. B. mit horizontalen, netzwerkähnlichen oder temporären Projektstrukturen auflockert. Dennoch bleibt das Prinzip der Über- und Unterordnung so weit erhalten, dass sie narzisstisch Veranlagte immer noch magisch anzieht. Die neue Unübersichtlichkeit fördert zudem die →*Individualisierung*, die inzwischen zu einem gesellschaftlichen Trend geworden ist (BERSCHEIDER 2011). Eine interessierte Öffentlichkeit verlangt nach permanenter Inszenierung (z. B. als „Global Player", „Visionär" oder „Retter"), was viele Führungskräfte zwischen der Frage „Wie muss ich sein?" und der Angst, „Ich werde nicht genügend beachtet" rotieren lässt. Die berüchtigten (weil zur Selbstüberschätzung neigenden) „High Potentials" sind ein typisches Beispiel für die Erziehung zur „Großartigkeit". Sie lernen schon früh, dass es vor allem auf Wirkung ankommt und dass daher ein Aufgehen in Teamarbeit tunlichst dem Fußvolk zu überlassen ist.

Organisationskultur

Die Idee, sich mit der „Kultur" einer Organisation auseinander zu setzen, rührt von der Vorstellung her, dass Organisationen so etwas wie kleine Gesellschaften sind. Die Kultur einer Gesellschaft hat die Funktion, Wissen und Fähigkeiten horizontal weiterzugeben. Sie ergänzt damit die vertikale Weitergabe durch biologische Vererbung (HEJL 2011). Eine Organisationskultur ist zweckorientierter. Sie besteht aus jenen Grundannahmen, an denen sich die Mitglieder in ihrem Handeln orientieren. Dabei ist es unerheblich, wer sie „erfunden" hat. Sie sind einfach da, haben sich bewährt und werden deshalb weitgehend akzeptiert. Mit ihrer Hilfe lernen neue Mitglieder die „richtige" Haltung. Organisationskultur trägt wesentlich dazu bei, dass sich die Wahrnehmungsprozesse und Wirklichkeitskonstrukte im Lauf der Zeit angleichen.

Organisationskultur kann am besten beobachtet werden über die Verhaltensmuster der Mitglieder: Wie geht man miteinander um? Wie kommt es zu Entscheidungen? Welche Rituale gibt es in der Organisation? Auch die Geschichten, die man sich erzählt, spiegeln die Kultur einer Organisation wider. Ob diese Geschichten „wahr" sind oder nicht, ist nicht wichtig. Sie transportieren die Grundhaltung einer Organisation. Der Seniorchef des Unternehmens, der angeblich noch mit dem Rucksack und auf einem klapprigen Fahrrad in die Firma kam, steht dann für den Appell, auf keinen Fall den Pioniergeist zu vergessen. Bei BOSCH erzählte man sich früher die Geschichte vom alten Herrn BOSCH, der bei einem Werksrundgang eine Büroklammer auf dem Boden liegen sah, sie aufhob und den Mitarbeitern vor die Nase hielt. Das war keine bloße Büroklammer, nein, es war sein Geld! „Des han i zahlt!", machte er unmissverständlich klar.

Die Antwort auf die Frage, wie veränderbar eine Organisationskultur ist, hängt davon ab, welchem Verständnis man zuneigt. Die klassische Auffassung lässt sich mit dem Satz umschreiben „Eine Organisation *hat* eine Kultur". Organisationskultur ist hier eine Stellgröße wie Strategie und Struktur. Mit ihrer Hilfe kann man das System „Organisation" regeln. Führungskräfte sehen hier in der Kultur ein Instrument, um ihre Wirklichkeitskonstruktionen durchzusetzen und den Erfolg der Organisation sicherzustellen. Die Gegenposition lautet: „Eine Organisation *ist* eine Kultur". Hier dient der Begriff „Kultur" als Metapher, um das Hegen, Pflegen und Bebauen zu betonen, wie es z. B. in dem Begriff „Agrikultur" zum Ausdruck kommt. Die Gestaltbarkeit setzt also das Verstehen der Organisationskultur voraus. Jedes Mitglied hat eine ganz persönliche Vorstellung von „seiner" Organisation. Die Buchhalterin wird sie anders erfahren als der Mann am Fließband, der Verkäufer anders als die Personalleiterin. Gesucht werden jene gemeinsamen Muster, die unterschiedliche subjektive Bilder in ähnliche, man könnte auch sagen „parallelisierte" Wirklichkeitskonstruktionen verwandeln.

Während es z. B. in den 1980er Jahren gang und gäbe war, die Ist-Kultur einer Organisation der Soll-Kultur gegenüberzustellen, um die beiden dann mit Hilfe externer Berater möglichst rasch zur Deckung zu bringen, verlangt die Position „Organisation ist eine Kultur" ein feinfühligeres Vorgehen. Um gemeinsame

Muster zu erkennen, bedarf es keiner externen Berater. Vielmehr müssen Führungskräfte das tun, was so manche Unternehmer alten Schlages so auszeichnete: das Umherwandern, Beobachten und Fragen im Betrieb. Immer verbunden mit der Bereitschaft, sich selbst beobachten zu lassen, um ein Vorbild abzugeben und bei den Mitarbeitern vielleicht sogar ein Nachahmungslernen auszulösen. Durch die Zunahme der anonymen Bildschirmarbeit („Management by Screening Around") beschneiden sich immer mehr Organisationen der Möglichkeit, die Kultur auf diese Weise zu entwickeln.

Wenn Organisation eine Kultur ist (und nicht hat), dann sind die Strukturen einer Organisation nichts anderes als ihr Spiegelbild. Der Soziologe ANTHONY GIDDENS bezeichnet Strukturen als die Summe der geteilten Regeln und verteilten Ressourcen. In dem Moment, in dem es gelingt, die Strukturen zu verändern – was überhaupt nicht einfach ist, weil sich Teile davon im Lauf der Zeit fest in den Gedächtnissen der Mitglieder verankert haben –, wird sich die Kultur anpassen. Es gilt auch umgekehrt: Ändern sich die Grundannahmen der Organisation, so sucht sich diese die Strukturen, die dazu passen. Organigramme eilen dieser Entwicklung entweder voraus oder sie hinken ihr hinterher.

Dieser Zusammenhang zwischen Struktur und Kultur wird auch deutlich, wenn man der Frage nachgeht, ob es bestimmte Typen von Organisationskultur gibt. Der Betriebswirtschaftler DIETHER GEBERT hat dafür eine wertvolle gedankliche Grundlage geliefert (GEBERT/BOERNER 1995). Sein Ausgangspunkt ist der Philosoph KARL POPPER („Die offene Gesellschaft und ihre Feinde", 1945), der ganze Gesellschaften als prinzipiell *offen* (vielfältig, tolerant, innovativ) oder *geschlossen* (stabil, geordnet, eindeutig) charakterisierte. Auf dieser Grundlage (und etwas abweichend von GEBERT) lassen sich Offenheit und Geschlossenheit von Organisationskulturen anhand dreier Merkmalspaare beschreiben: Vielfalt versus Homogenität, Spontaneität versus Ordnung und Außenorientierung versus Binnenorientierung (siehe Abb. 25).

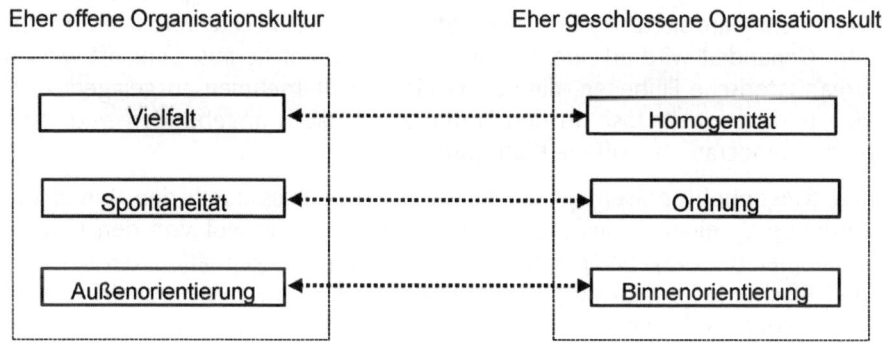

Abb. 25: Merkmalspaare einer offenen und geschlossenen Organisationskultur

Vielfalt versus Homogenität

- In einer offenen Organisationskultur wird Vielfalt als Chance erlebt. Dem Individuum kommt ein höherer Stellenwert zu als dem Kollektiv. Eine solche Kultur hat auch einen entspannteren Zugang zur Komplexität. Man hat gelernt, mit hoher Komplexität umzugehen und betreibt bei passenden Gelegenheiten – ohne sich dessen bewusst zu sein – ein „zielgerichtetes Durchwursteln". In besonderen Fällen gehen Organisationen von der klassischen Stellenbesetzung ab und passen die Stelle an die Fähigkeiten des Mitarbeiters an („Job Sculpting"). Die Individualisierung der Entgelt- und Anreizsysteme etwa in Form eines „Cafeteria-Systems" ist ein weiteres Beispiel für diese Offenheit.

- In einer geschlossenen Organisationskultur ist Homogenität alles. Eine Tendenz zur äußerlichen Gleichschaltung, z. B. durch Kleidervorschriften oder eine Firmenuniform, ist offenkundig. Tiefgreifender ist die Anwendung des Assessment Centers für die Personalauswahl. Werden als Assessoren altgediente Mitglieder der Organisation eingesetzt, so geben diese regelmäßig jenen Kandidaten den Vorzug, aus deren Verhaltensweisen in den Übungen (z. B. Planspiele, Gruppendiskussionen) sie auf Überzeugungen und Werthaltungen schließen können, die den ihren ähneln. Um eine hohe Homogenität sicherzustellen, setzen viele Organisationen auch auf Tradition. Ihre einebnende Wirkung besteht darin, dass man gegen bestimmte Werte nicht ohne schmerzhafte Sanktionen (von den verschiedenen Formen der sozialen Ächtung bis hin zum Mobbing) verstoßen kann.

Spontaneität versus Ordnung

- Die Aussage „Organisation ist Kultur" wird nirgendwo so offensichtlich wie in der Adhocratie. Diese Organisationsform weist ein Höchstmaß an Offenheit auf der Achse Spontaneität versus Ordnung auf. Sie ist typisch z. B. für Expertenorganisationen und kundenorientierte Softwarefirmen, für Filmprojekte, kreative Werbeagenturen und Hersteller technischer Prototypen. Es gibt hier weder standardisierte Abläufe noch offene oder versteckte vertikale Strukturen. Gehandelt wird ad hoc, also aus dem Moment heraus. Sehr oft weisen organisatorische Einheiten, die von größeren Unternehmen ausgelagert wurden und nur mehr lose an den Unternehmenskern angebunden sind, eine solche adhocratische, offene Kultur auf.

- Den Gegenpol repräsentiert die Bürokratie, in der es durch den Primat der Ordnung zu einer Schließung der Kultur kommt. Sie lebt von den Grundannahmen der (fast) bedingungslosen Loyalität zur Organisation, der Disziplin und Pflichterfüllung sowie der Fügsamkeit, sich in die bestehende Ordnung einzureihen und eine Position zugewiesen zu bekommen. Das Prinzip der Über- und Unterordnung, genau definierte Rollen, das sakrosankte Organigramm und der Stellenplan sind wichtige Mittel, um die Geschlossenheit auch strukturell sicherzustellen. Der Ursprung dieser Geschlossenheit liegt in dem Bestreben, „Herrschaft" (wie der bevorzugte Begriff Anfang des 20. Jahrhunderts noch lautete) zu „entsubjektivieren", das heißt von den Unwägbarkeiten menschlicher Eigenheiten zu befreien. Das Handeln innerhalb der Organisation sollte sich an der „gesatzten Ordnung" orientieren.

Außenorientierung versus Binnenorientierung

- Sich stärker nach „außen" zu orientieren, um die Grenzen zwischen der Organisation und ihren wichtigen Umwelten durchlässiger zu gestalten, ist ein weiteres Merkmal offener Kultur. Irritationen von außen werden bereitwillig aufgenommen, um mit der wachsenden Außenkomplexität der Umfelder Schritt zu halten. Eine Öffnung erfolgt oft aus einem Gefühl des internen „Organisationsversagens" heraus, weil Koordination und Kooperation immer schlechter funktionieren. Die Antwort darauf ist das Bestreben, „mehr Markt" auch im Inneren der Organisation zu praktizieren. Versuche, einen Interessenpluralismus zu pflegen, indem man sich neben den „Kunden" auch anderen Stakeholdern (Lieferanten, Banken, Medien, Kommunen, Bürgerinitiativen etc.) aktiv zuwendet, weisen in eine ähnliche Richtung.

- Die Binnenorientierung als Charakteristikum einer geschlossenen Kultur sieht die Aufgabe der Führungsorgane darin, Eindeutigkeit, Berechenbarkeit und Gewissheit zu produzieren und so die Organisation vor allzu vielen Irritationen zu schützen. Die Organisation muss im (statisch verstandenen) Gleichgewicht bleiben. Das Gefühl der Stabilität ist dabei ein wichtiger Motivationsfaktor. Oft geht die Binnenorientierung mit einer Überlegenheit einher, die sich aus historischen Erfolgen, dem exklusiven Zugang zu knappen Ressourcen oder der Bindung an eine charismatische Führungsfigur erklären lässt.

Der Trend geht heute unverkennbar in Richtung offener Kultur. Dies ist insofern wohlbegründet, als eine geschlossene Kultur früher oder später zu einer Abschottung gegenüber der Außenwelt führt. Dies gefährdet die Überlebensfähigkeit besonders jener Organisationen, die in Wettbewerbsmärkten operieren. Das heißt jedoch nicht, dass eine Vielfalt betonende, adhocratisch nach außen orientierte Struktur die „richtige" Lösung für jede Organisation wäre. Die Art der Organisation, ihr Zweck, ihre Umfelder und ihre Strategie sind wichtige Faktoren, welche die Position zwischen den Polen offen und geschlossen bestimmen. Beide, Offenheit und Geschlossenheit, haben ihre Vorzüge, für die aber entsprechende Preise zu entrichten sind. Dazu drei Beispiele:

- Eine offene Kultur ist innovativer, weil sie Irrtümer toleriert. Dieser Vorzug ist zu bezahlen mit einer unruhigen Organisation und mit der Mühsal, vieles zuzulassen, was man in einer geschlossenen Kultur einfach unterbunden hätte.

- Eine offene Kultur ist aktionsfreudiger, weil sie Meinungsvielfalt atmet. Gegen den daraus entstehenden Vorteil eines kreativeren Umgangs mit Komplexität ist ein höherer Kommunikations- und Koordinationsaufwand zu buchen.

- Eine offene Kultur ist wettbewerbsfähiger, weil sie die Potenziale der Human-Ressourcen besser erschließt. Dafür haben die Führungskräfte den Preis eines Führungsverhaltens zu entrichten, das viel mehr Zeit und Energie für menschliche als für sachliche Belange erfordert.

Persönlichkeit

Der philosophische Aufklärer IMMANUEL KANT sah in der *Person* ein vernünftiges Geschöpf, das niemals bloß als *Mittel* gebraucht werden darf, sondern immer *Zweck* an sich selbst ist. Erst diese nur dem Menschen eigene Loslösung von den Mechanismen der Natur gibt der Person die Möglichkeit zur freien sittlichen Selbstbestimmung und damit ihre Würde. Die Person wird so zur *Persönlichkeit*. ARTHUR SCHOPENHAUER wiederum strich stattdessen einen anderen Begriff heraus. Er sprach vom *Charakter* als dem unwandelbaren „Grundzug" eines Menschen. Der Mensch ändere sich eben nie, denn wie er einmal gehandelt habe, so würde er, unter völlig gleichen Umständen, stets wieder handeln. Dieser Mensch ist eben charakterfest, würden wir heute sagen.

In der neueren Zeit rückt das *Individuum* als Synonym der Persönlichkeit in den Vordergrund. Sein Wesen ist die Unteilbarkeit. Daraus leitet sich die Einzigartigkeit ab und – ganz lebenspraktisch gesehen – das Bedürfnis, sich von „der Masse" abzugrenzen und dieses einzigartige Selbst möglichst voll zur Entfaltung zu bringen. Will man das Alleinstellungsmerkmal eines Individuums mit sozialer Aufmerksamkeit verbinden, so spricht man heute von der *Identität*. Auch Organisationen wird eine Identität (z. B. als Unternehmensidentität oder *Corporate Identity*) zugebilligt. Identität beruht auf Unterscheidung. Sie entsteht allerdings nicht durch stumme Anschauung, sondern über Kommunikation. Dabei spielt das autobiografische Gedächtnis eine wichtige Rolle (WELZER 2002).

Und wie passt das *Ich* in dieses Potpourri an Begriffen? Beim Ich kommt nun endgültig das Gehirn ins Spiel. Das Gehirn erzeugt eine Vielfalt von „Ich-Zuständen" mit ganz bestimmten Funktionen: Das „Ich-Ich" bestätigt mir, dass der Körper, in dem ich lebe, *mein* Körper ist; das „Mich-Ich" ermöglicht mir, über mich selbst nachzudenken; das „Wo-Ich" sagt mir, wo ich mich gerade befinde; das „Wer-Ich" macht mir klar, dass ich es bin, der seine Gedanken und Handlungen zu verantworten hat; und so fort. Damit heißt es Abschied nehmen von dem einen uniformen Ich. „Wer bin ich – und wenn ja, wie viele?" lautet denn auch der treffende Buchtitel des Philosophen RICHARD DAVID PRECHT (2007).

Diese Ichs sind nicht abgezirkelte Einheiten, sondern sie verbinden sich zu einem facettenreichen Konzertstück, das in vielen Orchestrierungen, in unterschiedlichen Tempi und bei verschiedenen Anlässen gespielt wird. Zerfällt dieses Stück in einzelne Teile, so kommt es zu einer *Dissoziation* im psychiatrischen Sinne. Dann kann jemand – wie von dem Hirnforscher und Psychologen OLIVER SACKS (2010) ausführlich beschrieben – seine Frau tatsächlich mit einem Hut verwechseln, oder sein eigenes Bein als widerwärtigen Fremdkörper empfinden, den er sich unbedingt abreißen will, oder Parkuhren zärtlich streicheln, weil er sie für Kinder hält. Damit schließt sich auch der Kreis zur Persönlichkeit. Sie ist gleichsam die am häufigsten aufgeführte Komposition von Ich-Zuständen. Zu ihr erhält die Person auch die meisten bestätigenden Rückmeldungen. Sie hat sich in vielen, wenn auch nicht in jeder Situation bewährt. Das offenbart zugleich das Problem mit den →*Persönlichkeitstests*. Sie erfassen nicht immer die „richtige" Persönlichkeit.

Durch die Möglichkeiten, welche die neuen bildgebenden Verfahren der Hirnforschung bieten, ist es nur zu verständlich, dass die Neurobiologie versucht, die Psychologie zu überholen und dem Wesen der Persönlichkeit auf den Grund zu gehen. Dass sie sich dadurch besonders von Philosophen den Vorwurf des Reduktionismus, also dem Zurückführen ganzheitlicher Phänomene auf physikochemische Mikrovorgänge, einhandelt, muss sie dabei in Kauf nehmen. Für die moderne Hirnforschung ist klar: Es gibt keinen Geist ohne Gehirn. Folglich hat die Persönlichkeit ihren Sitz irgendwo zwischen den Ohren und ist über das periphere Nervensystem mit dem Körper verbunden. Persönlichkeit verteilt sich über das ganze Gehirn und dieses ganze Gehirn ist an der Persönlichkeitsbildung beteiligt (STAHL 2011). Das ist wohlgemerkt eine neurobiologische Sichtweise, die manchen Philosophen, Theologen und Psychologen gehörig aufstößt.

Der Hirnforscher GERHARD ROTH (2007) liefert einen interessanten Vorschlag, die Persönlichkeit – zugegeben vereinfachend – als Ergebnis von Vorgängen zu sehen, die sich auf vier verschiedenen Gehirnebenen abspielen. Da aufgrund der Multi-Zentralität des Gehirns an einem derart komplexen Phänomen wie der Persönlichkeit eben auch eine Vielzahl von Arealen beteiligt ist, erscheint diese Vorgehensweise nicht abwegig. Das Modell von ROTH kann man sich, in einer etwas abgewandelten Form, aus vier Ebenen zusammengesetzt denken. Die Ebene der existenziellen Grundlagen und die Ebene der emotionalen Konditionierung bilden die *unbewusste* Sphäre der Persönlichkeit. Sie formt sich schon sehr früh und bestimmt, wie wir mit uns selbst und unserer unmittelbaren Umwelt interagieren. Die Ebene des individuellen und sozialen Lernens und die Ebene der Sprache und Intelligenz können als *bewusste* Sphäre gedacht werden (Abb. 26).

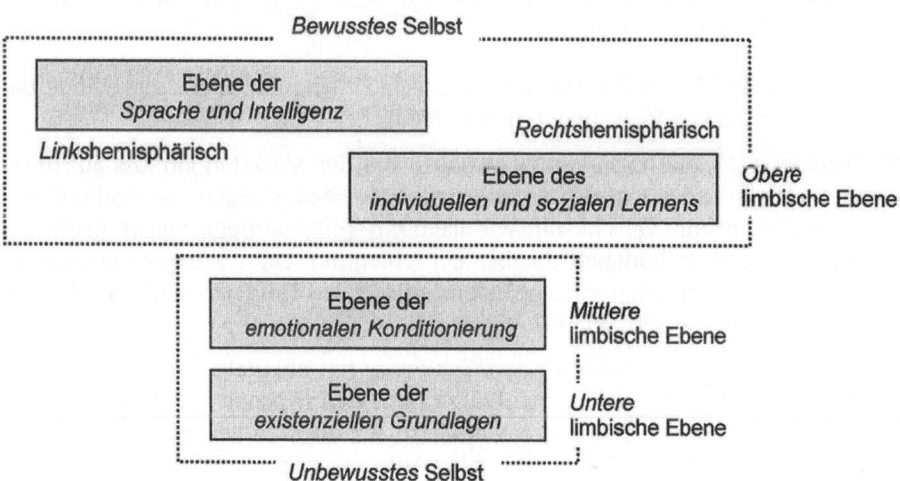

Abb. 26: *Das Vier-Ebenen-Modells der Persönlichkeit, modifiziert nach ROTH 2007. Quelle: STAHL 2011, S. 155.*

Die einzelnen Ebenen des Modells wirken sowohl von oben nach unten als auch umgekehrt aufeinander und zwar hemmend oder verstärkend, wobei die Einwirkung von unten nach oben intensiver ist.

- Die Ebene der *existenziellen Grundlagen* könnte man auch als *untere* limbische Ebene bezeichnen (ROTH 2007, S. 91). Sie ist der stammesgeschichtlich älteste Teil des Gehirns, den wir mit allen Primaten teilen. Er sichert unsere biologische Existenz und reguliert über elementare Körperfunktionen und angeborene Antriebe solche Verhaltensweisen wie Flucht und Angriff, Wut und Aggressivität oder Dominanz- und Paarverhalten.

- Auf der Ebene der *emotionalen Konditionierung*, der *mittleren* limbischen Ebene, schlagen sich jene nachgeburtlichen Lernvorgänge nieder, deren Ergebnis wir als elementare Emotionen kennen: Furcht, Freude, Verachtung, Ekel, Neugierde, Hoffnung, Enttäuschung. Schon das Kleinkind lernt, was ihm Lust und Freude bereitet und deshalb angestrebt werden sollte. So entsteht das Belohnungs- und Motivationssystem im Gehirn.

- Auf der Ebene des *individuellen und sozialen Lernens*, für ROTH mit der *oberen* limbischen Ebene identisch, ist der Erziehungserfolg gespeichert: Soziales Verhalten, moralische Abwägungen, das Abschätzen von Risiken und Chancen, die Steuerung der Aufmerksamkeit, die Orientierung im Raum, das Erkennen von Gesichtern, die Empathie. Mit anderen Worten, alles, was wir für Reaktionen auf Signale aus der Außenwelt benötigen, hat hier seinen Platz.

- Die Ebene der *Sprache* und der *Intelligenz* wird von der *linken* Hirnhemisphäre beherrscht. Zu ihr gehören der präfrontale Cortex, in dem das Arbeitsgedächtnis und die beiden Sprachzentren, das WERNICKE-Areal für das Sprachverständnis und das BROCA-Zentrum für die Sprachmotorik, ihren Sitz haben. Auf dieser Ebene wohnen auch Logik und Mathematik, die Fähigkeit zum Problemlösen und das Erkennen von Symbolen. Was sich auf dieser Ebene abspielt, ist uns voll bewusst.

Diese vier gedanklichen Ebenen der Persönlichkeit sind nur begrenzt veränderbar und beeinflussen das Verhalten in unterschiedlicher Weise.

- Die Ebene der *existenziellen Grundlagen* hat den stärksten Einfluss auf unser Verhalten, ist aber zugleich am wenigsten wandelbar. Sie ist weitgehend genetisch festgelegt. Dies betrifft vor allem das Temperament, das im Laufe des Lebens ziemlich konstant bleibt. Ein phlegmatischer oder verschlossener Mensch wird sich auch in der günstigsten sozialen Umgebung nicht allzu sehr verändern (ROTH 2007, S. 98).

- Die Ebene der *emotionalen Konditionierung* hat ebenfalls einen großen Einfluss auf unser Verhalten. Obwohl ihre Entwicklung schon vor der Geburt beginnt, ist sie durch Erfahrung veränderbar. Am ehesten gelingt dies durch das Ansprechen individueller emotionaler Antriebe oder durch langes Einüben. Das Temperament gibt dafür den Rahmen vor.

- Die Ebene des *individuellen und sozialen Lernens* beeinflusst das Verhalten in Maßen. Sie ist im Wesentlichen veränderbar durch rege soziale Interaktionen mit einer Vielfalt von Menschentypen. Dadurch kann auch eine Vielfalt sozialer Schemata erlernt werden, also ein Wissen darüber, wie Personen treffsicher zu kategorisieren sind, welche soziale Rollen wie zu spielen sind und welches „Drehbuch" in welcher Situation am passendsten anzuwenden ist.

- Die Ebene der *Sprache* und der *Intelligenz* hat von sich aus keinen Einfluss auf unser Verhalten. Sie wirkt immer nur in Verbindung mit den anderen Ebenen.

Was bedeutet das nun für Führung? Ist „die Führungspersönlichkeit" das Ergebnis angeborener und ererbter Eigenschaften (*traits*) wie es die „Great Man Theory" behauptet? Oder spielt die „Natur" nur eine untergeordnete Rolle, weil effektives Führungsverhalten durch geeignete Maßnahmen („Kultur") erlernt werden kann, wie es im Verhaltensorientierten Ansatz zum Ausdruck kommt? Die Schlussfolgerungen, die man aus dem ROTHschen Modell ziehen kann, stimmen mit den meisten Befunden aus der Persönlichkeitsforschung gut überein. Etwa die Hälfte der Persönlichkeitsentwicklung hängt stark mit angeborenen Merkmalen zusammen. 30 bis 40 Prozent können auf Prägungen in dem kritischen Zeitfenster zwischen 0 und 5 Jahren zurückgeführt werden. Die verbleibenden 20 bis 30 Prozent sind das Ergebnis späterer Sozialisation durch Eltern, Schule, Vereine, Beruf etc. (PRECHT 2007, S. 71)

Dies lässt auch den Schluss zu, dass die angelsächsische Welt die angeborenen Eigenschaften eher überschätzt. Das Diktum des Organisationsberaters WARREN BENNIS, „Leaders are made rather than born", hat es schwer, sich gegenüber dem Glaubenssatz „Born to lead" durchzusetzen. Im deutschsprachigen Kulturraum stehen wir diesem Credo ohnedies skeptisch gegenüber – nicht zuletzt aufgrund unserer deprimierenden Erfahrungen mit „geborenen Führern". Wir bauen viel eher auf die durch Fleiß erworbene *Tüchtigkeit* als Ausweis von Führungsfähigkeit. Die Auffassung „Wer führen will, muss vor allem fachlich kompetent sein" hält sich hartnäckig. Immerhin hat die Selektion von Nachwuchsführungskräften in den letzten Jahren an Professionalität gewonnen.

Persönlichkeitstests eigenen sich nur bedingt für diese Selektion. Dafür gibt es zwei Gründe. Die menschliche Persönlichkeit existiert in vielen Schattierungen, was eine zuverlässige Selbsteinschätzung – und darauf beruhen die meisten Tests – behindert. Außerdem ist der Maßstab „Führungserfolg", der für die Selektion angelegt wird, zu unscharf. Da sich der Führungserfolg je nach Wirtschaftszweig und Strategie höchst unterschiedlich definiert, werden auch unterschiedliche Persönlichkeitseigenschaften nötig sein, um diesen Erfolg zu realisieren. Wer in einem wissenslastigen Hochtechnik-Unternehmen führt, wird ein anderes Persönlichkeitsprofil benötigen als jemand, der in einem auf Spenden angewiesenen sozialen Dienstleister oder in einem aggressiven Markenartikler tätig ist.

Persönlichkeitstests sollten daher auf keinen Fall als einziges Auswahlwerkzeug eingesetzt werden. Es empfiehlt sich, solche Tests grundsätzlich mit anderen

Methoden zu kombinieren, z. B. dem *situativen Interview* (einer Art mentaler Simulation von Episoden oder Tätigkeiten) oder dem *biographischen Fragebogen* (einer standardisierte Selbstbeschreibung, mit der aus vergangenem auf zukünftiges Verhalten geschlossen werden kann). Die Validität dieser beiden Methoden erreicht beinahe die gleiche Höhe wie die guter Arbeitsproben (STAHL 2010).

Persönlichkeitstests

Wer andere führen will, muss zunächst mit sich selbst im Reinen sein. Die Fähigkeit, das eigene Verhalten möglichst neutral zu beurteilen, um daraus Schlüsse für die nächsten Handlungen zu ziehen, sollte zur ideellen Grundausstattung jeder Führungskraft gehören. Der Blick ins eigene Selbst schärft den Blick für das Selbst des Anderen (dass das Selbst immer aus mehreren „Selbsten" besteht, soll der Einfachheit halber ausgeblendet werden). Eine Selbsteinschätzung mit Hilfe eines Persönlichkeitstests durchzuführen ist jedenfalls ein empfehlenswerter erster Schritt zur Selbstreflexion. Persönlichkeitstests für Personalauswahl und -entwicklung haben in der angelsächsischen Welt eine lange Tradition. Im deutschsprachigen Kulturraum fassen sie langsam Fuß, wenngleich ihre steigende Vielfalt zu einer beträchtlichen Unübersichtlichkeit geführt hat.

Den einen Persönlichkeitstest gibt es nicht. Manche Organisationen schwören auf einen bestimmten Test nicht seiner wissenschaftlichen Gütekriterien wegen, sondern weil er ganz einfach über lange Zeit ihre Erwartungen erfüllt hat. Eigenen Erfahrungen in der Entwicklung von Führungskräften, einer fundierten Analyse der gängigen Persönlichkeitstests (STARSICH 2012) und den Empfehlungen des Personalexperten WALTER SIMON (2010) folgend, kommen für die *Selbsteinschätzung* des Führungspotenzials fünf Persönlichkeitstests in die engere Auswahl: das NEO-Fünf-Faktoren-Inventar NEO-FFI; das Bochumer Inventar zur berufsbezogenen Persönlichkeitsbeschreibung BIP; das DISG-Modell; das California Psychological Inventory CPI; und die INSIGHTS MDI Potentialanalyse.

Das *NEO-Fünf-Faktoren-Inventar NEO-FFI*, auch „Big Five"-Test genannt, ist ein Persönlichkeitsstruktur-Test, der anhand von fünf Dimensionen versucht, die Persönlichkeit zu erfassen. Die Selbsteinschätzung dieser als robust angenommenen Faktoren erfolgt mit Hilfe der folgenden Pole:

- Emotionale *Labilität* (Neurotizismus) versus emotionale *Stabilität*. Personen mit einer hohen Ausprägung in emotionaler Labilität reagieren in Stresssituationen verärgert, ängstlich, beschämt, verlegen oder traurig; Personen mit niedrigen Neurotizismus-Werten verhalten sich hingegen gelassen, zufrieden, entspannt und sicher.

- *Extraversion* versus *Introversion*. Ausgeprägt Extravertierte gehen offen, gerne und manchmal sogar enthusiastisch auf andere zu; sie werden als freundlich, aktiv, gesprächig und unterhaltend wahrgenommen. Introvertierte Personen fühlen sich in Gesellschaft anderer eher unwohl, sind lieber für sich allein und verhalten sich zurückhaltend und ruhig.

- *Offenheit* für Erfahrungen versus *Konservativismus*. Je höher die Offenheit, desto breiter sind die Interessen der Person gefächert und desto mehr sucht sie nach neuen Erfahrungen, Erlebnissen und Eindrücken. Umgekehrt stehen Konservative neuen Erfahrungen und Eindrücken skeptisch gegenüber, weshalb sie Bewährtes vorziehen.

- *Verträglichkeit* versus *Antagonismus*. Personen mit hoher Verträglichkeit gelten als hilfsbereit, entgegenkommend und gutmütig; sie verhalten sich anderen Menschen gegenüber wohlwollend und geben in Konflikten eher nach. Antagonistische Personen agieren durchsetzungswillig, sind eher unkooperativ, misstrauisch, egozentrisch und wettbewerbsfreudig.
- *Gewissenhaftigkeit* versus *Nachlässigkeit*. Personen mit einem hohen Maß an Gewissenhaftigkeit gehen zielstrebig und entschlossen an eine Aufgabe heran; sie sind pflichtbewusst, ordentlich und willensstark. Im Gegensatz dazu zeigen sich Personen mit geringer Gewissenhaftigkeit eher unbedacht, sprunghaft, unzuverlässig und wenig engagiert.

Das NEO-FFI umfasst 60 Testitems. Sein Antwortformat besteht aus einer fünfstufigen Likert-Skala mit den Antwortmöglichkeiten „starke Ablehnung", „Ablehnung", „neutral", „Zustimmung" und „starke Zustimmung". Die Bearbeitungsdauer beträgt etwa 10 Minuten und auch die Auswertung der Antworten ist in wenigen Minuten möglich. Eine computerunterstützte Version dieses Tests ist ebenfalls erhältlich.

Das *Bochumer Inventar zur berufsbezogenen Persönlichkeitsbeschreibung BIP* wurde als Instrument für die berufliche Sphäre entwickelt, da die herkömmlichen Testverfahren mehr auf allgemeine Lebenssituationen abzielten. Das BIP ist wie der „Big Five" ein Persönlichkeitsstruktur-Test. Er zieht 250 Fragen heran, die 14 berufsbezogenen Schlüsselkompetenzen aus vier Bereichen zugeordnet sind.

- Der Bereich *Berufliche Orientierung* enthält die drei Schlüsselkompetenzen Leistungs-, Gestaltungs- und Führungsmotivation.
- In den Bereich *Arbeitsverhalten* fallen Gewissenhaftigkeit, Flexibilität und Handlungsorientierung.
- Der Bereich *Soziale Kompetenzen* beinhaltet Sensitivität, Kontaktfähigkeit, Soziabilität, Teamorientierung und Durchsetzungsstärke.
- Hinter dem Begriff *Psychische Konstitution* verbergen sich emotionale Stabilität, Belastbarkeit und Selbstbewusstsein.

Das BIP umfasst 210 Aussagen über die eigene Person (z. B. „Mit meinen Entscheidungen jemandem weh zu tun, fällt mir schwer" oder „Ich bemerke sehr genau, wie sich mein Gegenüber fühlt"), die auf einer sechsstufigen Antwortskala von „trifft voll zu" bis „trifft überhaupt nicht zu" zu bewerten sind. Die Durchführung nimmt maximal eine Stunde in Anspruch. Es ist als Papierversion und computerunterstützte Variante erhältlich. Das BIP wird fortlaufend weiterentwickelt. Es ist ein beliebtes Instrument zur beruflichen Selbsterkennung und Standortanalyse. Durch den Verzicht auf klinisch-psychologische Inhalte mildert das BIP etwaige Vorbehalte gegenüber psychologischen Persönlichkeitsfragebögen (STARSICH 2012).

Das *DISG-Modell* ist, anders als der „Big Five" oder das BIP, ein Typentest. Ihm liegen zwei Dimensionen zu Grunde: die *Wahrnehmung* des sozialen Umfeldes und die *Reaktion* auf dieses Umfeld. Eine Person kann ihr Umfeld als günstig und angenehm oder als schwierig und misslich wahrnehmen. Jemand kann versuchen, sein Umfeld aktiv zu beeinflussen, oder er kann die bestehenden Bedingungen hinnehmen und versuchen, sich daran anzupassen. Daraus ergeben sich vier Verhaltenstypen, die mit den Begriffen Dominanz, Initiative, Stetigkeit und Gewissenhaftigkeit belegt werden.

- Der *dominante* Typ D versucht, Dinge zu verändern, Probleme zu lösen und rasche Ergebnisse zu erzielen. Er stellt den Status quo gerne infrage, ist wettbewerbsfreudig und entscheidet schnell. Er übernimmt oft das Kommando und versteht es, sich gegen andere durchzusetzen.

- Zum *initiativen* Verhaltenstyp I gehört, wer andere unbedingt von seinen Ansichten überzeugen möchte, gerne in Gruppen aktiv ist und versucht, gemeinsam mit anderen Ziele zu erreichen. Typ I ist voller Tatendrang und Energie, jedoch kein Freund von Kontrollen und Detailarbeit.

- Der *stetige* Typ S bemüht sich, ein planbares, organisiertes Umfeld zu schaffen. Die Rolle des Teammitglieds liegt ihm mehr als die des Teamleiters, da er einer Selbstinszenierung nichts abgewinnen kann. Anerkennung für geleistete Arbeit ist für ihn sehr wichtig.

- Der *gewissenhafte* Typ G strebt danach, Dinge sorgfältig zu analysieren, um hohe Standards oder sogar Perfektion zu erreichen. Er ist sich selbst und anderen gegenüber überaus kritisch. Er braucht ein Umfeld mit klaren Erwartungen und Anweisungen.

Das DISG-Modell geht darüber hinaus, bloß den Typ herauszufinden, der man anscheinend ist. Vielmehr zeigt es, welche Anteile in welcher der vier Kombination in einem vorherrschen. Dadurch ergeben sich verschiedene Mischformen, welche die Verhaltenstendenzen einer Person beschreiben, z. B. Entwickler, Ergebnisorientierter oder Ermutiger, Eroberer, Förderer oder Forscher, Kalkulierer, Leistungsmensch oder Motivator, objektiver Denker, Perfektionist oder Praktiker, Spezialist, Überzeuger oder Vermittler. Die Auswertung der Ergebnisse geschieht graphisch. Sie liefert das *„äußere Selbstbild"* (das Bild, das wir anderen gegenüber abgeben und das andere von uns haben sollen), das *„innere Selbstbild"* (zeigt wer wir sind und was wir von uns erwarten) und das *„integrierte Selbstbild"* (zeigt das Gesamtbild unseres Verhaltens).

Von den fünf in diesem Abschnitt skizzierten Tests wird der DISG von Seiten der Wissenschaft am heftigsten kritisiert. Dass die vier Typen inzwischen sogar mit Sternzeichen in Verbindung gebracht werden – D Löwe, I Zwilling, S Krebs und G Steinbock – hat allerdings seiner Beliebtheit bei Führungskräften keinen Abbruch getan.

Das *California Psychological Inventory CPI* ist ein Instrument zur Erfassung von Führungsfähigkeit. Es handelt sich dabei zwar um einen Fragebogen zur Selbsteinschätzung, spiegelt aber in gewissem Sinne das Fremdbild des Probanden wider. Dies liegt an der empirischen Skalenbildung („empirical criterion keying"). Sie liefert in einem mehrstufigen Verfahren Items, die eine Differenzierung zwischen Personen mit hoher und niedriger Merkmalsausprägung erlauben. Die Fragen können nicht leicht durchschaut und in eine sozial erwünschte Richtung gelenkt werden (SARGES/WOTAWA 2004). Das Führungspotential wird mittels 20 Basisskalen eingeschätzt, die wiederum in vier Klassen unterteilt sind:

- *Interpersonale* Kompetenz (z. B. Dominanz, Selbstbejahung, Mitgefühl);
- *Intrapersonale* Kompetenz (z. B. Selbstbeherrschung, Konventionalität, Toleranz);
- *Leistungsebene* (z. B. Leistung durch Anpassung, durch Unabhängigkeit, durch den Einsatz von Intelligenz);
- *Dispositionsebene* (psychologisches Feingefühl, Flexibilität und Rationalität/ Intuition).

Der gesamte Test besteht aus 462 Fragen, die der Proband jeweils mit „richtig" (Zustimmung) oder „falsch" (Ablehnung) zu beantworten hat. Die Bearbeitung kann einzeln oder in Gruppen erfolgen und dauert etwa 70 Minuten (KÖHLER 2009). Der Eignungsdiagnostiker RÜDIGER HOSSIEP bezeichnet das CPI als „das geeignetste und attraktivste Verfahren, das zur Zeit im deutschsprachigem Raum zur Verfügung steht", um Führungsfähigkeiten frühzeitig zu erkennen (HOSSIEP et al. 2000, S. 141).

Die *INSIGHTS MDI Potentialanalyse* geht wie das DISG auf Arbeiten von CARL GUSTAV JUNG (1875–1961) und WILLIAM MOULTON MARSTON (1893–1947) zurück. Auch die antike Temperamentenlehre des HIPPOKRATES spiegelt sich darin wider. INSIGHTS gehört wie das DISG zu den Typenmodellen. Auf der Basis von vier Tendenzen oder Farbtypen – *Rot* (Dominant = der extravertierte Denker); *Gelb* (Initiativ = der extravertierte Fühler); *Grün* (Stetig = der introvertierte Fühler); und *Blau* (Gewissenhaft = der introvertierte Denker) – können acht Haupttypen dargestellt werden, die sich wiederum in 60 Mischtypen unterteilen. Die Abbildung dieser Fülle erfolgt im sogenannten INSIGHTS-Rad. Die acht Haupttypen (SIMON, 2010) sind

- *Direktor*: zielstrebig, erfolgsorientiert, logisch, kritisch, dominant, selbstsicher, ungeduldig, autoritär, rücksichtslos;
- *Motivator*: überzeugend, autoritär, freundlich, zukunftsorientiert, entschlossen, optimistisch, enthusiastisch, kontakt- und willensstark;
- *Inspirator*: kontaktorientiert, flexibel, spontan, sprunghaft, mitreißend, unzuverlässig, dynamisch, heiter, redegewandt;
- *Berater*: teamorientiert, kooperativ, engagiert, zuverlässig, loyal, ehrlich, analytisch, nachtragend, nachgiebig, entscheidungsschwach;
- *Unterstützer*: umgänglich, liebenswert, beständig, beziehungsorientiert, rücksichtsvoll, geduldig, mitfühlend, hilfsbereit, unflexibel, angepasst;
- *Koordinator*: loyal, hilfsbereit, nachdenklich, diszipliniert, zuverlässig, sorgsam, diplomatisch, zögerlich, sachlich, reserviert;

- *Beobachter*: genau, vorsichtig, analytisch, gewissenhaft, kontrolliert, misstrauisch, scharfsinnig, unzugänglich, perfektionistisch, kleinlich;
- *Reformer*: strukturiert, logisch, diszipliniert, gerecht, sorgfältig, zielstrebig, selbstkritisch, perfektionistisch, pedantisch, distanziert.

Das Verfahren kann computergestützt und auch direkt im Internet durchgeführt werden. Die Durchführungszeit beträgt in etwa 15 bis 20 Minuten. Die INSIGHTS-Potentialanalyse gilt in Fachkreisen, nicht zuletzt wegen ihres Bezugs zur Typenlehre C. G. JUNGs, als antiquiert. Gleichwohl erfreut sie sich ungebrochener Beliebtheit, auch für die Selbstreflexion über eigene Stärken und Entwicklungspotenziale.

Ressourcenorientierung

Die meisten herausragenden Persönlichkeiten waren nur auf einem Gebiet außergewöhnlich gut. VAN GOGH war ein begnadeter Maler, fand sich aber im praktischen Leben nur schwer zurecht. MOZART beherrschte in beeindruckender Weise das Klavierspielen und Komponieren. Ansonsten zeigt ihn die Geschichte als einen Säufer mit schlechten Manieren. STEVE JOBS wurde wegen seiner seherischen Fähigkeiten und seines Perfektionismus bewundert, zugleich trieb er die Leute, die ihn umgaben, regelmäßig zur Weißglut. Niemand fragt ernsthaft, ob man VAN GOGH nicht hätte früher therapieren sollen, ob sich MOZARTs Vater nicht mehr um die Schwächen seines Sohnes hätte kümmern sollen oder ob STEVE JOBS nicht ein frühes professionelles Coaching geholfen hätte. Ebenso wäre niemand auf die Idee gekommen, Ausnahmekönner ihres jeweiligen Fachs wie einen MICHAEL SCHUMACHER, HERMANN MAIER oder ROGER FEDERER in Richtung Nobelpreis für Physik zu trimmen.

In den Beziehungen zwischen Führungskräften und Mitarbeitern hat sich hingegen so etwas wie eine Faszination der Schwächen eingeschlichen. Vieles von dem, was wir selbst und die Menschen unserer näheren Umgebung einwandfrei fertig bringen, erachten wir im Lauf der Zeit als selbstverständlich. Wir nehmen keine Unterschiede mehr wahr und können uns in diesem Zustand der Indifferenz dann auch kein Urteil über eine bestimmte Leistung bilden. So erfüllt es zum Beispiel die Sachbearbeiterin gar nicht mit Stolz, dass ihr das Erledigen von Kundenanfragen so gut von der Hand läuft. Auch der Mitarbeiter, der als Faktotum überall im Betrieb einspringen kann, sieht darin nichts Besonderes. Und der Organisator, der so gut zu koordinieren versteht, bleibt davon unberührt. Ihnen sind diese Fähigkeit nicht (mehr) bewusst und sie halten dieses Können nun für selbstverständlich.

Anders verhält es sich mit den Denk- und Verhaltensmustern, an denen wir uns regelmäßig stoßen. Sei es, weil wir ein anderes Wunschbild von uns selbst haben oder weil sie uns im Alltag tatsächlich häufig Probleme bereiten. Mit diesen unerwünschten Mustern beschäftigen sich viele Menschen tagaus, tagein. Sie versuchen diese „Schwächen" zu beseitigen, statt ihre Stärken auszubauen. Letztere sind eben nicht der Rede wert. Ähnlich verhalten sich auch viele Führungskräfte. Auch sie erachten das, was ihre Mitarbeiter gut beherrschen, oft als selbstverständlich. Aufmerksamkeit zollen sie hingegen genau jenen Denk- und Verhaltensweisen, bei denen die Mitarbeiter von ihrem Wunschbild des perfekten Mitarbeiters abweichen, auch wenn diese für den Arbeitserfolg gar nicht so wichtig sind.

Mitarbeitern wird zur Vorbereitung auf die meist einmal im Jahr stattfindenden Gespräche zur Potenzialeinschätzung und -entwicklung oft nahegelegt, doch über ihre Stärken und Schwächen nachzudenken. In der Annahme, dass „Entwicklung" in erster Linie mit dem Abbau von Schwachpunkten gleichzusetzen ist, listen sie dann geistig ihre „Schwächen" auf: „Ich bin oft ungeduldig", „Ich gehe zu wenig aus mir heraus", „Ich bin pedantisch" und so fort. Am Ende macht sich dann der Eindruck breit, dass es mehr Schwächen als Stärken gibt. Die bisherige berufliche Laufbahn war zwar durchaus erfolgreich, aber vielleicht ist das alles bloß auf Sand gebaut? Dabei sind Schwächen und Stärken ohnedies „janusköpfig" (also „doppelgesichtig", wie JANUS, der römische Gott des Anfangs und des Endes, oft dargestellt wird). Die drei Schwächen der Selbstreflexion aus dem Beispiel von vorhin können in einem anderen Kontext ohne weiteres Stärken sein: „Ich bin oft ungeduldig", z. B. dort, wo schnelles Denken und Handeln gefragt sind; „Ich gehe zu wenig aus mir heraus", in Situationen, in denen Zurückhaltung und Diplomatie verlangt sind; „Ich bin pedantisch", wo Fehler aus Qualitätsgründen einfach nicht toleriert werden dürfen.

In Führungsgesprächen dominieren jedenfalls zu häufig die „Schwächen" des Mitarbeiters. Viele Führungskräfte richten ihren Blick vor allem auf die negativen Abweichungen, auf das, was in der Vergangenheit eben nicht gut lief. Solche Dialoge werden zu reinen Kritikgesprächen, die den Mitarbeiter zu einer Verteidigungshaltung herausfordern. Etwaige Selbstzweifel werden verstärkt und lassen ihn mitunter sogar in die Kindheitsrolle zurückfallen. Viel zu wenig Zeit wird für einladende, erweiternde oder hypothetische →Fragen verwendet, wie z. B.: „Was ist Ihnen in letzter Zeit gut gelungen?", „Wie fühlten Sie sich dabei?", „Was machte den Unterschied aus?", „Was können wir tun, damit es öfters so gut läuft?"

Eine solche Ressourcenorientierung betont den *positiven* Unterschied. Sie orientiert sich nicht an Defiziten und Schwächen, sondern an den Stärken und Fähigkeiten der Menschen. Der Psychotherapeut STEVE DE SHAZER (1940–2004) meinte dazu einmal sinngemäß, wir können ohne weiteres wissen was *besser* ist, ohne unbedingt wissen zu müssen, was *gut* ist. Ressourcenorientierung ist jedenfalls kein Modebegriff, mit dem man sich etwa an das Human *Resource* Management oder den „*Resource* Based View" (Ressourcentheorie zur Erklärung von Wettbewerbsvorteilen) anlehnt. Der Begriffsinhalt wird deutlicher, wenn man ihn in einen logischen und zugleich historischen Zusammenhang bringt (siehe Abb. 27).

Den Startpunkt bildete eine Forschergruppe um den Anthropologen GREGORY BATESON (1904–1980), welche die Paradoxien der Kommunikation untersuchte. Diese Arbeiten bildeten die Basis für die berühmte Palo-Alto-Gruppe des kalifornischen Mental Research Institute (MRI). Hier arbeiteten von 1959 an Forscher wie DON JACKSON, JOHN WEAKLAND und RICHARD FISCH an neuen psychotherapeutischen Methoden, die man heute unter dem Begriff „Systemische Therapie" zusammenfasst. Besonderes Interesse galt der Schizophrenie. PAUL WATZLAWICK (1921–2007), ebenfalls Mitglied des MRI, war der bekannteste Vertreter dieser Richtung. Inspiriert von dem genialen Therapeuten MILTON ERICKSON (1901–1980) und vor allem seinem Mentor JOHN WEAKLAND (1919–1995) entwickelte der ausgebildete Musiker STEVE DE SHAZER (1940–2004) Anfang der 1980er Jahre einen neuen Ansatz innerhalb der Systemischen Therapie, die „Lösungsfokussierte Kurztherapie". Ort des Geschehens war das Brief Family Therapy Center (BFTC) in Milwaukee/Wisconsin, das er gemeinsam mit seiner Ehefrau INSOO KIM BERG (1934–2007) gegründet hatte.

Die Lösungsfokussierte Therapie ist eine Gesprächstherapie, mit deutlichen Verbindungen zur Sprachphilosophie LUDWIG WITTGENSTEINS, die sich auf Fähigkeiten, Wünsche und Ziele konzentriert, statt auf Probleme und ihre Entstehung in der Vergangenheit. Im Mittelpunkt stehen Lösungen, die aus vielen kleinen Schritten entstehen. Die drei Basisregeln, die erkennbar der amerikanischen Philosophie des Pragmatismus folgen, können so beschrieben werden:

- „Wenn etwas nicht kaputt ist, dann repariere es auch nicht."
- „Wenn du weißt, was funktioniert, mach' mehr davon."
- „Wenn etwas nicht funktioniert, dann hör' auf damit; mach' etwas ander(e)s."

Lösungsfokussierung baut auf einem Humanistischen →*Menschenbild* und einer Grundhaltung der Ressourcenorientierung auf (DE SHAZER 2004). Statt zu fragen „Wie kam es dazu?", „Was ist die Ursache dafür?" oder gar „Was oder wer ist schuld daran?", lautet ihre Kernfrage: „Was macht den Unterschied zwischen besser und schlechter aus?" DE SHAZER sieht die Ressourcenorientierung ganz eng mit *Wertschätzung* verbunden. Sie ist für ihn das tiefe Bedürfnis jedes Menschen nach Achtung, Zuwendung und Anerkennung seiner Einmaligkeit.

Nicht zuletzt durch die wachsende Bekanntheit der in den 1990er Jahren von dem Organisationspsychologen DAVID COOPERRIDER entwickelten „Wertschätzenden Erkundung" („Appreciative Inquiry"), einem Beratungsansatz für Veränderungsprozesse, taucht der Begriff Wertschätzung heute immer öfter im Zusammenhang mit Führungsthemen auf. Wertschätzende Führung bedient z. B. sich verschiedener Fragetechniken aus der Systemischen Therapie (→*Fragen*) und gibt Führungskräften mit dem aktiven →*Zuhören* ein praktisches Mittel an die Hand, um von der geistigen Haltung zum tatsächlichen Handeln zu gelangen.

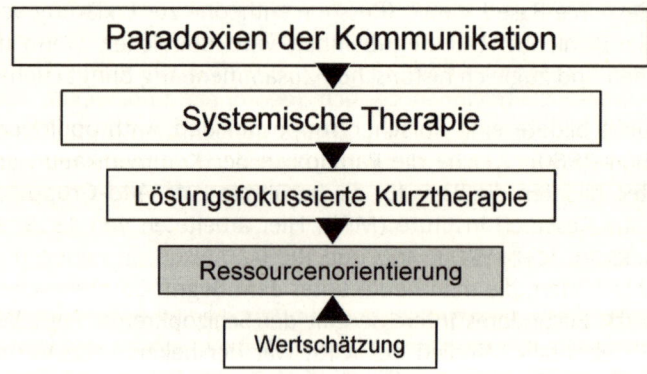

Abb. 27: Ressourcenorientierung im historischen und logischen Zusammenhang

Schwarmverhalten

War es vor einigen Jahren noch das Netzwerk, das der geschmähten Hierarchie als bessere Alternative gegenüber gestellt wurde, so scheint nun der „Schwarm" das Maß aller Dinge in Führung und Management zu sein. Das ist nicht sonderlich überraschend, sind doch Vögel, Fische, Ameisen und Bienen, um nur die vier am meisten bewunderten Schwarmwesen zu nennen, offensichtlich in der Lage, im Kollektiv und ohne Anführer, rasch und wendig auf sich laufend ändernde Umweltbedingungen zu reagieren. Wenn Vögel im Schwarm fliegen, orientieren sie sich im Hinblick auf Abstand, Richtung und Geschwindigkeit an ihrem unmittelbaren Nachbarn. Für einen Richtungswechsel benötigen sie nur Sekundenbruchteile. Sie verlassen sich dabei vor allem auf ihren optischen Sinn. Und es ist nicht unbedingt die Spitze des Schwarms, die eine Richtungsänderung diktiert. Jeder Vogel kann die Initiative übernehmen und der ganze Schwarm richtet sich danach.

Auch Fische sind eindrucksvolle Schwarmwesen. Die meisten von ihnen besitzen ein Seitenlinienorgan, mit dem sie Druckunterschiede zu den Nachbarn messen können. Die Fische, die am Rand des Schwarms schwimmen, geben die Richtung vor, wobei sich nicht immer die gleichen Tiere an den Außenstellen befinden. Die einzelnen Fische haben keinen Gesamtüberblick, sondern verhalten sich strikt nach den genetisch fixierten Schwarmregeln. Nähert sich z.B. ein Hai einem Heringsschwarm, so formiert sich dieser zu einem Großfisch und praktiziert den „Springbrunnen-Effekt": Er spaltet sich vor dem Hai auf und kommt hinter ihm wieder zusammen (JANSEN 2008). Das ist übrigens ein schönes Beispiel für →Emergenz: Das System „Großfisch" weist eine Eigenschaft auf, die sich aus den Eigenschaften der einzelnen Fische nicht erklären lässt.

Eine Ameise bewegt sich in chaotischer Weise. Erst wenn sich eine bestimmte Anzahl Ameisen zusammenfindet – man spricht auch vom „Geheimnis der hundertsten Ameise" – beginnen sie, sich „geordnet" zu bewegen, indem sie im Kollektiv Verhaltensmuster ausbilden. Dieses gemeinsame Verhalten beruht auf zwei einfachen Regeln: „Hinterlasse Pheromone" (Duftstoffe mit denen unterschiedliche Botschaften weitergegeben werden) und „folge den Spuren anderer". Auch wenn Ameisenstraßen physisch zerstört werden, so weisen die markierten Duftstraßen nach wie vor den optimalen Weg.

Ein Bienenschwarm ist es etwas ganz Besonderes. Seine Mitglieder verständigen sich höchst wirksam mit einem Rund- oder Schwänzeltanz und bringen es auf diese Weise zu einer Meisterschaft in „Kommunikation". Und fleißig sind sie obendrein. Um ein einziges Gramm Honig zu produzieren, muss eine Honigbiene bis zu 10.000 Blüten besuchen. Damit schafft etwa ein rund 50.000 Mitglieder starkes Bienenvolk im Laufe seines Lebens viele Millionen von Blütenbesuchen. Eine solch intensive Reisetätigkeit kann nur mit Hilfe einer genetischen Programmierung organisiert werden. Eine wichtige Rolle spielt dabei das Vitellogin-Gen, das viele soziale Verhaltensweisen innerhalb eines Bienenvolkes bestimmt.

Wie vergleicht sich nun der Mensch mit all diesen Tieren, die eine solche *kollektive Intelligenz* auszeichnet? Der Mensch ist zwar instinktarm und benötigt dadurch mehr und komplexere Regeln, als die schwarmfähigen Tiere. Dennoch trägt er ein ähnliches evolutionäres Erbe mit sich. Innerhalb der kleinen Horden unserer bereits aufrecht laufenden Vorfahren reichten ganz einfache Verhaltensmuster für ein geordnetes Zusammenleben aus. Diese Verhaltensmuster wurden durch unbewusste Imitation weitergereicht. Über Versuch und Irrtum entdeckten sie immer wieder neue Verhaltensweisen, welche die Versorgung und damit die Überlebenschancen der Gruppe verbesserten.

Mit dem Anwachsen zu Großgruppen und schließlich zu Gesellschaften wurden diese „*spontanen* Ordnungen" – ein Ausdruck des Ökonomen FRIEDRICH VON HAYEK (1899–1992) – mehr und mehr durch *gemachte* Regelsysteme ergänzt oder gar ersetzt. Den Höhepunkt erreichte diese Entwicklung Anfang des vergangenen Jahrhunderts mit der „Durchrationalisierung" – der Soziologe MAX WEBER (1864–1920) nannte sie „*Entzauberung*" – unseres Lebens. Die „*gesatzten*" Ordnungen waren nun das, woran sich alle zu halten hatten. Ein unbewusst-spontanes Schwarmverhalten wäre wohl kein akzeptables Denkmodell dieser Zeit gewesen.

Noch ein Phänomen darf hier nicht unerwähnt bleiben. Der Mensch ist weltoffen und nicht an ein bestimmtes Milieu gebunden. Er kann sich eine zweite Umwelt schaffen, die ihn von den Folgen seiner Instinktarmut befreit. Er ist ein aktiver Weltgestalter und nicht ein bloßer Konsument wie andere Tiere. Gerade die letzten einhundert Jahre menschlicher Geschichte liefern eindrucksvolle (und auch erschütternd negative) Beispiele dafür. Diese Offenheit, so, aber auch anders handeln zu können, macht jedoch den Menschen in hohem Maße unberechenbar. Natürlich tauchen Menschen hin und wieder geradezu lustbetont in der großen Masse unter – etwa als Zuschauer, Pilger oder Volksläufer. Nur hier können sie ihr Alltags-ICH ablegen und es gegen das WIR im Techno-Gewummer, in der La-Ola-Welle oder der Fan-Meile eintauschen. Solche kollektive Ersatzhandlungen haben allerdings nichts mit dem genetisch programmierten Schwarmverhalten von Staren, Heringen oder Honigbienen zu tun.

Die Faszination des Schwarmverhaltens für die Führung ist sicher auch auf die Hoffnung zurück zu führen, Organisationen von einer Steuerung durch den oder die „Heiligen" (die *Hierarchie*) auf die schlichtere Steuerung durch den oder die „Nachbarn" (die *Heterarchie*) umzustellen. Eine heterarchische Organisation besteht aus einer Reihe von lose gekoppelten, spezialisierten Einheiten, die je nach Situation und Aufgabe die Initiative für eine Problemlösung übernehmen. Derjenige Organisationsbereich, der für eine bestimmte Fragestellung die höchste Qualifikation und die passenden Ressourcen besitzt, übernimmt temporär die Steuerungsfunktion. Es existiert also kein permanentes Steuerungszentrum. Vielmehr entwickeln sich die verschiedenen Beziehungen in Abhängigkeit von der Aufgabenstellung.

Das Konzept der Heterarchie (der Begriff wurde in den 1950er Jahren von dem Neurophysiologen WARREN MCCULLOCH eingeführt, um die Arbeitsweise des Gehirns zu charakterisieren) beinhaltet die Vorstellung einer sich selbst steuernden Organisation, die ihre Strukturen flexibel an den Bedingungen und Anforderungen der zu lösenden Probleme ausrichtet. Insofern kommt die Heterarchie den Vorstellungen von einem wendigem Schwarmverhalten zwar sehr nahe. Die Hoffnung, dass Schwärme als „Superorganismen" – der Ameisenstaat wird hier häufig als Beispiel genannt – die uns geläufigen Organisationsformen ersetzen könnten, ist jedoch übertrieben. Schwärme funktionieren nach einfachen Regeln, die sich über Jahrmillionen hinweg entwickelt haben. Sie sind nur so intelligent wie eben diese Regeln. Für stark standardisierte Aufgaben, wie Futtersuche oder Abwehr eines Feindes, ist diese Form kollektiven Verhaltens perfekt. Beim Menschen stellt allerdings allein das Gehirn mit seinen ca. 10^{14} synaptischen Verbindungen eine derartige Komplexität bereit, dass selbst die höchste Schwarmintelligenz daran scheitern muss.

Ist damit die ganze Diskussion über Schwarmverhalten und Führung bloße Zeitverschwendung? Nicht ganz, denn das kollektive Verhalten von Vögeln und Fischen, von Ameisen und Bienen kann immerhin zur Bildung brauchbarer Analogien anregen. Der Managementjargon ist nüchtern, mehrdeutig und phantasietötend. Ein „Schwärmen von Schwärmen" (STEPHAN A. JANSEN) vermag hingegen innere Bilder zu erzeugen, die eine Veränderungsbereitschaft in Organisationen wenn schon nicht auslösen, so doch zumindest vorbereiten können. Dazu einige Beispiele aus der Welt der Bienen.

Bienen sind – mit Ausnahme der Bienenkönigin – an *Job-Rotation* gewöhnt. Das Muster der „Kaminkarriere" einer lebenslangen Spezialisierung auf eine bestimmte Funktion würde der Bienenorganisation nur die nötige Flexibilität rauben. Die Stockbienen beginnen vielmehr sofort mit Umschulungsprozessen, wenn sich die Umfeldbedingungen verändern. Um sich solche groß angelegten Trainingsprozesse überhaupt leisten zu können, halten Bienenorganisationen einen beträchtlichen organisationalen *„slack"* (*Redundanz*) vor, also einen Pool von Ressourcen, der weit über die Mindestanforderungen hinausreicht. Die Bienen haben offensichtlich gelernt, sich in der Position eines optimalen „slack" zu bewegen: Bei zu wenig Redundanz würden Anpassungsprozesse gar nicht erst angestoßen werden, und bei zu viel „slack" würden sich Laxheit und ein Mangel an Disziplin breit machen. Auch unser eigenes Management muss heute immer wieder der Frage nachgehen: „Wie viel Redundanz brauchen wir und wieviel Redundanz können wir uns leisten?". Turbulente Umfelder verlangen z.B. eine höhere Lerngeschwindigkeit, und eine solche ist ohne Redundanz nicht zu haben.

Gewusst wo, wann und wie sie enge und dann wieder *lose Kopplungen* anwenden sollen, das ist offensichtlich ein weiteres Erfolgsgeheimnis der Bienenorganisation. Auch „unsere" traditionellen, hierarchisch aufgebauten Organisationen erweisen sich unter den Bedingungen steigender *Komplexität* (die Anzahl, Vielfalt und der Grad an Vernetzung der einwirkenden Faktoren nimmt zu) und steigender *Kontingenz* („Es kann alles immer ganz anders kommen") als viel zu wenig flexibel und zu anfällig gegenüber nicht vorhersehbaren Störungen. Dies ist vor allem darauf zurückzuführen, dass die einzelnen Organisationseinheiten z. B. durch Anweisungen statt Vertrauen, durch Richtlinien statt Spontaneität und durch permanente statt zeitlich wechselnde Strukturen verbunden sind. Der Balanceakt zwischen enger und loser Kopplung gelingt den Bienen offensichtlich hervorragend, und das seit 50 Millionen Jahren.

Auch die Entscheidungsfindung der Bienen ist es wert, beachtet zu werden. Bienen engen ihre Wahlmöglichkeiten durch ein striktes *„up or out"* ein. Dadurch werden wenig nutzbringende Projekte gar nicht erst in Angriff genommen oder zumindest rechtzeitig beendet. Bienen entgehen so einer Entscheidungsfalle, in die wir Menschen so häufig tappen (STAHL/RISSBACHER 2009). Wir nehmen in der Regel die positiven Eigenschaften einer Alternative umso intensiver wahr, je weiter diese noch von uns entfernt ist. Je mehr wir uns jedoch mit dieser Alternative auseinandersetzen, desto eher nehmen wir ihre negativen Eigenschaften wahr. So geraten wir in ein laufendes Hin und Her zwischen Handlungsalternativen – und am Ende sitzen wir zwischen zwei Stühlen.

Selbstmanagement

Dieses Wort ist Teil eines Begriffsdschungels, in dem Selbstführung, Selbstregulation, Selbstregelung, Selbstkontrolle, Selbstorganisation und viele andere koexistieren und dann auch noch beliebig verwendet werden. „Selbstmanagement" zerfällt in zwei Begriffsinhalte, die sich aus der Unterscheidung zwischen einer organisationstheoretischen und einer handlungspsychologischen Sichtweise erklären lassen.

Die *organisationstheoretische* Perspektive fußt auf der Erkenntnis, dass sich herkömmliches „Management" mit seinen starren Rollendefinitionen sowie vorgegebenen Abläufen und Strukturen in vielerlei Hinsicht mit den Bedingungen der heutigen Zeit spießt. Zudem sind straffe Führungsregime kostspielig und von fragwürdiger Wirkung. Dies schon deshalb, weil sich heute Mitarbeiter und Führungskräfte aller Ebenen nicht zuletzt Sinn erfüllende Aufgaben erwarten. Selbstmanagement will daher die bisher überwiegend durch Vorgesetzte wahrgenommene Koordinationsfunktion auf die Mitarbeiter verteilen. Selbstkontrolle und die gegenseitige Kontrolle durch Kollegen (*„peer group control"*) sind wichtige Elemente dieser Idee, die schon in den 1950er Jahren als Empowerment ventiliert wurde. Die Hoffnungen, durch Selbstmanagement traditionell straffes Managen überflüssig zu machen, haben sich jedoch als trügerisch erwiesen. Schuld daran sind sogenannte „Agency-Probleme". Sie lassen sich aus der Prinzipal-Agent-Theorie ableiten, die sich mit asymmetrisch verteilten Informationen, z. B. zwischen Vertragsparteien oder eben zwischen Führungskraft und Geführten, befasst.

So muss der Vorgesetzte (der „Prinzipal") darauf vertrauen, dass der Mitarbeiter (der „Agent") die unvollkommene Kontrolle des Selbstmanagements nicht dazu missbraucht, seine Arbeitsleistung zurückzuhalten, getroffene Vereinbarungen zu unterlaufen oder egoistisch seine persönlichen Ziele zu verfolgen (CONRAD 2010). Dass die Prinzipale selbst immer wieder ihre eigenen Interessen über die der Organisation stellen, steht auf einem anderen Blatt. Dennoch muss kein Menschenverachter sein, wer Selbstmanagement für eine zwar sympathische, aber doch realitätsfremde Idee hält. Sie lädt die Beteiligten zu Drückebergerei oder sogar Betrug geradezu ein. Deshalb haben sich in der Praxis am ehesten Mischformen durchgesetzt, etwa in Form der teilautonomen Arbeitsgruppen. In der Fertigung z. B. werden oft die Funktionen Arbeitsvorbereitung, Arbeitsorganisation und Ergebniskontrolle an teilautonome Gruppen delegiert. Die Fremdsteuerung erfolgt dann zwischen dem Vorgesetzten und dem Sprecher der Gruppe, wodurch die Einbindung der Gruppe in die Gesamtorganisation gewährleistet werden soll.

Die Ermächtigung der Mitarbeiter durch Selbstmanagement ist zunächst nur eine organisatorische Maßnahme. Die Initiative geht von den „Prinzipalen" aus. Damit Selbstmanagement wirksam werden kann, muss die Idee erst von den Menschen („Agenten") in bewusste Prozesse der Selbstbeeinflussung übersetzt werden. Die organisationstheoretische Perspektive des Selbstmanagements verlangt eine

Ergänzung durch eine *handlungspsychologische* Sichtweise. Die Palette der empfohlenen Maßnahmen reicht vom routinierten Umgang mit Zeitplanern, Checklisten und To-do-Listen über das „richtige" Setzen von Prioritäten bis zum Befolgen des „Eisenhower-Prinzips", mit dessen Hilfe Aufgaben nach den Kriterien wichtig/nicht wichtig und dringend/nicht dringend sortiert werden können. Daneben spielen die Fähigkeit zur Selbstbeobachtung und die Selbstwirksamkeitserwartung (die Überzeugung, durch eigenes Tun angestrebte Ziele zu erreichen) eine große Rolle. Individuelle Unterschiede in den Motiven, Einstellungen und Überzeugungen machen die handlungspsychologische Seite des Selbstmanagements zu einer sehr persönlichen Fähigkeit, die nicht einfach vorausgesetzt werden darf. Immerhin kann sie durch →*Coaching* und →*Mentoring* weiter entwickelt werden.

Selbstmanagement wird heute immer häufiger auf Berufstätigkeiten mit großen Spielräumen angewendet. Freischaffend Arbeitende haben eben keinen Vorgesetzten, der ihnen die Aufgaben vorgibt, und ihre Arbeitsleistung ist zudem schwer messbar. Da Selbstmanagement als trainierbare Fähigkeit gilt, gibt es inzwischen eine Fülle von Selbstmanagement-Therapien. Die dahinter stehende Idee ist eng verknüpft mit sozialen Lerntheorien (Lernen erfolgt durch Beobachten und Nachahmen anderer Menschen) und kognitiven Verhaltenstherapien (um das Verhalten zu ändern, muss man an den Kognitionen ansetzen, also vor allem Einstellungen, Gedanken, Bewertungen und Überzeugungen). Als klassisches Beispiel dafür sei die Selbstmanagement-Therapie des Psychologen FREDERICK H. KANFER (1925–2002) erwähnt. Ein neuerer Ansatz ist das Zürcher Ressourcen-Modell (ZRM), das einem Zertifikatskurs zur Trainerausbildung als Grundlage dient (STORCH/KRAUSE 2009). Selbstmanagement-Therapien sind keine Anleitung zu rücksichtsloser Selbstdurchsetzung, sondern sie begleiten einen schrittweisen Veränderungsprozess, in dem sich der Klient anhand der jeweiligen Ergebnisse selbst steuert, bis ein individuelles Optimum an Selbstmanagement erreicht ist.

Um den zweiten wichtigen Begriff, die *Selbstführung*, vom Selbstmanagement zu trennen, setzt man am besten bei dem Managementphilosophen PETER DRUCKER (1909–2005) an. Er ermutigte Führungskräfte immer wieder dazu, sich selbst zu führen, indem sie ein tieferes Verständnis ihres Selbst kultivierten. Sie sollten hinterfragen, wie denn ihr Lernen funktioniert und wie sie mit anderen zusammenarbeiten. Sie sollten über ihre Werte reflektieren und überlegen, womit und wie sie den größten Beitrag zum Zweck ihrer Organisation leisten könnten (DRUCKER 2005). Dieses Plädoyer DRUCKERS ist keineswegs selbstverständlich. Ihm war bewusst, dass zum typischen Rollenbild des Managers der süchtig machende Aktionismus gehört, der so leicht in einem Eskapismus (Flucht in eine abgehobene Welt) und damit einer Furcht vor dem Nachdenken über sich selbst münden kann.

Auch wenn DRUCKER diese auf Selbstreflexion beruhende und der psychologischen Selbstregulation nahestehende Handlungsweise unter der Überschrift „Management" beschrieb – das war eben sein Metier –, so löste er sich damit doch von ihr ab. Selbstführung hatte für ihn nichts mit den ökonomischen Zwängen von Produktqualität, Leitungsspannen und Flexibilität zu tun. Sie umfasst mehr als jene Lernprozesse, die nötig sind, um mit den verordneten, gewährten oder einfach vorhandenen Freiräumen innerhalb der Organisation oder im eigenen Beruf umzugehen und darin die erwartete Leistung zu bringen. DRUCKERS Denken beruhte auf dem oft zitierten Grundsatz „Wer andere führen will, muss zunächst imstande sein, sich selbst zu führen." Dass dieses „Selbst" ein sehr bewegliches Ziel ist, darf dabei allerdings nicht unterschlagen werden. Selbstführung heißt damit,

- das eigene Verhalten beobachten und sich die Konsequenzen aus dieser Selbstbeobachtung auch eingestehen;
- die eigenen Gefühle und Stimmungen zielgerichtet beeinflussen;
- Impulse kontrollieren und aufschieben;
- die eigenen Absichten auch tatsächlich verwirklichen.

Das Problem dabei ist, dass Führung im Allgemeinen als ein nach außen gerichteter Prozess gedacht wird, der zudem aus einer Position der eigenen Stärke erfolgt. Mit einer solchen Haltung stellt sich für den Führenden die Frage nach seinem Innenleben oder einer regelmäßigen Innenschau („Introspektion") gar nicht. Für die philosophische Fraktion der Vorsokratiker, und später für SOKRATES selbst, galt der Wahlspruch „Erkenne dich selbst" als Grundlage des sittlichen Lebens. In der heutigen Zeit sollte der Weg in die Innenwelten etwa durch das zunehmende Interesse an Meditation und der Anziehungskraft fernöstlicher Philosophien eigentlich geebnet sein.

Wäre da nicht das Problem mit dem Ich oder Selbst. Dieses ist eben keine Einheit, sondern eine Vielfalt von Formen und Zuständen, von Erfahrungen und Ambitionen. Mein Körper, dieses Unikat, wird von vielen Ichs bewohnt, und ich weiß gar nicht, wie viele es sind. Wer sich daran macht, seine Gedanken, Gefühle und Stimmungen zu erforschen, erkennt bald die vielen Stimmen seines vermeintlich einzigen Ichs. Immer wieder gewinnt eine der Stimmen die Oberhand und signalisiert über körperliches Empfinden, über Gedanken und Erinnerungen, wer im Moment der Herr im Haus ist. Wenn z. B. in der Einkaufsleiterin M. die Perfektionistin das Kommando hat, dann beobachtet sie scharf, legt hohe Maßstäbe an und verzeiht nicht den geringsten Fehler. Ist der Kumpel in ihr dominant, so gibt sie sich großzügig, sucht die Nähe zu den Mitarbeitern und hilft ihnen bei ihren Aufgaben. Hat die „Leaderin" in M. das Steuer übernommen, so spricht sie lauter, zieht Entscheidungen an sich und zeigt sich abwechselnd begeistert oder genervt.

Modelle wie das *„Innere Team"* des Psychologen FRIEDEMANN SCHULZ VON THUN leiten die Selbstführung von einer Analogie zu realen Teams ab. Diese funktionieren unter schwierigen Bedingungen und wenn besondere Leistungen erwartet werden am besten mit einer koordinierenden Instanz, also einem Moderator oder Teamleiter. Dieser bewahrt den Überblick, bleibt unparteiisch, bringt verschiedene Ansichten auf einen gemeinsamen Nenner, hat das letzte Wort und übernimmt auf diese Weise die Führung (SCHULZ VON THUN 1998). Im „Inneren Team" wäre diese Instanz das dominierende oder „bewusste" Ich. Die *Kunst der Selbstführung* besteht nun darin,

- dieses „Oberhaupt" im „Inneren Team" überhaupt zu finden;
- die Dialoge mit den anderen Inneren Teammitgliedern zu pflegen und aufrecht zu erhalten;
- Innere Teamkonflikte zu erkennen und zu lösen;
- einzelne Akteure zur Ordnung zu rufen oder zum Schweigen zu bringen;
- die „Aufstellung" des Inneren Teams an die jeweilige Aufgabe oder Situation anzupassen.

Diese Kunst der Selbstführung bedarf der sogenannten *intrapersonalen Kompetenz*. Zusammen mit der →*heuristischen* und der →*inszenatorischen Kompetenz* bildet sie das Dreieck der Führungsfähigkeiten, die in der Aus- und Weiterbildung von Führungskräften so sträflich vernachlässigt werden (Abb. 28).

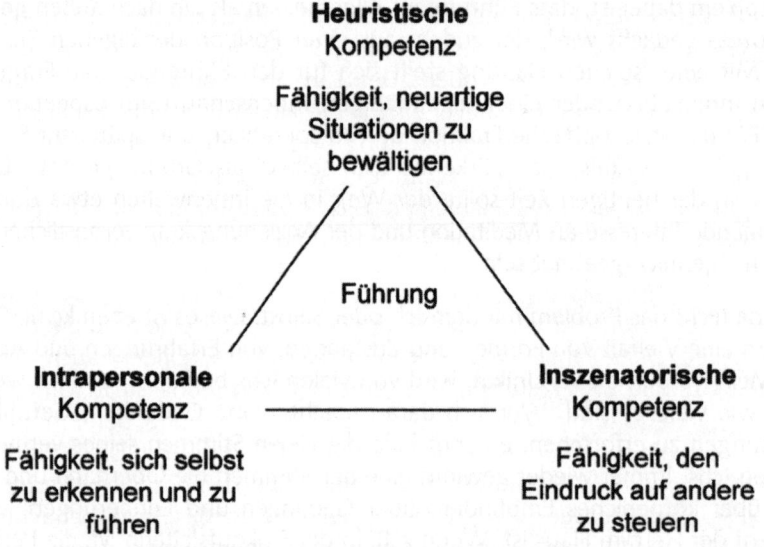

Abb. 28: Drei plausible und doch vernachlässigte Kompetenzen für zeitgemäße Führung

Sinn

Bei der immer noch populären Unterscheidung zwischen (mühseliger) Arbeitswelt und (befreiender) Freizeitwelt schwingt auch das Phänomen des Arbeitsleids mit. Seine Wurzeln reichen tief in das Mittelalter hinein. Erst im sechzehnten Jahrhundert verbreitet sich in unseren Landen eine protestantische Auffassung von Arbeit, die sich vom „Leid des hiesigen Lebens" distanziert. Diese Einstellung liefert die Grundlage für den wirtschaftlichen Erfolg der protestantischen Regionen. Zwei Jahrhunderte später ist dann auch Schluss mit dem verallgemeinernden Vorwurf der „Faulheit der Ungläubigen". Es entsteht der Begriff des Arbeitslosen. Dieser wird von den meisten Menschen nicht mehr als Faulpelz, sondern als Suchender (nach Arbeit) gesehen, der sein Schicksal unglücklichen Umständen zu verdanken hat.

Kurz nach dem ersten Weltkrieg werden Keime einer „Freizeitgesellschaft" sichtbar. Erste Ansätze dazu gab es ja schon im 19. Jahrhundert, wie etwa die Bilder „Das Frühstück der Ruderer" oder „Der Tanz im Moulin de la Galette" von AUGUSTE RENOIR illustrieren. Parallel dazu legte HENRY FORD mit seiner revolutionären Verbindung von Fließbandfertigung und enormen Lohnerhöhungen bei gleichzeitiger Verbilligung der Produkte den Grundstein zur Philosophie des *Fordismus*. Mit seinem hohen Anteil an fixen Kosten rentiert sich der Fordismus allerdings erst mit steigender Produktmenge und war daher auf kräftiges Wirtschaftswachstum angewiesen.

In soziologischer Hinsicht verstand sich der Fordismus als eine rund um die Fabrik angesiedelte, zweite Familie, die nicht nur Arbeitsplätze, sondern auch Wohnungen sowie soziale und kulturelle Angebote zur Verfügung stellt. Unter diesen Bedingungen erfuhr die Industrie eine spürbare Erhöhung der Produktivität, während sich die sogenannte „Arbeitsgesellschaft" etablierte. Diese Phase markiert den historischen Höhepunkt des „Sinns" und der positiven Wertung von Arbeit. Mit dem Ende des fordistischen Lebenszyklus, das, grob betrachtet, mit der MASLOW'schen Sehnsucht nach Selbstverwirklichung und der Bewegung von 1968 zusammenfällt, tauchten auch die Vorzeichen eines neuen Lebensmodells auf. Dem Individuum und seiner Existenz wurde der Vorrang über die Arbeit eingeräumt.

Ende der 1970er Jahre entsteht die *New-Age-Bewegung*. Es wird zwar gearbeitet, aber mit bewussten Unterbrechungen, um sein Leben auch außerhalb der Arbeitswelt leben zu können. Die Idee der Arbeit als unbestrittener Sinn des Lebens zerbröckelt. Ihr Sinn ist fortan das Geldverdienen. Heute ändert man in einer normalen, durchschnittlichen Berufsbiographie alle fünf Jahre den Arbeitsplatz. Hinzu kommen Bewegungen durch Betriebsschließungen, Zeitarbeit, regionale Versetzungen, Versuche der Selbständigkeit, erzwungene Werkverträge und so fort. Arbeit hat ab jetzt viel weniger einen sozialisierenden Charakter als früher, als es z. B. noch hieß „I schaff' beim Daimler!" Je prekärer die Arbeitsverhältnisse werden, desto mehr fällt die Arbeitsidentität in sich zusammen und desto fremder erscheint die Frage nach dem Sinn der Arbeit (STAHL 2013, S. 87 f.).

Der Sinnverlust der Arbeit hängt unmittelbar mit der zunehmenden *Fragmentierung* (Entkopplung vom Endzweck) und *Prekarisierung* (Fehlen der üblichen Sozialstandards) der Arbeit zusammen. Höchstens ein Drittel der abhängig Beschäftigten ist heute mit ihrer Arbeit zufrieden – vorwiegend Personen im „geschützten" Bereich des öffentlichen Sektors oder jene, die sich zum Kern- und Stammpersonal von Unternehmen zählen dürfen. Zufriedenheit ist eine notwendige Bedingung für Sinn, aber sie reicht nicht aus, um Sinn zu finden. Deswegen experimentieren immer mehr Menschen mit unterschiedlichen Sinnstiftungsmodellen, etwa der Zuwendung zur Spiritualität, der Rückkehr zu Familienwerten, dem Engagement für die Gemeinschaft (Stichworte „Ehrenamt", „freiwillige soziale Dienste") oder dem Vorrang des eigenen Wohlbefindens (Stichworte „Fitness" und „Wellness").

Gleichzeitig verschwinden in den Organisationen die gewohnten Orte des zwischenmenschlichen Austausches in oder nach der Arbeit. Die Rituale der Betriebsfeste, Weihnachtsfeiern und Jubiläen fallen Kostenüberlegungen zum Opfer – oder man hält sie ohnehin für einen entbehrlichen Überrest einer spießigen Kultur. Dies hat insofern seine Bedeutung, als sich für das Individuum der Sinn ganz wesentlich aus zwischenmenschlichen Kontakten, sozialer Anerkennung und der Bestätigung des „richtigen" Verhaltens ergibt. Wenn sich diese Elemente in ihrer traditionellen Form auflösen, sind neue Lösungen gefragt. Zur Zeit sind die sozialen Netze in aller Munde. Sie spiegeln die Sehnsucht nach der Eingliederung in Gemeinschaften und dem Finden neuer Zusammenhänge wider. Der Preis dafür sind Trivialitäten und Peinlichkeiten, die in dieser Massierung in der analogen Welt nicht möglich sind.

Was wir heute spüren ist ein regelrechtes „Reize-Chaos". Wir sind überall dabei, wir können an allem teilhaben, wenn wir nur eine ganz bestimmte Voraussetzung erfüllen. Doch ergibt es tatsächlich einen Sinn, an allem teilhaben zu müssen? Gehören wir dann auch wirklich dazu? Und zu wem oder was wollen wir denn da eigentlich gehören? Es ist dieses Gefühl, frei im Raum zu schweben und zugleich ständig in bestimmte Richtungen gezerrt zu werden, das uns heute – wieder einmal, muss man hinzufügen – die Frage nach dem Sinn des Ganzen und damit auch der Arbeit und der Leistung stellen lässt.

In einer solchen Situation kann man gar nicht anders als an Viktor E. Frankl (1905–1997) zu denken. Als Neurologe und Psychiater war er ein unermüdlicher Vortragsreisender und Missionar in Sachen Sinn. Seine Grundthese lautete: Der Mensch ist ein Wesen auf der Suche nach einem Sinn. Die von ihm begründete *Logotherapie* (griech. *logos* = Sinn), oft auch, in Abgrenzung zu Sigmund Freuds Psychoanalyse und Alfred Adlers Individualpsychologie als „dritte Wiener Schule" bezeichnet, steht im Dienste dieser Sinnsuche. Es sei ein Vorurteil, so Frankl, dass der Mensch nur darauf aus ist, glücklich zu sein. Was er wirklich wolle, sei nämlich, einen *Grund* für dieses Glücklichsein zu haben. Und hat er einmal einen Grund dafür, dann stelle sich das Glücksgefühl von selbst ein. In dem Maße hingegen, in dem er das Glücksgefühl direkt anpeilt, verliert er den Grund aus den Augen und das Glücksgefühl selbst sackt in sich zusammen.

Damit meint FRANKL, dass Sinn nicht von außen zufällt oder vorgegeben wird, sondern dass man seinen eigenen Sinn selbst finden muss und zwar im Dienst an einer Sache oder in der Liebe zu einer Person, denn damit erfüllt der Mensch sich selbst.

Für FRANKL, der natürlich immer die Beziehung zwischen Arzt und Patient im Blick hatte, stehen dem Menschen drei Möglichkeiten – die „Hauptstraßen" zum Sinn – offen, Werte für eine Sinngebung heranzuziehen: Der Mensch kann durch Kreativität einen bleibenden Wert schaffen, er kann sich den Erlebnissen der Natur, der Kunst oder der Solidarität hingeben; und er kann sich in einer positiven Weise auf sein unabänderliches Schicksal einstellen (FRANKL 1993). Dieser dritte Punkt muss gegen den Hintergrund des Schicksals FRANKLs gesehen werden. Er hatte zwar die Pein der NS-Konzentrationslager überlebt, dabei aber seine Eltern, seine Frau und seinen Bruder verloren. Dass sich auch dort das Leben noch sinnvoll gestalten lässt, wo man von einem unbarmherzigen Schicksal getroffen ist, gehört zu den berührenden Weisheiten seiner Philosophie.

Diese drei Möglichkeiten der Sinnfindung FRANKLs müssen allerdings an die heutigen Arbeitswelten angepasst werden, wie dies z. B. der Soziologe WALTER BÖCKMANN (1999) und der Psychologe HELMUT GRAF (2007) vorgeschlagen haben. Sinn wäre danach über die folgenden drei Wege zu finden (siehe auch Abb. 29):

- Durch Werte des *Schaffens*. Der Idealtypus ist hier der Mensch als *Homo faber*, der seine Werke für sich stehend wertvoll und damit Sinn *in* der Arbeit und *durch* die Arbeit findet. Voraussetzungen dafür sind Arbeitsbedingungen, die es ermöglichen, dass das Geschaffene auch sichtbar wird (Stichwort „Werkstattfertigung"), was bei manchen Dienstleistungen schwieriger ist als bei produzierten Gütern. Außerdem müssen Freiräume existieren, in denen die persönlichen Fähigkeiten und Fertigkeiten auch entfaltet werden können, was in bürokratiefernen Strukturen einfacher zu erreichen ist.

- Durch Werte der *Gemeinschaft*. Solche Erlebniswerte entstehen durch menschliches Für- und Miteinander bei der Arbeit. Der Idealtypus ist hier der Mensch als *Homo socialis*, als Lebewesen, das auf Gemeinschaft hin angelegt ist. Voraussetzungen hierfür sind erstens Arbeitsbedingungen, die eine Vielfalt an sozialen Kontakten im Inneren der Organisation und nach außen begünstigen, und zweitens, dass Kommunikationswege so offen wie möglich gehalten und nicht durch Überregulierung zugeschüttet werden.

- Durch Werte des *Lernens*. Der Weg zur Sinnfindung wird hier durch Hinterfragen und Verändern einschränkender Einstellungen geebnet. Der entsprechende Idealtypus ist der *Homo discens*, der lernende Mensch, der durch seine Weltoffenheit vielfältige Erfahrungen sammelt und damit im Wechselspiel zwischen innerer und äußerer Welt sein Denken und Handeln weiterentwickelt.

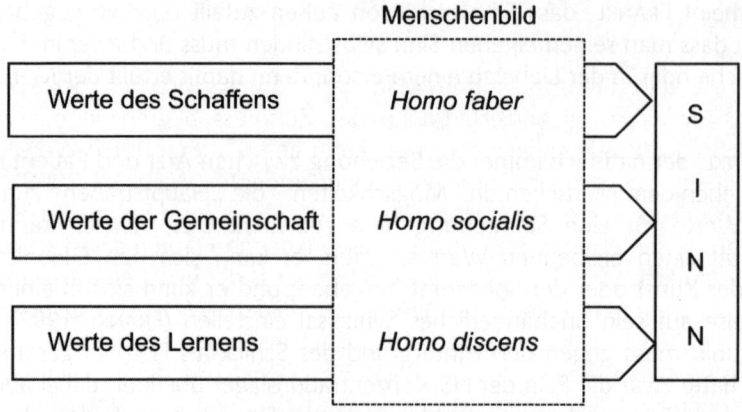

Abb. 29: Drei Wege zum Sinn

Diesen drei Wegen zum Sinn stellen sich in der Praxis nicht wenige Hindernisse entgegen. Sonst würde die Sinnfrage in den Organisationen nicht so oft gestellt. Ein gewichtiger Grund, warum die Suche nach Sinn oft schon im Keim erstickt wird, liegt in dem vorherrschenden →*Menschenbild*. Weder das Bild vom egoistischen und funktionstüchtigen Menschen noch jenes des lustlosen, Arbeit und Verantwortung scheuenden Menschen, wie es MCGREGORs Theorie X zeichnet, lassen Arbeitsbedingungen zu, die den Werten des Schaffens, der Gemeinschaft und des Lernens eine Chance zur Verwirklichung geben. Die Menschen fügen sich in die als aussichtslos wahrgenommene Arbeitssituation und gehen dann der Sinnfrage außerhalb des Betriebes nach (STAHL 2013, S. 92).

Sprache

Sprache ist kein Transportmittel. Man kann durch Sprechen bestenfalls die möglichen Wirklichkeitskonstruktionen des Zuhörers begrenzen oder in eine gewünschte Richtung lenken. Aber man kann dem Zuhörer durch Worte nie das vorschreiben, was man ihn denken machen möchte (WILLIAMS 2008). Wahrscheinlich mögen wir deshalb Hörspiele so sehr, weil wir dort unserer Phantasie freien Lauf lassen können und uns die beschriebenen Figuren selbst „ausmalen" können. Ähnlich ist es beim Lesen eines Romans, denn dabei konstruieren wir uns die beschriebene Handlung mit eigenen Bildern. Wird das gelesene Buch verfilmt, so kann die Enttäuschung heftig ausfallen. Unsere Phantasie wurde durch das Buch bereits in eine bestimmte Richtung gelenkt und die im Film dargestellten Personen und Situationen widersprechen dann oft den Vorstellungen, die sich uns durch das Lesen einprägten.

Wir erleben immer wieder, wie sehr die Sprachverwendung verschiedene Wirklichkeiten hervorrufen kann (FISCHER 1987). Das Wort, mit dem wir etwas mitzuteilen versuchen, ist das Wort, aber es ist nicht das Ding, das existiert. So dachten schon die Philosophen um Platon. Und mehr als 2000 Jahre später erkannte LUDWIG WITTGENSTEIN, dass es keineswegs gleichgültig ist, ob man ein und dasselbe Wort innerhalb eines Befehls, eines Theaterstücks oder eines Witzes verwendet, ob man mit ihm bittet, dankt, flucht, grüßt oder betet. Die Bedeutung eines Wortes liegt in seinem Gebrauch. Sie entsteht erst im Rahmen eines praktischen Zusammenhangs, den WITTGENSTEIN „Sprachspiel" nennt. Denn wie beim Spielen eines Brettspiels, bei dem wir die Spielfiguren nach bestimmten Regeln verschieben, setzen wir auch beim Spielen eines „Sprachspiels" Wörter und Sätze regelhaft ein.

Wir lernen Sprache durch Konditionierung, indem wir merken, dass die Verwendung bestimmter Lautfolgen bestimmte Wirkungen bei den Angesprochenen hervorruft. Entscheidend ist das „Passen" der Lautfolgen und nicht, ob damit etwas „Wahres", tatsächlich Existierendes wiedergegeben wird. Die Überprüfung dieses „Passens" erfolgt dadurch, dass wir beobachten, wie der Andere reagiert, und dass wir das Beobachtete interpretieren. Wir konstruieren uns also die „Wirklichkeit" einmal ganz individuell durch die Funktionsweise der Sinnesorgane und des Gehirns das andere Mal durch soziale Interaktionen. Diese Interaktionen führen zu wechselseitigen Veränderungen und zu einer teilweisen Parallelisierung dessen, was die Gehirne der beteiligten Personen produzieren. Es entstehen ähnliche Vorstellungen von Wirklichkeit in den Köpfen mehrerer Menschen. Damit fallen soziale Wirklichkeit und Sprache letztlich zusammen.

Um Wirklichkeiten sozial zu konstruieren, brauchen wir also die Sprache. Sie bestimmt die Weite oder Enge unserer „Welt". Umgekehrt prägt die Wirklichkeit die Sprache, indem sie uns laufend mit Angeboten versorgt, Wirklichkeitskonstruktionen zu benennen, die uns bislang nicht geläufig waren. Sprache und Wirklichkeit haben zwar beide ihre eigenen Gesetze, sind aber durch eine enge Wechselwirkung miteinander verbunden. Wer führen will, muss sich dieser

Wechselwirkung stellen. Er muss versuchen, mit Hilfe der Sprache naturgemäß unterschiedliche Wirklichkeitskonstruktionen zu „parallelisieren" sowie eigene Wirklichkeitskonstruktionen zu benennen und in den Diskurs innerhalb der Organisation einzubringen. Es wäre zwar kühn zu behaupten, dass allein die „Sprachverarmung" einer Organisation sie in den Ruin treiben könnte. Gleichwohl lässt sich beobachten, wie Organisationen gerade in der Phase der Degeneration immer mehr die Sprache verlieren. Man bedient sich gestanzter Floskeln und ist nicht mehr imstande, etwas wirklich zu benennen, geschweige denn zu gemeinsamen Wirklichkeitskonstruktionen zu gelangen.

Ein Mittel gegen die Sprachverarmung ist der Gebrauch von Metaphern. Das sind Sprachfiguren, die zwei Bedeutungen miteinander verbinden, indem sie eine gedankliche Assoziation auslösen. Sie übertragen Erfahrungen aus einem Bereich X in einen Bereich Y. Diese Übertragung ist nicht beliebig, sondern es werden immer nur bestimmte Aspekte des Ursprungsbereichs in den Zielbereich übertragen. Andere Aspekte spielen keine Rolle oder bleiben unbeleuchtet. In der Metapher „Das Leben ist eine Reise" werden z. B. einige Aspekte – jede Reise hat einen Anfang, ein Ende und eine bestimmte endliche Strecke dazwischen – auf das Leben übertragen, während andere, vielleicht genauso berechtigte (Gepäck, Proviant, Transportmittel, Fahrpreis) ausgeblendet werden.

Metaphern bestimmen damit den Wirklichkeitsausschnitt, den wir wahrnehmen können. Bestimmte Gegenstandsbereiche sind unserem Denken gar nicht anders zugänglich als durch das Mittel der Metapher. Für abstrakte Begriffe und metaphysische Ideen übernehmen Metaphern eine regelrechte kognitive Erschließungsfunktion. Man denke an Metaphern wie „Zeit ist Geld", „Urknall" oder „Wort Gottes". Metaphern können das Verstehen erleichtern, weil sie an Bekanntes anschließen, z. B. „Wertschöpfung", „Kapitalfluss" oder „Wirtschaftskreislauf". Gerade im Zusammenhang mit Führung haben Metaphern eine wichtige Orientierungsfunktion, weil sie die Beteiligten an so vertraute Dimensionen erinnern wie unten – oben oder innen – außen: „An der Spitze bleiben", „Die Karriereleiter hochklettern", „Aus dem Bauch heraus handeln", „Bereiche auslagern" und so fort.

Der Gebrauch bestimmter Metaphern verrät auch viel über das Bild, das Führungskräfte zum Thema Führung und Organisation in sich tragen. Die Maschinenmetapher gibt z. B. gibt eine Struktur des Denkens vor, indem sie den Eindruck vermittelt, dass eine Organisation tatsächlich maschinenartig funktioniert. Wörter wie „Räderwerk", „ankurbeln" oder „Verwaltungsapparat" rufen Bilder hervor, die den fehleranfälligen Menschen in die Nebenrolle drängen, weil das Funktionieren der Abläufe betont werden soll. Deshalb muss „Sand im Getriebe" verhindert, müssen „Störungen beseitigt" werden, ist erst dann alles in Ordnung, wenn der Betrieb „voll ausgelastet" ist.

Dies macht auch die Grenzen der Anwendung von Metaphern deutlich. Sprache kann eine suggestive Wirkung entfalten, die sogar an die der Musik heranreicht. Deshalb empfiehlt sich eine sparsame Verwendung von Metaphern, um Klischees zu vermeiden und durch abgedroschene Formulierungen Phantasiearmut zu signalisieren. Zur Zeit der Fußball-Weltmeisterschaft 2006 waren z. B. die Konversationen und sogar Geschäftsberichte voll von Fußballmetaphern wie „den Ball flach halten", „die Linie nicht übertreten", oder „die gelbe Karte zeigen". Wenn es um die Formulierung „kritischer" Botschaften geht – also alles, was Werte und Normen widerspiegelt und sich an die „Öffentlichkeit" einer Organisation wendet (Leitbilder, Leitlinien, „Visionen", Führungsgrundsätze etc.) –, sollte man ruhig einen Linguisten hinzuziehen, der die Texte kritisch durchforstet.

Die meisten Menschen meinen zu wissen, was „gute Sprache" und damit „gutes Deutsch" ausmacht. Eine klare und präzise Ausdrucksweise gehört auf jeden Fall dazu. Ungenauigkeit und Vagheit sollten tunlichst vermieden werden. Auf der anderen Seite weisen Experten immer wieder darauf hin, dass auch unsere Alltagssprache notwendigerweise vage und nur in den seltensten Fällen wirklich präzise ist. Der Grad an Klarheit und Eindeutigkeit kann immer nur relativ sein. Aber warum drücken wir uns überhaupt vage aus? Mit *Ambiguierung* ist eine Technik gemeint, die Kommunikation auf mehreren Ebenen anschlussfähig macht. Damit bleibt die Auslegung einer Mitteilung grundsätzlich offen und niemand braucht die Verantwortung dafür zu übernehmen. Das scheint z. B. der Grund dafür zu sein, dass ein scherzhaft vorgetragener Vorwurf weniger verletzend ist. Der Angesprochene kann den Vorwurf so interpretieren, dass er auf einer versöhnlichen Ebene zu liegen kommt.

Die gegenläufige Technik der *Disambiguierung* dient der Verständnissicherung. Mit ihrer Hilfe wird Gewissheit gesucht oder vermittelt: „Sie erinnern sich doch an unsere Vereinbarung?", „Ja natürlich, ich ziehe mit", „Das muss aber dann zackzack geschehen", „Wir kriegen das schon hin, nicht wahr?" Die Verschriftung ist die beliebteste Form des Disambiguierens. Die Bürokratie, deren Sinn ja darin besteht, subjektive Auslegungen weitgehend auszuschalten, lebt von ihr. Bei alldem sollte jedoch nicht übersehen werden: Vagheit macht Kommunikation erst möglich. Kommunikation ist kein mechanistischer „Informationsaustausch", sondern eine gemeinsame schrittweise Verständigung. Das beginnt mit einem umrisshaften Verstehen und endet – hoffentlich – bei einem klaren und deutlichen Bild. Verstehen ist auf das Noch-nicht-Verstehen sowie das Missverstehen und seiner Aufklärung angewiesen. Für die Kommunikation in Führungssituationen bedeutet dies:

- Weg von der gestanzten Managementsprache, wie sie besonders von Unternehmensberatern kultiviert wird; sie hat ein Verstehen gar nicht im Sinn, weil sie mit Worthülsen versucht, Exklusivität und Distanz auszudrücken.

- Stattdessen hin zu einer Kommunikation, die Ambiguierung und Disambiguierung dosiert einsetzt und die damit akzeptiert, dass das Noch-nicht-Verstehen der beste Weg zum Verstehen ist. So gibt es z. B. Situationen, in denen vage numerische Ausdrücke überzeugender wirken als präzise Zahlen: Die Zahl 500 bewirkt mehr Eindruck als 517.

- Ambiguieren bietet auch die Möglichkeit, Äußerungen zu umgehen, die für den Gesprächspartner einen Gesichtsverlust bedeuten könnten. Ein bekanntes

Beispiel dafür ist das englische „*interesting*", mit dem man eine Mitteilung wahlweise als tatsächlich interessant, als momentan unentscheidbar oder als doch eher nutzlos werten kann, ohne dies auch zu artikulieren.

- Wer Führungsautorität besitzt, darf es sich leisten, vage zu sein und sein Gegenüber herauszufordern, sich gegen diesen Stachel der Unbestimmtheit zu wehren. Führungskräfte sind dann oft überrascht, wenn Mitarbeiter davon tatsächlich Gebrauch machen (Stichwort → *Wertedynamik*) und auf solche Vagheiten z. B. mit „Darunter kann ich mir aber gar nichts vorstellen" reagieren.
- Schließlich kann es ratsam sein, sich durch Vagheit bei komplexen Entscheidungen Optionen offenzuhalten (ein Vorwurf, dem sich Politiker laufend ausgesetzt sehen), weil im Moment das Problem in seiner Ganzheit gar nicht oder nur schwer zu erkennen ist.

Storytelling

„Hans im Glück" hatte sieben Jahre bei seinem Herrn gedient und sorgte sich nun um seine „Work-Life-Balance". Er wollte nur noch heim zu Muttern. Sein Arbeitgeber erwies sich als großzügig und vergütete ihm die sieben Jahre mit einem kindskopfgroßen Klumpen Gold, nach heutigen Maßstäben wohl ein paar hunderttausend Euro wert. Damit erübrigte sich sogleich eine Debatte um den Mindestlohn. Ohne professionelle Vermögensberatung und nur seiner Präferenz der Unlustvermeidung folgend, erging sich Hans in scheinbar absurden Tauschgeschäften, deren Logik dennoch heutigen Auffassungen eines „rationalen Wahlverhaltens" entspricht. Aus dem Gold wurde zunächst ein Pferd, dann eine Kuh, ein Schwein, eine Gans und aus dieser schließlich das bescheidene Betriebsvermögen einer Scherenschleiferei. Mit seiner Schonhaltung – er wollte die schweren Wetzsteine partout nicht mit sich schleppen – setzte er diese Ich-AG jedoch gleich in den Sand. Der erlösende Schluss aus dem GRIMMschen Märchen ist bekannt: Der gute Hans war endlich „frei von aller Last" und wähnte sich als „glücklichster Mensch unter der Sonne".

Der Führungsforscher ROLF WUNDERER ist fest davon überzeugt, dass Märchen auch heute nichts von ihrer Zauberkraft verloren haben. Er greift deshalb tief in die Schatztruhe Deutscher Märchen, um Verwandtschaften zwischen Märchen und Führung aufzuspüren. Den „gestiefelten Kater" etwa, der es mit Cleverness versteht, den armen Müllersohn mit der Prinzessin zu verbandeln, um dann, als dieser sogar König wird, selber zum ersten Minister aufzusteigen, sieht WUNDERER als Vertreter eines zeitgemäßen „(teil-)autonomen" Führungsstils. Trickreich, aber loyal, kreativ und dynamisch, verkörpert der Kater den „Intrapreneur" (ein Mitarbeiter mit Unternehmergeist), der es noch dazu versteht, den eigenen Chef zum beiderseitigen Vorteil zu „managen" (WUNDERER 2010). In dem nach dem Tod der geliebten Mutter von ihrer „Patchwork"-Familie „gemobbten" Aschenputtel vermag WUNDERER sogar Merkmale eines für Führung unersetzlichen robusten Selbstvertrauens zu erkennen. Während Aschenputtel jedoch selbst nach Demütigungen noch kooperationsbereit bleibt (was einem spieltheoretischen „Tit for tat" entspricht; → Kooperation), fehlt dem „tapferen Schneiderlein" genau diese heute so wichtige Kompetenz. Es bleibt ein Einzelkämpfer.

Märchen sind wichtige Instrumente der frühen Sozialisation, auch wenn sie heute Kindern nur mehr selten vorgelesen werden. Die Frage ist nur, brauchen wir in der Führung unbedingt Märchen? Das ist sicher eine Geschmacksfrage, aber unbestritten ist: Menschen lieben und merken sich *Geschichten*. Diese vermitteln Wissen in einer unaufdringlichen Weise. Die Erzählkunst ist einer der ältesten „Kompetenzen" des Menschen. Bevor es die Schrift gab, wurde alles Wissen mündlich weitergegeben. Die Zeitlosigkeit des erzählerischen Vermittelns von Wissen, der sogenannten *Narration*, hat einige gewichtige Gründe. Sie werden noch einleuchtender, wenn man sie gegen den Hintergrund von Management und Führung betrachtet:

- Eine Geschichte braucht keine Legitimation, wie dies z. B. bei der Weitergabe von Faktenwissen unabdingbar ist. Sie legitimiert sich durch die Praxis ihrer Erzählung selbst und muss nur den Kriterien der jeweiligen Kultur entsprechen. In einer deutschen, amerikanischen oder französischen Führungskultur wird daher eine Geschichte bei identischem Inhalt unterschiedlich „gefärbt" werden müssen, in ihrem Kern bleibt sie jedoch universell gültig.
- Geschichten sind „bewohntes Gedächtnis" (ASSMANN 1999). Sie schlagen eine Brücke zwischen Vergangenheit, Gegenwart und Zukunft. Das macht sie für Führungsbeziehungen so attraktiv, weil sie – anders als abstrakte Richtlinien oder Grundsätze – immer auch auf praktisch Bewährtes oder gemeinsam Erlebtes Bezug nehmen können. Durch diese emotionale Bindung sind Geschichten konkurrenzlos. Und wo erzählt wird, braucht es auch Zuhörer. Deshalb eignen sich Geschichten so vorzüglich, Beziehungen und Gemeinschaften zu stiften.
- Mit Geschichten können vielfältige Ziele verbunden werden. Das unterscheidet sie etwa von der Disziplin des Managements, das – frei nach LUDWIG WITTGENSTEIN – von einem eng umrissenen „Sprachspiel" bestimmt ist. Dieses Sprachspiel reklamiert Exklusivität für sich, womit Missverständnisse vorprogrammiert sind. Geschichten sind hingegen an keine Sprachpraxen gebunden. Sie können Gefühle hervorrufen, moralische Wertungen vornehmen oder Vergnügen bereiten, sie können verführen, überzeugen oder bereichern.
- Geschichten regen Phantasie und Vorstellungsvermögen an. Sie ermöglichen ein Erleben, wodurch das Gehörte eher verstanden und in weiterer Folge auch verfestigt wird. Dafür brauchen Geschichten Figuren, einen Konflikt und eine Dramaturgie. Sie müssen sich in einer Welt abspielen, die durch Ort, Zeit und einen erfahrbaren Realitätsbezug bestimmt ist. Mit all dem schaffen sie Zusammenhänge und Sinn. Manchmal lassen Geschichten die Figuren sogar zu Vorbildern werden. Individualistische Kulturen lieben deshalb ihre Heldengeschichten, gerade im Kontext von Management und Führung.

Storytelling ist kein beliebiges Einstreuen von Anekdoten. Es meint vielmehr das überlegte Auswählen und gekonnte Erzählen von Geschichten, um abstrakte und zugleich wichtige Inhalte verständlich zu machen. Es ist eine wertschätzende Form der →Kommunikation, die als Einladung zum →Zuhören angelegt ist. Wer eine Geschichte erzählt, begibt sich – anders als etwa bei einer Anweisung oder einem Appell – auf die „gleiche Augenhöhe" mit den Zuhörern. Eine Geschichte wird dann besonders glaubwürdig sein, wenn der Erzähler ein Teil davon ist. Und zwar nicht als Held oder Visionär, sondern am besten als Zeuge oder gar Betroffener, der dann mit einem Schuss Selbstironie seine eigene Lernfähigkeit hervorheben kann.

Storytelling funktioniert auch in der umgekehrten Richtung. Wer führt, sollte nicht nur selbst Geschichten erzählen, sondern auch seine Mitarbeiter hin und wieder nach Erlebnissen in ihrer Arbeit fragen. Nicht nach Meinungen, die naturgemäß taktisch überformt werden können, sondern nach Erfahrungen in Form kurzer

Geschichten. Manche Organisationen richten dafür eigene „Erzähl-Workshops" ein. Auch in Meetings – und hier besonders im Projektmanagement – kann das Erzählen ein Ausweg aus festgefahrenen Situationen sein. Wer solche Geschichten dann noch sammelt, vergleicht und auf ähnliche Punkte hin untersucht, erfährt mehr über notwendige Veränderungen in der Organisation, als sie ihm ein Unternehmensberater zu liefern vermag. Geschichten zeigen auf, was wirklich wichtig ist.

Nicht jede Führungskraft wird und soll ein großartiger „Storyteller" sein. Es geht bloß um die Wiederentdeckung des „narrativen" Denkens als vernachlässigte Herangehensweise an „die Realität". Management und Führung bedienen sich beharrlich und ausschließlich des „argumentativen" Denkens in der irrigen Annahme, dass sich Sachverhalte durch eine logisch-wissenschaftliche Herangehensweise einfacher und präziser erschließen lassen. Der Psychologe JEROME BRUNER (1986) plädiert seit langem für ein Nebeneinander von narrativem und argumentativem Denken. Beide Arten zu denken lieferten einen jeweils unterschiedlichen Zugang zur Welt. Beide seien notwendig, um die Welt, in der wir leben, besser zu verstehen und vorteilhafter in ihr handeln zu können. Und beide seien nicht gegeneinander austauschbar. Genau diese Balance gilt es für Führungskräfte anzupeilen. Abbildung 30 zeigt (inspiriert von FRENZEL et al. 2006), wie sehr sich narratives Denken (unterstützt durch die Erzählkunst) und argumentatives Denken (unterstützt durch die Logik) unterscheiden und ergänzen können.

Narratives Denken	*Argumentatives* Denken
■ Geht von Ereignissen aus und ist damit konkret.	■ Geht von der Logik aus und ist damit abstrakt.
■ Sucht nach Zusammenhängen und ist damit holistisch.	■ Sucht nach Teilaspekten und ist damit reduktionistisch.
■ Fragt nach dem „Wie" und eröffnet damit Möglichkeiten.	■ Fragt nach dem „Was" und schafft so Tatsachen.
■ Erlaubt eine gewisse Naivität und ist damit offen für Neues.	■ Prüft kritisch und „erdet" damit Ideen und Visionen.
■ Gibt Anfängern eine Chance und ist damit emanzipatorisch.	■ Räumt Experten den Vorrang ein und nutzt damit rares Wissen.

Abb. 30: Gegenüberstellung von narrativem und argumentativem Denken

Symbole

Durch die Zunahme an Außenkontakten und die damit verbundene hohe Mobilität auf allen Ebenen muss Führung auch bei Abwesenheit der Akteure funktionieren. Symbole, als Teil der Kultur (→ *Organisationskultur*), sind ein notwendiger, wenn auch nicht ausreichender Ersatz für die „klassische" direkte Führung, die auf Anwesenheit beruht. Symbole leisten jedoch mehr, als ein bloßes Vehikel indirekter Führung zu sein. Führung ist immer mehrdeutig – man denke z. B. an die Problematik, einen bestimmten → *Führungsstil* zu identifizieren oder gar zu praktizieren – und deshalb muss sie in einer möglichst zweifelsfreien Weise vermittelt werden. Indem bestimmte Symbole innerhalb einer Organisation von den Menschen erkannt, interpretiert und in Handlungen übersetzt werden, beeinflussen sie auch wirksam die soziale Wirklichkeit der Organisation.

Ein Symbol (griech. *symballein* = zusammenbringen) ist etwas wahrnehmbares Konkretes – ein Ding, eine Handlung, ein Wort –, das stellvertretend für etwas nicht Wahrnehmbares steht. Macht und Distanz, Respekt und Toleranz sind z. B. so abstrakt, dass sie nur selten sofort und unmittelbar erlebbar sind. Deshalb müssen sie „verdinglicht" und so der Erfahrung zugänglich gemacht werden. Symbole weisen über sich hinaus auf etwas anderes und bewirken dadurch eine *Assoziation*, also eine Verknüpfung mit vorhandenen Wissensbeständen. Diese Verknüpfungen sind in den meisten Fällen offen für Interpretationen. Außerdem sind sie abhängig von der jeweiligen Situation, dem Kontext und der Kultur. Nur wenige Symbole, wie etwa Ring (Symbol der Geschlossenheit), Pfeil (Symbol der Richtung) oder Baum (Symbol des Lebens) gelten universal. Deshalb ist Vorsicht angebracht. So kann z. B. das Victory-Zeichen, bei dem der Zeige- und Mittelfinger zu einem „V" ausgestreckt sind, während der Ringfinger und der Kleine Finger eingezogen bleiben, „Ich lasse mich nicht unterkriegen" bedeuten. Es gibt aber auch Kulturen, in denen es als Zeichen des Friedens oder aber als deftige Beleidigung (wenn die Handinnenseite vom Körper weg zeigt) gedeutet wird.

Da eine Gesellschaft auf bestimmte allgemein akzeptierte Assoziationen angewiesen ist, müssen diese erst „gelernt" und verinnerlicht werden. bevor jemand etwa Zutritt zu einem besonderen gesellschaftlichen Teilbereich erhält oder wenn er in diesem Anerkennung erfahren will. Beispiele sind das Pauken von Verkehrszeichen für die Führerscheinprüfung oder die vielfältigen kirchlichen Symbole, die es „richtig" zu interpretieren gilt, will man an den religiösen Praktiken in sinnvoller Weise teilhaben. Auch Organisationen sind ohne Symbole nicht vorstellbar. Sie sind ihrem Wesen nach Deutungsgemeinschaften, in denen versucht wird, mit Hilfe von Symbolen die vielfältigen individuellen Wirklichkeitskonstruktionen einander anzunähern. Dadurch kann die Komplexität in Organisationen so weit reduziert werden, dass sich die Menschen ihren jeweiligen Funktionen und Aufgaben widmen können, ohne ständig über „richtiges" Handeln nachdenken zu müssen.

Um das Erlernen von Symbolen geht es auch bei der symbolischen Führung. Sie überlässt die Wirkung von Symbolen nicht dem Zufall, sondern setzt diese bewusst ein, um Führung zu vermitteln. Der ebenso bewusste Verzicht auf gängige Symbole wie z. B. die „Chefetage", Abzeichen, Urkunden oder „Heldenfeiern" wirkt in dieselbe Richtung. Die Mitarbeiter sollen durch gemeinsame Erfahrungen in die Lage versetzt werden, bestimmte Symbole – Gegenstände, Handlungen, Sprache – zweifelsfrei zu erkennen und in gleicher Weise zu interpretieren. Symbole bringen Ordnung und Klarheit in ein ansonsten mehrdeutiges Umfeld. Sie können Werte und Normen vermitteln und dadurch verhaltenssteuernd wirken. Und sie vermögen sogar einen zwischen vielen Menschen geteilten →*Sinn* zu stiften.

Dadurch wird Führung unentrinnbar. In Anlehnung an PAUL WATZLAWICK ist es durchaus zulässig zu sagen: „Man kann nicht *nicht* symbolisch führen." Organisationen sind umgeben von und durchdrungen mit Symbolen. Führungskräfte haben keine Möglichkeit, sie gleichsam wegzuzaubern. Sie müssen sich mit der Wirkung von Symbolen vertraut machen, einige davon mit Fingerspitzengefühl auswählen und diese dann bewusst einsetzen. Dieses „Einsetzen" darf jedoch nicht in eine Instrumentalisierung als Mittel zur Gleichschaltung kippen, wie dies in sektenartigen Organisationen der Fall ist. In Zeiten hoher Unbestimmtheit ist die Versuchung ohnedies groß, das Bedürfnis der Menschen nach Eindeutigkeit zur Ideologisierung zu missbrauchen. Führen mit Symbolen ist ein Angebot zur Interpretation von Gegebenheiten, also sinnlich Wahrnehmbarem. Wer dieses Angebot nicht annimmt, muss dafür einen Preis entrichten. Dessen Bandbreite reicht von Unsicherheit über das Gefühl der Entfremdung bis zum Selbstausschluss aus der Gruppe oder Organisation.

Die Fülle an Symbolen kann in gegenständliche, interaktionale und verbale Symbole unterteilt werden.

- Beispiele für *gegenständliche* Symbole sind Chefparkplätze und die Chefbüros als Symbole der Unantastbarkeit des eigenen Territoriums; der pompöse Schreibtisch als Verlängerung des eigenen „Größen-Selbst"; peinliche Sauberkeit in den Gebäuden, um auf eine Nullfehlertoleranz hinzuweisen; der Verzicht auf alles Großartige und Perfekte als Symbol für Bescheidenheit oder gar Frugalität; aufwändig gestaltete Leitbilder, die auch als eine Art „Opfergabe" verstanden werden sollen, um die Mitarbeiter zu Verhaltensänderungen zu bewegen; Abzeichen, Logos und Fahnen als Ausweis des Wir-Bewusstseins; Namensschilder und Kontrolleinrichtungen, die strenge Ordnung versinnbildlichen sollen.

- Zu den *interaktionalen* Symbolen gehören Zeremonien, Rituale, Feiern, Vorstandsbesuche, Jubiläen, Beförderungen, Degradierungen etc. Rituale greifen auf vorgefertigte Handlungsabläufe zurück und vermitteln so Gewissheit und Orientierung. Sie grenzen damit jene aus, denen der Sinn der Abläufe verborgen bleibt. Rituale werden oft als willkommene Unterbrechungen des formalen betrieblichen Alltags gesehen. Damit wird auch ein klassisches Paradox sichtbar: Jeder Versuch, das Informale zu fördern, führt automatisch zu mehr Formalität. Der inzwischen durch „dress codes" reglementierte „Casual Friday" ist ein Beispiel dafür. Gut gespielte, spontan wirkende Handlungen können eine besonders starke symbolische Wirkung entfalten. FERDINAND PIECH soll sich angeblich, kurz nach seinem Antritt bei Volkswagen als Nachfolger von CARL HAHN, einen Blaumann geschnappt und für einige Tage am Fließband mitgearbeitet haben. Das Signal für die Belegschaft sollte lauten: „Ich bin einer von euch."

- Zu den *verbalen* Symbole zählen die unausgesprochenen Sprachregelungen, die einen bestimmten Jargon mit all seinen Abkürzungen, Akronymen (und oft auch Anglizismen) festlegen, der nur innerhalb der Organisation verwendet und verstanden wird. In großen Organisationen bilden sich Sprachmuster aus, die für bestimmte Funktionen (z. B. Marketing oder Controlling) typisch sind. Slogans und Mottos sollen durch ihre Kürze leicht erinnert werden und immer präsent sein. Wichtig für das Zugehörigkeitsgefühl sind historische Symbole wie Geschichten und Mythen (→ *Storytelling*). Sie sollen an die Selbstverständlichkeit bestimmter Grundüberzeugungen wie z. B. Toleranz, Loyalität, Bescheidenheit oder Mut erinnern und sie in einen aktuellen Sinnzusammenhang bringen.

Eine Führung, die sich Symbolen mit Augenmaß und Feingefühl bedient, unterscheidet sich deutlich von den Führungskonzeptionen, wie sie nach wie vor in der Führungsliteratur angeboten werden. Dort wird Führung überwiegend positivistisch behandelt, als ginge es dabei um etwas naturwissenschaftlich Bestimmbares. Die wichtigsten Prinzipien dieser Auffassung von Führung sind *Machbarkeit* (alles kann gesteuert werden, wenn Wille und Wissen dafür vorhanden sind), *Objektivität* (zulässig sind nur Fakten, aber keine Deutungen), *Rationalität* (es gibt keinen Platz für Gefühle und Spontaneität) und *Trivialität* (Systeme reagieren auf dieselbe Eingabe immer mit derselben Reaktion). Führung mit Symbolen weicht von diesen Vorstellungen in den folgenden Punkten merklich ab:

- Symbole wirken – auch wenn die Führungskraft selbst zum Symbol wird – zunächst einmal „entpersonalisiert", weil sie als Fakten existieren (z. B. Kleidung, Auftritt, Gesten, Logos, Regeln, Strukturen).

- Diese Fakten müssen, um handlungswirksam zu werden, dekodiert werden, was naturgemäß Räume für Interpretationen offen lässt. Von naturwissenschaftlicher Exaktheit kann hier jedenfalls keine Rede sein.

- Um die Dekodierung wirkungsvoll zu unterstützen, muss die Führungskraft laufend Lösungshilfen anbieten. Sie kann sich nicht im eigenen Büro verschanzen oder bloß mal „draußen vorbeischauen", sondern sie muss so oft wie möglich „hinaus ins Feld" und sich dem Unerwarteten stellen.

- Führung mit Symbolen zerteilt Führung nicht in gleichförmige Zweierbeziehungen wie die klassischen Führungsmodelle es versuchen, sondern sie wirkt durch ihre Vervielfältigung und Allgegenwart vor allem auf Gruppen und ganze Organisationen.

- Symbole entfalten ihre Wirkung besonders bei Abwesenheit der Führungskraft, weil sich die Mitarbeiter an ein bestimmtes Verhalten gebunden fühlen, ohne dass die Führungskraft persönlich anwesend sein muss.

- Notwendige Veränderungen in der Organisation werden von den Führungskräften nicht als Blaupause vorgegeben und dann autoritativ „durchgesetzt"; sie werden vielmehr mit Hilfe von (entsprechend starken) Symbolen angestoßen.
- Das Anstoßen von Veränderungen erfolgt etwa dadurch, dass neue Sichtweisen angeboten, ausgehandelt, vorgelebt und durch neue Fakten konkretisiert werden. Dieses symbolische Agieren „verflüssigt" bestehende Denk- und Handlungsmuster (NEUBERGER 1994) und wirkt dadurch nachhaltiger als herkömmliches Veränderungsmanagement.

Team

Im sprachlichen Alltag wird kaum zwischen „Gruppe" und „Team" unterschieden. Gleichwohl wird das Wort „Team" – wegen seiner Kürze, des englischen Ursprungs und des hellen Vokals? – bevorzugt gebraucht. Dabei gibt es viel mehr Gruppen als Teams. Eine Gruppe besteht aus mehreren Personen, die zwar ihre individuellen Ziele verfolgen, aber gleichzeitig ihre Verhaltensweisen – freiwillig oder weil es die Umstände verlangen – aufeinander abstimmen. Die Warteschlange vor dem Bahnschalter ist ebenso eine Gruppe wie die vorabendliche Cocktail Party und die Kolonne aus Schneeschippern, die sich frühmorgens beim Gemeindeamt eingefunden haben, um gegen ein paar Euro wichtige Plätze freizuschaufeln. Sie bilden jeweils ein sogenanntes „Quasisystem", also eine Ansammlung von Menschen, die sich zwar von ihrem Umfeld abhebt, ohne jedoch eine gemeinsame Identität ausgebildet zu haben. Ein Außenstehender vermag gewisse Verhaltensmuster zu erkennen, aber diese „Strukturen" rühren nicht von einem Gemeinschaftssinn her, sondern dienen ausschließlich dem Interesse, die eigenen Ziele zu erreichen. Das Wort „Wir" spielt in diesen Quasisystemen nur eine beiläufige Rolle.

Die meisten Gruppen sind kurzlebig. Erst wenn sich ihre Mitglieder immer wieder zusammenfinden, um bestimmte Aufgaben zu wiederholen, entsteht so etwas wie ein „Schatten der Zukunft". Man weiß, dass man sich wiedersehen wird, also kann es sich lohnen, über gemeinschaftliches Handeln nachzudenken. Vertrauensbereitschaft und Vertrauenswürdigkeit werden wichtig. Es müssen Rollen bestimmt und verteilt werden. Auch die elf Kicker, die sich seit einiger Zeit regelmäßig treffen, um auf einer Wiese gegen andere Zufallsmannschaften zu spielen, haben schon entschieden, wer am besten im Tor, in der Verteidigung oder im Angriff spielen soll. Damit grenzt sich die Gruppe noch deutlicher von ihrer Umwelt ab. Sie wird sich öfter selbst zum Thema machen und dabei das „Wir" ganz selbstverständlich gebrauchen.

Solche freiwillige Gruppen geben sich oft einen Namen. Arbeitsgruppen treffen sich in der Freizeit, um abseits des Formalen auch über Betriebliches zu sprechen. Auf jeden Fall sind inzwischen „echte" soziale Systeme mit einer gewissen Identität und einem Wir-Bewusstsein entstanden. Denn wer „Wir" sagt, sieht sich als Teil der Gruppe und erwartet dasselbe von den anderen Mitgliedern. Daraus entsteht ein Mitdabeisein, das nicht erzwungen werden kann. Dies schließt nicht aus, dass auch fremdbestimmte Gruppen – einer Arbeitsgruppe beispielsweise wird man in der Regel zugeteilt – ein Wir-Bewusstsein entwickeln können. All diesen sozialen Systemen ist jedenfalls eines gemeinsam: Sie sind immer noch Gruppen. Der Begriff „Gruppe" umspannt eben ein weites Spektrum, vom Quasisystem einer flüchtigen Anstellreihe bis zum scheinbar dauerhaften Beziehungsgeflecht einer echten Gruppe. Gibt es dann überhaupt noch einen Platz für eine darüber hinausgehende soziale Einheit, nämlich das „Team"?

Bei der Antwort auf diese Frage stößt man fast automatisch auf das Verhältnis von Ich und Wir. Es geht nicht nur um die Frage, wie aus vielen Ichs ein Wir wird, sondern um den fundamentalen Übergang von der *individuellen* Absicht („Ich-Intentionalität"), innerhalb der Gruppe etwas zu tun, hin zur gemeinsamen oder *geteilten* Absicht („Wir-Intentionalität"). Statt etwas zu tun, was ich offensichtlich gut kann und das deshalb auch der Gruppe nutzt, tue ich es in Zukunft als Teil unseres *gemeinsamen* Tuns. Der Primatenforscher MICHAEL TOMASELLO versucht seit langem die Ursache zu eruieren, warum unsere Primatenart in ihrer Gattungsgeschichte einen eigenen Entwicklungspfad einschlug. Er ist überzeugt, sie in der Wir-Intentionalität gefunden zu haben. Nicht die operative Intelligenz und nicht das Verständnis von Raum, Mengen und Kausalität machten den Unterschied etwa zu den Schimpansen aus. Es sei vielmehr die Fähigkeit, nicht nur mit anderen zu kooperieren, sondern dabei – und das kommt nach TOMASELLO ausschließlich der Gattung Mensch zu – mit *gemeinsamen* Absichten vorzugehen (TOMASELLO 2010).

Der Philosoph JOHN SEARLE, auf den der Begriff der Wir-Intentionalität zurückgeht, erläutert dies anhand eines Beispiels aus dem Sport. „Während eines Fußballspiels treten laufend Situationen auf, die aus dem Gefühl entstehen, etwas gemeinsam zu tun, zu wollen, zu glauben, usw. Wenn ich etwa als Verteidiger den gegnerischen Mittelstürmer binde, ihn aber nur als Teil unseres Abwehrspiels blockiere, dann spiele ich meinen Part eben nur in *unserem* Spiel" (SEARLE 1997, S. 34 f.). Hier wird der Unterschied zwischen einer Gruppe (z. B. elf Kicker, die durchaus mit einem gemeinsamen Bewusstsein antreten können) und einem Team (z. B. einer Mannschaft vom Schlage Bayern Münchens oder FC Barcelonas) deutlich. Das Team unterscheidet sich von der Gruppe eben dadurch, dass die einzelnen Absichten und Handlungen wechselseitig aufeinander bezogen sind, dass sie logisch und nahezu automatisch aneinander anzuschließen scheinen, und dass sie folglich füreinander Voraussetzungen bilden. Während die Gruppe viel Energie benötigt, um die individuellen Absichten auf ein gemeinsames Ziel zu bündeln, agiert das Team scheinbar mühelos. Es kann sein Energiepotenzial dafür verwenden, um auf einem höheren Niveau an Vielfalt, Geschwindigkeit und Präzision zu agieren als die Gruppe dazu imstande ist.

Bei der Wir-Intentionalität SEARLEs handelt es sich weder um die Absicht, die von einem diffusen „Kollektiv" gehegt wird, noch um die Addition von Einzelabsichten, sondern um eine schrittweise Abstimmung der Gruppenmitglieder im Hinblick auf ein gemeinsames Ziel. Diese auf dasselbe Ziel ausgerichtete Intention kommt bei SEARLE immer *vor* dem gemeinschaftlichen Handeln. Das ist aber in der Praxis beileibe nicht immer der Fall. Für gemeinsames Handeln kann z. B. ein scheinbar zielloses Beisammensein im Freundeskreis ohne weiteres genügen. Voraussetzung dafür ist lediglich, dass sich jeder Beteiligte so verhält, dass seine „Ich-Beiträge" an die seiner Freunde anschließen. Ein solches Anschlussverhalten erzeugt dann ein Gefühl der Gemeinschaftlichkeit, die schließlich in geteilter Absicht mündet. Die Wir-Intentionalität stellt sich also erst im Nachhinein heraus.

Käme es tatsächlich „nur" auf die gemeinsamen Absichten an und lägen diese immer *vor* dem „Teamgeist", dann wäre es z. B. keine große Kunst, aus einer Mannschaft ein Team zu formen. Der Trainer bräuchte seine Spieler „bloß" auf eine zwischen ihnen geteilte Absicht einzuschwören, und schon entwickelte sich, wenn auch vielleicht nicht sofort, der so begehrte Mehrwert einer Teamleistung. Gerade Mannschaftssportarten wie der Fußball bieten jedoch Beispiele dafür, wie brüchig ein „Team" sein kann. Derselbe Trainer und dieselben Spieler, die eine Erfolgsserie als Team hinlegten, weil sich in ihrem Spiel die einzelnen Aktionen so reibungsfrei und scheinbar automatisch aneinander anschlossen und zu einer Ganzheit formten, produzieren plötzlich und aus unerklärlichen Gründen Stückwerk ohne erkennbaren Gemeinschaftssinn.

Damit wird auch klar, dass die Grenze zwischen Gruppe und Team nur fließend sein kann. Soziale Einheiten, in denen viel von „Wir" geredet wird, sind unter Umständen noch eine Gruppe, weil die Wir-Intentionalität noch nicht zur Selbstverständlichkeit geworden ist. Überall dort, wo die Beteiligten in demselben emotionalen Zustand sind und es offenbar genießen, dass ihr Handeln reibungsfrei an das Handeln anderer anschließt, kann schon ein Team entstanden sein. „Wir mögen es, wenn Beitragshandlungen dicht ineinander greifen (wie es sich exemplarisch bei Tätigkeiten wie Fechtkämpfen oder gemeinsamen Musizieren zeigt); das macht einen wesentlichen Teil des Reizes unseres Miteinanders aus", schreibt der Philosoph HANS BERNHARD SCHMID (2005, S. 451).

Nicht nur sportliches „Teamwork" birgt so manche Geheimnisse. Auch in Arbeitsorganisationen weiß man ein Lied davon zu singen. Hier sollte zumindest versucht werden, Gruppen aus dem Zustand eines Quasisystems heraus zu befördern. Durch ausgewogene Rollenverteilung und eine Atmosphäre, in der sich die Mitglieder auf gemeinsame Bilder oder Wirklichkeitskonstruktionen verständigen können (→Abbilden), wird sich auch ein Wir-Bewusstsein als Vorbedingung der Teambildung einstellen. Viele erfolgreich arbeitende teilautonome Gruppen in der Fertigung liefern Belege dafür.

Der Übergang von einer Gruppe zu einem Team mit einer Wir-Absicht kann gefördert werden, wenn der Anteil an *Fremdsteuerung* (Interventionen durch die Führung) zugunsten der *Selbststeuerung* (mit der sich Gruppen ihre Aufgabenverteilung, Strukturen und Zeitautonomie selbst bestimmen) verringert wird. Ziel sollte es sein, eine geeignete Balance zwischen Fremd- und Selbststeuerung zu erreichen. Ersterer kommt vor allem die Aufgabe zu, neue, ungewohnte Lösungen anzuregen. Für dieses Probieren brauchen Gruppen Zeit. Von einer bunt zusammengewürfelten Projektgruppe zu erwarten, dass sie dank des Sachverstands und der Gutwilligkeit aller Beteiligten in kurzer Zeit überdurchschnittliche Ergebnisse liefert, ist eine Illusion. Das liegt schon daran, dass Verhalten allein nicht genügt, um ein Team entstehen zu lassen. Die Beteiligten müssen erst lernen, die Motive des Handelns der anderen zu verstehen. Dies kann nicht anders geschehen als durch Versuch und Irrtum, was eben Zeit benötigt. Erst wenn man nicht ständig nach dem „Warum" des Handelns der anderen fragen muss, wenn sich also stabile Erwartungen gebildet haben, ist der Weg zur „Teamarbeit" frei.

Für ihren Erhalt sind Teams auf das richtige Maß an Anwesenheit und Kontaktdichte angewiesen. So ist z. B. die Euphorie rund um die sogenannten „virtuellen

Teams", die sich weitgehend auf digitale Kommunikation verlassen, inzwischen verflogen. Solche auf Distanz und oft unter Zeitdruck arbeitenden Gruppen benötigen rasches Vertrauen (engl. „*swift trust*"), das sich aber wegen des fehlenden persönlichen Kontakts – Vertrauen braucht den Blick in das Gesicht des Anderen – nicht entwickeln kann. Umgekehrt sind ständige Anwesenheit und hohe Kontaktdichte nicht unbedingt förderlich für Teambildung. Von Paarbeziehungen ist z. B. bekannt, dass sie oft dann stabiler sind, wenn die Wohnsitze getrennt bleiben. Auch in Arbeitsgruppen kann man sich gehörig auf die Nerven gehen, wenn man ständig aufeinander sitzt.

Schließlich stellt sich noch die Frage nach der „optimalen" Zusammensetzung von Teams. Sie ist insofern falsch gestellt, als sich in gut arbeitenden Teams Eingriffe von außen ohnedies verbieten. Solche Teams haben sich bereits selbst eine Struktur und eine Rollenverteilung verpasst. Für bestimmte Gruppen hingegen, besonders wenn sie kreative Lösungen liefern oder komplexe Projekte bearbeiten sollen, kann eine Verteilung von Rollen durchaus sinnvoll sein. Mit diesem Thema beschäftigt sich der Sozialwissenschaftler MEREDITH BELBIN seit Jahrzehnten. Er identifizierte ursprünglich acht, später neun „Rollen" (eigentlich sind es Persönlichkeitstypen), die idealerweise alle besetzt sein sollten, um gemeinschaftliches Handeln auf hohem Niveau zu erzielen. Nach BELBIN (2003) sind das der personenorientierte Lenker als *Koordinator*, der *Dynamiker*, der disziplinierte *Umsetzer*, der sorgfältig *Aufmerksame*, der einfühlsam *Ausgleichende*, der kontaktfreudig *Enthusiastische*, der unorthodox *Kreative*, der nüchtern *Abwägende* und schließlich der *Fachexperte*.

In der Praxis wird es allerdings wenige Situationen geben, in denen Gruppen aus neun verschiedenen „Rollen" gebildet werden können oder sollen. Immerhin, zur Einschätzung der eigenen Teamfähigkeit eignet sich das BELBINsche Modell allemal. Wer jedoch tatsächlich in die Zusammensetzung von Gruppen eingreifen will, sollte darauf achten, dass die „antreibenden" Kräfte (nach BELBIN etwa Umsetzer, Koordinator und Dynamiker) und die „reflektierenden" Kräfte (Abwägender, Aufmerksamer und Ausgleichender) einigermaßen im Gleichgewicht sind. Das reicht für die meisten Aufgaben in der Praxis vollkommen aus.

Überzeugen

Einfluss ist die Chance, auf Menschen so einzuwirken, dass diese sich in einer gewünschten Weise verhalten. Das kann auf natürliche, unbewusste Weise geschehen, wie dies z. B. bei der Sympathie der Fall ist. Hier ist oft der erste Eindruck (engl. *„primacy effect"*) entscheidend, bei dem vergangene Erfahrungen des Beobachtenden im Spiel sind. Zwar kann niemand quasi auf Knopfdruck sympathisch wirken, aber es ist sehr wohl möglich, z. B. seine physischen Vorzüge in die Waagschale zu werfen oder seinen „Auftritt" so attraktiv zu gestalten, dass ein Einfluss auf andere *bewusst* herbeigeführt wird. Genau hier, entlang des aktiven Herbeiführens von Einfluss, verläuft die Grenze zur →*Macht*. Macht ist nicht identisch mit Einfluss, sondern vielmehr eine Teilmenge davon. In diesem Buch wird Macht als Ergebnis eines sozialen Aushandlungsprozesses verstanden, in dessen Verlauf sich (scheinbar) Machtüberlegene und (scheinbar) Machtunterlegene einer Vielfalt an Machtmittel bedienen, die sie wiederum aus ihren eigenen strukturellen oder persönlichen →*Machtquellen* schöpfen. Die Fähigkeit des Überzeugens ist eine besonders wichtige persönliche Machtquelle.

Wenn das Überzeugen in die Kategorie der Macht gehört, dann stellt sich die Frage, wo die Grenze zum *Manipulieren* (franz. *manipuler* = handhaben) zu ziehen ist. Die Antwort könnte lauten, dass hier gar keine Grenze existiert. Überzeugen *ist* Manipulieren. Gleich nach der Geburt beginnt das kleine Menschenkind seine Umwelt zu manipulieren. Es schreit, wenn es Hunger hat, wenn es sich unwohl fühlt oder wenn es sich nach Zuneigung sehnt. Später lernt es, sein Lächeln so einzusetzen, dass Erwachsene in die Phase ihrer frühen Kindheit regredieren und in die Ammensprache verfallen: Ja, wo ist sie denn? Daaaaaa ist sie ja!" Das Baby lernt auch früh, dass es selbst immer wieder manipuliert wird. Die Mutter verfügt z. B. über so manche Tricks, das schreiende Kind zum Schweigen zu bringen. Wir Menschen richten uns eben im Lauf der Zeit in einer Welt des Manipulierens und Manipuliertwerdens ein (LAY 1991).

Jemanden von etwas zu überzeugen, verlangt, dass unser Gegenüber seine bislang gehegten Überzeugungen ändert oder über Bord wirft. Dies wird umso schwerer gelingen, je mehr dieser in seine Überzeugungen investiert hat – Zeit, Geld, Energie – und je mehr durch eine Änderung sein Selbstwert beeinträchtigt wird. Außerdem rufen radikale Überzeugungsversuche beim Adressaten kognitive Dissonanzen hervor, also innere Spannungszustände, die es zu beseitigen gilt. Das geschieht meist dadurch, dass man nach übereinstimmenden Ansichten („konsonanten Kognitionen") sucht, die es einem erlauben, den als angenehm empfundenen Gleichgewichtszustand beizubehalten. Der Raucher, der seinen kettenrauchenden Opa zur Verharmlosung seiner Schwäche heranzieht, ist ein häufig gebrauchtes Beispiel für Dissonanzreduktion.

Bei Menschen, deren Überzeugungen in eine ganzheitliche Weltsicht eingebettet sind, wird die Änderungsresistenz am größten sein. Es müsste dann das gesamte System durch die Überzeugungsversuche geändert werden. Also braucht es mehr als bloß eine gute Argumentation, um überzeugend zu wirken. Überzeugungsprofis haben sich durch Beobachten sowie über Versuch und Irrtum ein Wissen angeeignet, in welcher Situation wie vorgegangen werden muss, will man die Zustimmung anderer Menschen gewinnen. Diese Mischung aus Menschenkenntnis und erlernbaren Techniken lassen sich in fünf Kategorien gruppieren: das rationale, plausible, moralische, taktische und emotionale Überzeugen.

Das *rationale* Überzeugen arbeitet mit Logik, mit nachprüfbaren Fakten und Zahlen, mit Gutachten, Statistiken und so fort. Diese Form des Überzeugens wirkt immer dann, wenn der, den es zu überzeugen gilt, seinen Gefühlen misstraut. Er sucht dann nach verstandesmäßigen Gründen, einem bestimmten Wunsch oder einem Ansinnen zu folgen. Der Neocortex in seinem Gehirn meldet sich, um die Gefühlsimpulse aus dem tiefer gelegenen limbischen System zu bewerten. Diese gefurchte Rinde unterhalb der Schädeldecke möchte eben mitentscheiden, wenn es um Zustimmung oder Ablehnung geht. Für die meisten Menschen ist z. B. der Autokauf eine sehr emotionale Angelegenheit. Dennoch betet uns der Autoverkäufer die ganze Liste an Fakten herunter, vom Spritverbrauch und der Garantie bis zur Sicherheit und Umweltfreundlichkeit. Solche Fakten wiegen uns in der Sicherheit, dass hier doch nur die Vernunft im Spiel ist. Routinierte Verkäufer listen im Übrigen neben Vorteilen immer auch Nachteile auf, weil ihre Argumentation dadurch noch überzeugender wirkt. Einwände wie „Ich fahre eigentlich gar nicht so viel ..." werden geschickt zur eigenen Begründung verwendet: „Gerade deshalb sollten Sie jede Ausfahrt zum Erlebnis machen...".

Das *plausible* (lat. *plaudere* = Beifall klatschen) Überzeugen benutzt Verallgemeinerungen und Selbstverständlichkeiten, Glaubenssätze und Gewissheiten sowie intuitives Wissen, besonders in Form von bewährten Daumenregeln. Um diese Methode anzuwenden, muss man sein Gegenüber besser kennen lernen. Man lässt den Gesprächspartner z. B. zunächst einen Begriff definieren, der für eigene Überzeugungsarbeit wichtig ist („Was verstehen sie denn unter Freiräumen im Job, weniger Aufsicht, weniger Berichte oder mehr Möglichkeiten zum Entspannen ...?"). Auch das „Ja-aber" im Sinne einer bedingten Zustimmung („Ja, Sie haben hier viel Einsatz gezeigt ..."), die daraufhin zu Einwänden überleitet („Vergessen sie aber nicht, dass ..."), ist eine Variante des plausiblen Überzeugens. Will man jemanden für einem Kompromiss gewinnen, so hilft es oft, ihn an den verbreiteten Glaubenssatz zu erinnern, dass Theorie und Praxis zwei verschiedene Paar Schuhe sind und folglich der goldene Mittelweg doch der beste ist. Zu dieser Art des Überzeugens gehört auch, den anderen mit Widersprüchen zu konfrontieren („Vorhin behaupteten Sie, die Zeit wäre zu knapp, um den Auftrag fristgerecht auszuführen; jetzt sind es plötzlich persönliche Gründe ...").

Beim *moralischen* Überzeugen wird gewertet, beurteilt und manchmal auch gemogelt, es werden Maßstäbe angelegt und Vorbilder herangezogen, oder man beruft sich gleich auf höhere Werte wie etwa die Gerechtigkeit. Das Gute im Menschen dient dieser Methode als Ankerpunkt. Dies kann auch zu Übertreibungen führen, wie das folgende Beispiel (KNILL 1991) zeigt: Auf einem Vegetarier-Kongress wird einem Redner, der das Fleischessen befürwortet, zugerufen: „Wir sind überzeugte Vegetarier, weil wir keine Mörder sein wollen." Der Redner kontert: „Mein Herr, ich esse nur das Fleisch des Kalbes, von dem Sie Ihre Schuhe und Mappe haben herstellen lassen." Eine solche Scheinmoral wird auch deutlich, wenn z. B. eine Einzelaussage verallgemeinert wird („Frau Fischer möchte unbedingt Teilzeit arbeiten. Wie man sieht, wollen Frauen gar nicht in Vollzeit gehen ..."). Es ist auch nicht unbedingt moralisch, Nachteile so zu verkleinern, dass sie gar nicht mehr ins Gewicht fallen („Na ja, hie und da werden sie den LKW schon selber beladen müssen ..."). Um moralisch zu überzeugen werden Argumente oft eindringlich wiederholt, weil man ja eine Ansicht vertritt, die gar nicht in Zweifel gezogen werden kann („Es muss ausdrücklich betont werden, dass ...").

Bei der *taktischen* Überzeugungsmethode kommt vor allem die Einwandumkehr als besondere Form des Zirkelschlusses zum Zug („Sie sagen, sie haben keine Zeit ... Genau deshalb sollten sie sich um die wirklich wichtigen Dinge kümmern ..."). Mehr als nur Rhetorik steckt hinter der Taktik des Umdeutens. Sie soll bewirken, dass das Gegenüber einen bestimmten Sachverhalt zwar wiedererkennt, aber aus einer anderen Perspektive sieht („Sie meinen, Ihr Chef mischt sich ständig in Ihre Arbeit ein ... Sie sind halt neu im Job, vielleicht will er Sie nur unterstützen ..."). Die kulturelle Norm der Reziprozität (Wechselseitigkeit) besagt, dass Menschen versuchen, sich für das, was sie von anderen bekommen haben, zu revanchieren. Da diese Norm jedoch so gut funktioniert (wenngleich in unserer Zeit bröckelt), ist die Versuchung groß, sie für das Manipulieren anderer zu benutzen. Jemandem eine Gefälligkeit aufzudrängen, um dann im geeigneten Moment die Gegenleistung einzufordern, gehört als „Don-Corleone-Prinzip" längst zum Repertoire der →*Mikropolitik*. Eine wirksame Überzeugungstaktik besteht auch darin, eine Person erst einmal dazu zu bringen, eine bestimmte Position einzunehmen (z. B. Leistung ist für mich das Wichtigste) und diese, wenn möglich, auch noch öffentlich zu machen (CIALDINI 2011). Haben wir Menschen uns einmal auf einen bestimmten Standpunkt festgelegt, so werden wir darauf achten, dass unser Verhalten mit diesem Standpunkt konsistent ist. Auf diese Weise sind wir manipulierbar. Wir kommen dann einer Aufforderung nach, der wir uns ansonsten widersetzt hätten.

Die Bandbreite der *emotionalen* Überzeugungsmethode reicht von der wohlwollenden, freundlichen Äußerung, die auch die Form der Schmeichelei annehmen kann, bis zur Verunsicherung und Angstmache. Komplimente wirken so gut, weil man sich in der Regel dafür bedankt. In einer solchen angenehmen Atmosphäre fällt die Zustimmung dann viel leichter (CARNEGIE 1986). Angst hingegen lähmt, das weiß auch der Volksmund. Sie nimmt dem in die Enge Getriebenen die besten Argumente aus der Hand. Der Kern des emotionalen Überzeugens besteht jedoch darin, emotionale Nähe zu erzeugen und damit Gemeinsamkeiten sichtbar zu machen. Unsere Urteile und Entscheidungen hängen wesentlich davon ab, ob sie in einem Gefühl der Freude oder Sorge gefällt werden. Dazu passt die folgende Geschichte. Auf einem Flug in die USA meinte ein junger Mann zu seinem Nachbarn, er könne problemlos einreisen, obwohl er in seinem

Einreiseformular keine Adresse (Todsünde!) angegeben hatte. Der Ton der Beamtin am JFK-Airport war routinemäßig rau, bevor sie die Fingerabdrücke des jungen Mannes nahm und ein Foto von ihm machte. Als die Beamtin mit dem Formular weitermachen wollte, sprach sie der Einreisesünder plötzlich mit dem Vornamen an: „Verronica mit zwei r! Die einzige andere Person, die Verronica mit zwei r heißt, ist meine Mama. Das ist ja toll!" Die Beamtin strahlte und gab zu, dass auch sie noch nie auf eine andere Verronica gestoßen sei. Sie stempelte den Pass ab und gab ihm dem jungen Mann zurück. Das war's (DUTTON 2010, S. 239 f.).

Überzeugen funktioniert selten mit rein rationalen Argumenten. Das verstehen jene nur zu gut, die zwar keine Führungsverantwortung im strengen Sinne besitzen, aber dennoch andere laufend von ihren Wünschen, Forderungen oder Ideen überzeugen müssen. Product Manager und Projektverantwortliche („Project Owners") etwa haben gar keine andere Wahl, als intensive Überzeugungsarbeit („Management by Persuasion") zu leisten. Menschen mit einem „linkshirnlastigen" Werdegang, im Zuge dessen sie auf die Wirksamkeit des unwiderlegbaren Arguments eingeschworen wurden, können hier gehörig scheitern. Das trifft auch auf „echte" Führungskräfte zu. Aus zwei der traditionellen Machtquellen können diese heute nicht mehr in dem Maße schöpfen wie früher. Es genügt nicht mehr, sich auf die Legitimationsmacht („Ich bin hier der Boss!") zu berufen. Und das Expertenwissen – in unserem Kulturkreis früher das Um und Auf für eine „Kaminkarriere" – ist heute so weit verteilt, dass es als Machtquelle für Führung kaum mehr taugt.

Von den fünf hier skizzierten Methoden des Überzeugens ist die *emotionale* bei weitem die wirksamste. In der Werbung weiß man das schon lange. Führung hinkt hier beträchtlich nach. Es genügt eben nicht, sein Gegenüber etwa durch überlegene Diskussionstechnik zu besiegen. Den Partner in Debatten, Sitzungen und Konferenzen verbal zu überreden, bedeutet einen Scheinsieg. Überzeugen heißt, auf die vor- und unbewussten emotionalen Zonen des Gesprächspartners einzuwirken, um in ihnen eine Veränderung hervorzurufen (LAY 1991, S. 23). Sprache und Rede fruchten erst dann, wenn es gelungen ist, den anderen darauf „einzustimmen", das heißt, emotionale Sperren zu beseitigen. Führungskräfte werden nicht umhin können, sich aus diesem und anderen Gründen der „emotionalen Wende" zu stellen (→*Emotionen*). Führung ist längst zu einer „Ganzhirnaufgabe" geworden.

Vertrauen

Wenn wir jemandem Vertrauen schenken, erbringen wir eine riskante Vorleistung (LUHMANN 1989). Riskant heißt, dass wir, im Unterschied zur Leichtgläubigkeit, die Möglichkeit der Enttäuschung in Betracht ziehen. Mit Vertrauen verringern wir die Komplexität „der Welt", egal ob sich diese als Blick in ein uns fremdes Gesicht, als Gang zum Arzt oder als Entscheidung über eine Geldanlage darstellt. Wir erhalten dafür, quasi als Gegenleistung für unsere Risikobereitschaft, die Chance, uns Zeit, Energie und sonstigen Aufwand zu ersparen. Die Entscheidung, Vertrauen zu erweisen oder nicht, ist ein schönes Beispiel dafür, wie sehr unser Handeln immer zugleich *rational* (durch den Verstand) als auch *emotional* (durch den Bauch) gesteuert wird. Der Gegenpol zum Vertrauen ist das Nichtvertrauen. Es ist ein Zustand der Indifferenz oder Gleichgültigkeit. Ein Abwägen von Risiken scheint hier, zumindest im Moment, gar nicht nötig. Oder es gilt, Enttäuschungen, so sie nicht gravierend sind, erst einmal zu „verdauen" (STAHL 2010).

Die andere Möglichkeit, soziale Komplexität zu verringern, ist *Misstrauen*. Es ist in seiner Wirkung dem Vertrauen gleichwertig, allerdings mit einem Pferdefuß: Während sich Vertrauen langsam in Trippelschritten aufbaut, kann sich Misstrauen durch positive Rückkopplung rasch aufschaukeln. Die Erwartungen werden grundsätzlich ins Negative zugespitzt und jede Bestätigung dieser Erwartungen ist Anlass für weiteres Misstrauen. Einmal in Gang gesetzt, schießt das Misstrauen über sein eigentliches Ziel hinaus und setzt sich in der Psyche fest. Damit rückt sein Gegenpol, das Nicht-Misstrauen, außer Reichweite. Immerhin gibt es auch ein *gesundes* Misstrauen. Es ist die bewusste Selbstbeschränkung der persönlichen Freiheit, um sich gegen Enttäuschungen zu wappnen.

Zum Glück haben die meisten Menschen gelernt, dass sich wohlbegründetes Vertrauen und gesundes Misstrauen nicht gegenseitig ausschließen. Beide können selektiv, d. h. je nach den Umständen, angewendet werden können. So ist es z. B. möglich und sinnvoll, in Organisationen generell Vertrauen zu praktizieren und dennoch kritische Teilbereiche und Prozesse durch *konsequentes* Misstrauen zu kontrollieren. Diese „Misstrauenspunkte" sind innerhalb der Organisation (a) jedermann bekannt zu machen, (b) ausführlich zu begründen und (c) ebenso offen mit negativen Sanktionen zu verbinden, sollte gegen bestimmte Regeln verstoßen werden. Da der Begriff „Sanktion" nicht nur Strafe, sondern auch die positive Seite beinhaltet, sollte in diesem Zusammenhang auch an Belohnungen gedacht werden. „Misstrauenspunkte" sind beweglich. Sollte kein Grund mehr für ein bestimmtes Misstrauen bestehen, weil sich z. B. alle Beteiligten wie selbstverständlich an Vereinbarungen halten, so kann man einen anderen Misstrauenspunkt einführen, sollte dies notwendig sein.

Misstrauenspunkte können sich z. B. auf die Abwehr von Bestechung jeglicher Art beziehen, auf die Einhaltung verbindlicher Standards für Arbeitssicherheit und Umweltschutz, auf Budgetdisziplin gerade für periphere oder nur lose an den Organisationskern gekoppelte Bereiche (oft F & E oder Kundenservice), auf

Spesenregelungen, die für alle Organisationsmitglieder zu gelten haben und so fort. Dieses Nebeneinander von Vertrauen und Misstrauen erfordert es, die Rechtfertigung für beide ständig zu hinterfragen und die Balance zwischen Vertrauen und Misstrauen in der Organisation immer wieder offen zu diskutieren. Eine Analyse „kritischer Ereignisse", d. h. das Lernen aus Konflikten sowohl im Inneren der Organisation als auch in den Beziehungen mit Kunden, Lieferanten, usw., kann hier sehr hilfreich sein.

Vertrauen existiert in verschiedenen Formen. Sie fallen in etwa mit den Reifephasen der persönlichen Entwicklung zusammen.

- Das *Urvertrauen* erwirbt der Mensch im ersten Lebensjahr als ein Gefühl des „Sich-Verlassen-Dürfens". Dieses Gefühl ist entscheidend für das Gelingen späterer Entwicklungsschritte.
- Das *Selbstvertrauen* entwickelt sich im Vorschulalter als Vertrauen in die eigenen Fähigkeiten. Daraus entsteht das Selbstkonzept, also die Einschätzung der eigenen Person.
- Das sich im Jugendalter entfaltende *Zukunftsvertrauen* ist das Vertrauen in die eigene Zukunft oder gar der Menschheit im Allgemeinen. Es verleiht dem jungen Menschen Mut, sich persönliche Ziele zu setzen und an Werten festzuhalten.
- Das *persönliche* Vertrauen ist die Erwartung, sich auf die Versprechen und Aussagen von Personen verlassen zu können. Dafür sind „gute Gründe" maßgebend, die dem *blinden* Vertrauen naturgemäß fehlen.
- Schließlich ist das *Systemvertrauen* das Vertrauen in das Funktionieren der gesellschaftlichen Institutionen. Es schützt gegen die Überforderung, hyperkomplexe Systeme wie „die Wirtschaft" oder „die Politik" auch verstehen zu müssen.

Gesellschaftlich gesehen schwindet das Zukunftsvertrauen, weil es durch die laufenden Erfahrungen der Menschen, dass „morgen schon alles ganz anders sein kann", erdrückt wird. Es schwindet auch das Systemvertrauen, weil die Hyperkomplexität selbst von denen nicht beherrscht werden kann, die es sich hauptberuflich anmaßen. Und damit bröckelt auch das persönliche Vertrauen, weil oft nur ein „Rette sich wer kann" als sinnvollste Handlungsmaxime bleibt. Was kann die Führung in Organisationen unternehmen, um unter diesen Bedingungen zumindest dem persönlichen Vertrauen auf die Beine zu helfen? Wenn immer wieder die →*Kooperation* innerhalb und zwischen Organisationen als Grundlage zeitgemäßen Wirtschaftens angemahnt wird, dann ist das persönliche Vertrauen zweifellos ein tragender Pfeiler.

Die Erfahrung zeigt, dass Menschen viel eher bereit sind, zu kooperieren, wenn ihnen vertraut wird. Eine hohe Beziehungsqualität verlängert „den Schatten der Zukunft" (ROBERT AXELROD). Damit ist Folgendes gemeint: Normalerweise ist uns Menschen die Gegenwart wichtiger als die Zukunft. Vertrauensbereitschaft verschiebt jedoch die Skala in Richtung Zukunft. Dadurch sind wir bereit, nicht für jede Leistung sofort eine Gegenleistung zu fordern. Wir lassen uns vielmehr auf ein „Irgendwann" ein, weil wir aus Erfahrung wissen, dass wir nicht enttäuscht werden. Gruppen können sich so zu Teams entwickeln (→ *Team*) – im Sport, in der Wissenschaft, in der Wirtschaft – und so eine Voraussetzung für Höchstleistungen schaffen.

Soll persönliches Vertrauen mehr als eine bloße Leerformel sein, so muss Führung beständig und mit Hingabe an bestimmten vertrauensbildenden Elementen arbeiten. Fünf solcher Faktoren haben sich in der Praxis als besonders wirksam herauskristallisiert. Sie verdanken sich nicht zuletzt der inspirierenden Arbeit von ACHIM LOOSE und JÖRG SYDOW (1994).

- *Selbstöffung*. Gemeint ist die Fähigkeit und Bereitschaft, den Mitarbeitern (und natürlich auch Kollegen oder Vorgesetzten) einen Einblick in das „Selbst" zu gewähren, wobei der Erfolg dieser Öffnung wesentlich vom Zeitpunkt, der Form und der „Dosierung" abhängt. Selbstöffnung ist immer eine Einladung an den Partner, doch das Gleiche zu versuchen. Führungskräfte, die ausschließlich auf Distanz führen, vergeben sich diese Chance zur Vertrauensbildung. Selbstöffnung kann „trainiert" werden.

- *Toleranz*. Die Akzeptanz des Andersseins kommt im Zusammenhang mit persönlichem Vertrauen vor allem dadurch zum Ausdruck, dass man dem Partner, Mitarbeiter, Kollegen usw. die Möglichkeit gibt, seine eigene(n) Ich-Identität(en) zu entfalten. Deswegen ist eine offene → *Organisationskultur* auch immer vertrauensfördernder als eine geschlossene. Dass dafür auch „Preise" zu entrichten sind, versteht sich von selbst.

- *Wechselseitigkeit*. Sie beruht auf einer der Grundregeln zwischenmenschlichen Verhaltens: *Do ut des* = Ich gebe, damit Du gibst. Wer jemandem eine Leistung erweist, darf davon ausgehen, dass sich dieser zu einer durchaus späteren, aber nicht zu späten „Rückzahlung" verpflichtet fühlt.

- *Aufrichtigkeit*. Dies bedeutet, dass Nachrichten nicht verfälscht werden, um eigene Vorteile und Ziele zu erreichen, wie dies z. B. bei den mikropolitischen Praktiken in (vor allem großen) Organisationen oft der Fall ist.

- → *Gerechtigkeit*. Vertrauen hängt wesentlich von der Angemessenheit von Leistung und Gegenleistung sowie der Art und Weise ab, mit der über die Verteilung von Gütern und Lasten entschieden wird.

Die Einstellungen zu diesen Faktoren werden durch frühe Sozialisation erworben, sind aber nicht unverrückbar fixiert. Sie können, zumindest in einem gewissen Maße, in Organisationen „(v)erlernt", eingeübt und weiterentwickelt werden. Eine wichtige Rolle spielen dabei die Führungskräfte der obersten Ebenen, weil sie besonders intensiv beobachtet werden (KRAMER 1996). Ihr Umgang mit diesen Faktoren liefert den Organisationsmitgliedern Fingerzeige, welches Verhalten innerhalb der Organisation gewünscht oder erwartet wird.

Vision

Dieses Wort müsste man mit einem Warnhinweis versehen. Durch seinen unreflektierten Gebrauch hat es schon viel Schaden angerichtet. Seine Unschärfe – was ist eigentlich „eine Vision"? – und sein attraktiver Klang – drei Vokale in nur sechs Buchstaben – bieten die ideale Deckung, um ungestraft Nichtssagendes von sich zu geben. „Jedes Unternehmen braucht eine Vision", so tönt es oft bei BWL-Prüfungen. Der Grund für diese Allgegenwart der Vision lässt sich nicht eindeutig nachvollziehen. Vielleicht sind es die Heldengeschichten, an denen die US-amerikanische Managementliteratur so reich ist, dass dem Visionär, der ja zugleich immer ein Held ist, uneingeschränkte Bewunderung zuteil wird. Dass der Begriff „Vision" auch die Bedeutung von „Sinnestäuschung", „optischer Halluzination" oder „übernatürlicher Erscheinung" besitzt, wird dabei gerne übersehen. Erst mit dem großen Wehklagen der frühen 1990er Jahre, dass die meisten Unternehmen „overmanaged", dafür aber „underled" seien, wurde die Vision praktisch zur Pflicht jedes Managers, der das Image eines technokratischen Erbsenzählers abschütteln wollte.

Damit rückte die Bereitschaft oder gar Fähigkeit in den Vordergrund, sich auf einen Spagat zwischen Gegenwart und Zukunft einzulassen. Eine Vision muss außergewöhnlich genug sein, um nicht nur von Realisten als Utopie empfunden zu werden. Und sie muss zugleich erreichbar genug erscheinen, um sogar in Skeptikern Begeisterung zu wecken. Der Unternehmensberater FREDMUND MALIK wettert oft in seinen Vorträgen gegen solche Zumutungen. Die Vision sei bloß ein Mittel, um sogar grobem Unfug einen Anstrich von Wichtigkeit zu verleihen. Es gäbe keinen Hinweis, worin der Unterschied zwischen Hirngespinsten und brauchbaren Ideen liegen könnte.

Der Pionier des organisationalen Lernens, PETER SENGE, stellt die Vision anhand eines Bildes dar, in dem Vision und Realität durch ein gespanntes Gummiband miteinander verbunden sind. Ist die Differenz zwischen Vision und Realität zu groß, zerreißt das Band; Enttäuschung oder sogar Zynismus macht sich breit. Ist der Anspruch an die Zukunft zu kleinmütig, so erschlafft das Gummiband und die Vision fällt in sich zusammen (SENGE 2008). Der Betriebswirtschaftler HANS H. HINTERHUBER wählt einen anderen Zugang zur Vision. Im Wesenskern erfolgreicher Unternehmer und Führungskräfte spiele der SCHUMPETERsche Destruktionstrieb (die „schöpferische Zerstörung") eine entscheidende Rolle. Mit Hilfe einer Vision legten sie sich quasi selber Fesseln an, um so ihre Störungs- und Zerstörungstriebe zu zügeln. Einmal artikuliert, kanalisiere die Vision dann auch die Energien der Mitarbeiter in eine bestimmte Richtung (HINTERHUBER 2011, S. 83).

Diese Sichtweise findet sich in der Vision als „Leuchtturmfunktion" und „Lokomotionswirkung" bei KASIMIR MAGYAR (1990) oder als „Begeisterung der Organisation für eine neue Wirklichkeit" bei KNUT BLEICHER (2004) wieder. Viele Unternehmen versuchen das zu toppen. Sie bringen dann „den Menschen die Kostbarkeit des Augenblicks näher" (SWAROVSKI Optik) oder wollen „die Welt zu einem fitteren Ort machen" (FITNESS FIRST). Dem Chef eines Markenartikelunternehmens war dies offenbar zu wolkig. Er präsentierte seine „Vision" mit der elektrisierenden Aussage „Wir wollen unseren Operating Profit jedes Jahr um mindestens 10 % steigern". Diese Biegsamkeit des Visionsbegriffs ist bequem. Zur Not wird er zum Packpapier für Gedankenlosigkeiten. Wozu dann überhaupt eine „Vision"? CHURCHILL und NAPOLEON, MAHATMA GHANDI und FRIEDRICH DER GROßE, auch ALFRED KRUPP und AUGUST THYSSEN oder WERNER VON SIEMENS und CARL BENZ kamen anscheinend auch ohne ausdrücklich formulierte „Vision" ganz gut zurecht. Hinzu kommt, dass die Vision oft bloß als Legende oder Mythos gepflegt wird. Sie wird erst als solche benannt, wenn der unternehmerische Erfolg offensichtlich geworden ist.

Zwei Behauptungen lassen sich aus all dem widersprüchlichen Material rund um die „Vision" aufstellen: Eine Vision ist ein sehr seltenes Ereignis und sie ist das Produkt eines Einzelnen. Sie hat oft ihren Ursprung in einer Idee, die hartnäckig verfolgt wird und sich mit der Zeit bis zur Besessenheit verfestigen kann. Immer schwingt die Sehnsucht nach Verbesserung mit: des Zustandes der Menschheit, einer bestimmten Gruppe oder ganz profan des eigenen Geschäfts. JOHN F. KENNEDY versprach mit Leidenschaft, „noch vor Ende dieses Jahrzehnts einen Menschen auf dem Mond zu landen und sicher zur Erde zurückzubringen". GOTTLIEB DUTTWEILERS treibender Gedanke war es, eine Verkaufsorganisation ohne Zwischenhandel (die spätere MIGROS) zu schaffen, um so Produkte des täglichen Bedarfs (Alkohol und Tabakwaren ausgenommen) zu niedrigen Preisen direkt zu den Konsumenten zu bringen. Der Automechaniker SÔICHIRÔ HONDA hatte die Vision einer „Mobilität für jedermann" und ANITA RODDICK (THE BODY SHOP) war beseelt von der Idee, Kosmetikprodukte nur aus natürlichen Bestandteilen und ohne Tierversuche herzustellen.

Die Quelle einer Vision kann auch ein Wachtraum sein. Anders als der „normale" Traum, der an die Phasen des Schlafes gebunden ist (Einschlafen, REM-Schlaf, Nicht-REM-Schlaf, Aufwachen), ist der Wachtraum an das *Bewusstsein* gekoppelt. Er kann durch Meditation oder durch Ausnutzen der Phase zwischen dem Aufwachen und dem völligen Wachsein herbeigeführt werden. Dieser Zustand wird auch als luzides Träumen oder Klartraum bezeichnet. In ihm dominieren die Theta-Hirnstromwellen mit einer Frequenz von etwa 4 bis 7 Hz. Sie unterscheiden sich damit von den Deltawellen des Tiefschlafs mit ihrer Frequenz von 0,5 bis 3 Hz und den Gammawellen der starken Konzentration, die bis zu 80 mal pro Sekunde schwingen. Unter dem Einfluss der Thetawellen soll z. B. der Chemiker AUGUST KEKULÉ die ringförmige Struktur des Benzols gefunden haben, dürfte GIACOMO PUCCINI die Musik zur Oper „Madame Butterfly" quasi von Gott diktiert worden sein und hat ALBERT EINSTEIN angeblich im Halbschlaf die Formel der Äquivalenz von Masse und Energie entwickelt.

Wie rar und individuell eine Vision tatsächlich ist, geht schon aus ihren Voraussetzungen hervor. Ein Visionär, der diese Bezeichnung verdient, muss zunächst einmal besonders offen sein für Neues. Solche Menschen besitzen eine rege Phantasie, sind wissbegierig und experimentierfreudig. Sie lieben die Abwechslung und verhalten sich auch sonst sehr unkonventionell. Eine Führungskraft, die eher traditionsbewusst, bewahrend und skeptisch agiert, scheidet schon bei diesem Kriterium aus. Eine Vision bedarf zweitens eines ausgeprägten Realitätssinns. Das ist nur scheinbar ein Widerspruch zur Anforderung der frei schwebenden Offenheit für Neues. Wie etwa eine Paarbeziehung bessere Zukunftsaussichten hat, wenn sich beide klarmachen, dass ihre Liebe auch auf die Probe gestellt werden kann und sich mit einem „Was wäre, wenn" gedanklich auf Krisen einstellen, so darf sich eine außergewöhnliche Idee nicht selbst genügen. Sie muss sich immer wieder an ihrer Realisierbarkeit messen lassen.

So hatte es JOHN F. KENNEDY nicht bei einer bloßen Ankündigung belassen, sondern seine Vision der bemannten Mondlandung mit einer massiven Aufrüstung des NASA-Programms verbunden, zu der auch die katastrophale Apollo-1-Misson gehörte. Auch DUTTWEILER, der mühevoll mit fünf Verkaufswagen anfing, RODDICK, deren Vision schon in den ersten Body Shops auf eine harte Probe gestellt wurde und HONDA, der seine Vision der unbegrenzten Mobilität zunächst einmal mit Motorrädern in Bewegung brachte, bewiesen einen lebendigen Realitätssinn. Man könnte diese Kombination von Offenheit und Realitätssinn auch als Synthese aus künstlerischer Neigung und handwerklicher Begabung beschreiben.

Damit noch nicht genug. Als dritte Voraussetzung für eine Vision kommt die soziale Fähigkeit hinzu, andere Menschen für diese Idee zu begeistern. Die Nähe zum →Charisma ist dabei nicht zu übersehen. Wer die emotionalen Bedürfnisse anderer erkennen und erfüllen kann und mit einem außergewöhnlichen „Auftritt" Aufmerksamkeit auf sich zu ziehen, hat gute Chancen, andere mit ins Boot zu holen. Nimmt man die drei Voraussetzungen für eine Vision zusammen (Abb. 31) – Offenheit für Neues, Realitätssinn und die Fähigkeit, andere zu begeistern –, dann wird deutlich, dass eine Vision tatsächliche ein individuelles und sehr seltenes Ereignis ist.

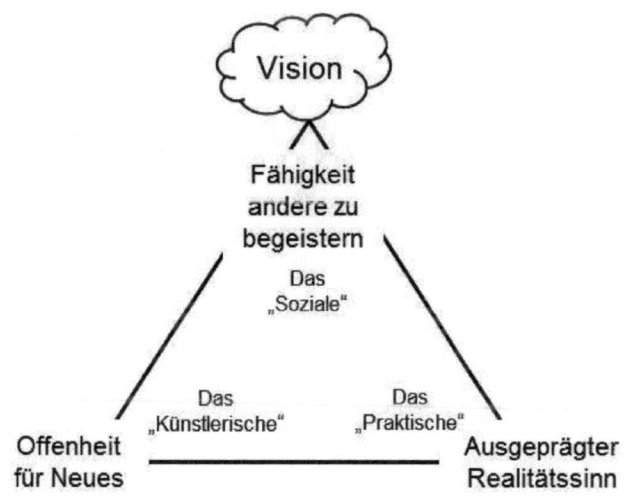

Abb. 31: Die Vision als Ergebnis einer raren Kombination

Es bietet sich jedoch ein brauchbarer Ersatz für die Vision als Orientierungshilfe an: die „leitende Idee". Sie bestimmt in knapper Form den *Zweck* (die Frage nach dem „Was") und den *Sinn* (die Frage nach dem „Warum") eines Vorhabens oder Projektes, eines Bereichs oder einer ganzen Organisation. Die leitende Idee ist zum einen abzugrenzen vom *Slogan* (z. B. „Ich bin doch nicht blöd", „Quadratisch, praktisch, gut", „Vorsprung durch Technik"), der in ganz wenigen Worten an bestimmte Zielgruppen appellieren soll und eine Funktion der Wiedererkennung besitzt. Zum anderen ist die leitende Idee vom *Leitbild* zu unterscheiden, das eine ausführlich formulierte Wunschbeschreibung darstellt (die leider häufig der wahrgenommenen Realität viel zu weit vorauseilt). Die leitende Idee ist das Ergebnis einer Gruppenarbeit. Niemand braucht sich um eine plötzliche „Eingebung" bemühen, vielmehr werden individuelle Bilder in der Gruppe „abgeladen", ausgetauscht, miteinander verglichen, zusammengesetzt und so fort. Durch dieses Abgleichen und Komponieren von Bildern in der Gruppe sowie der Mischung aus notwendiger Selbstbeschränkung („Bitte keine Utopien") und einem Über-Sich-Hinausgehen (nur in der Kleingruppe bringen Menschen dafür den Mut auf) entdecken die Beteiligten sowohl ihre „blinden Flecken" als auch neue Chancen, die ihnen im betrieblichen Alltag einfach nicht zugänglich wären.

Vorbildwirkung

Ein Vorbild ist die Vorstellung von einer uns als „mustergültig" erscheinenden Person, der wir möglichst ähnlich werden möchten. „Muster" meint die Verhaltensweisen, Fähigkeiten oder Merkmale, deren Erreichen wir uns auch zutrauen. „Gültig" bezieht sich auf den Kontext, in dem das Vorbild angestrebt wird, also Sport, Beruf, Familie usw. Ein solches Streben nach der eigenen Ähnlichkeit mit anderen erfolgt bereits in der frühen Sozialisation von Kindern. Sie ahmen zunächst das Verhalten der Personen ihrer engeren Umgebung nach, um später über das bloß Mimetische hinauszugehen und wesentliche Züge eines oder gar mehrerer „Rollenmodelle" zu verinnerlichen.

Fehlen solche Vorbilder, kommt es zur *Rollendiffusion* (ERICKSON), d. h., es kann sich keine stabile Ich-Identität ausbilden. Die Frage, „Wer bin ich und was soll ich werden?", bleibt in frustrierender Weise unbeantwortet. Die Folgen sind Einsamkeit, Verlust der Initiative, Versagensfurcht, Ablehnung oder gar Auflehnung gegen die eigene soziale Herkunft oder Geschlechterrolle. Hat sich hingegen die Verinnerlichung von Vorbildern verfestigt, so ist das Kind nicht mehr darauf angewiesen, auf das Verhalten des Vorbildes genau zu achten. Es ist dann in der Lage, sich in das Vorbild hineinzudenken und sich vorzustellen, was die Wunschfigur in einer ganz bestimmten Situation tun würde.

Diese Verinnerlichung ist besonders in der Kindheitsphase noch unkritisch. Sie offenbart sich entweder durch ein häufiges, für Außenstehende schwer verständliches Schwanken zwischen Zu- und Abneigung des Internalisierten. Oder, das Verinnerlichte wird unkritisch positiv oder negativ besetzt, wobei eine ursprünglich positive Bewertung oft aus läppischen Gründen in Ablehnung umschlagen kann. Wird nicht bloß ein einzelner Zug eines andern Menschen oder eine einzelne Idee verinnerlicht, sondern das ganze Wesen eines Menschen oder ein ganzes Ideensystem, so liegt eine totale Identifikation vor.

Ein Fußballfan z. B. hat sich vollkommen mit seinem Verein identifiziert. Seine Gemütslage hängt ganz und gar vom Erfolg oder Misserfolg „seines" Clubs ab. Diese Art der Identifikation dient auch der Selbsterhöhung. Ihre Grundlage bilden die unbewussten Minderwertigkeitsgefühle, die naturgemäß ängstigen und darum abgewehrt werden wollen. Menschen, deren soziales Milieu Minderwertigkeitsgefühle fördert, finden in der totalen Identifikation eine Möglichkeit, ihr Selbstwertgefühl zu stärken. Erst in späteren Phasen der Sozialisation kann sich eine kritische und folglich belastbare, wenn auch nicht mehr so spontane Form der Verinnerlichung eines Vorbildes ausbilden. Sie hält sich gleichsam einige Fragen offen, deren Beantwortung von einer genaueren Beobachtung des Vorbildes abhängt. Eine solche „reife" Art der Identifikation verlangt deshalb eine gewisse Nähe zum Vorbild, was z. B. beim *Idol* durch dessen Unerreichbarkeit nicht der Fall sein kann. Idole dienen vor allem dem Aufbau von Phantasiebeziehungen, in denen bestimmte Bedürfnisse ausgelebt werden können.

In diesem Zusammenhang sollen noch zwei der Identifikation nahestehende Begriffe erläutert werden. SIGMUND FREUD brachte mit der Vorbildwirkung neben der Identifikation auch die Projektion und Introjektion in Verbindung. *Projektion* erfolgt, wenn unbewusste Triebimpulse, Wünsche, Schuldgefühle, Ängste, aber auch eigene Schwächen und Fehler auf Objekte in der Außenwelt – Personen, Personengruppen, Gegenstände oder Situationen – übertragen werden. Führungskräfte sind oft Projektionsflächen für ihre Mitarbeiter. Aber auch Führende neigen zu Projektionen, wenn sie z. B. aus einer verdrängten Angst vor Autoritätsschwäche heraus ein harmloses Getuschel als Komplott gegen sie interpretieren. Dieses Hineindeuten ist ein typisches Merkmal der Projektion. So sieht z. B. der Sachbearbeiter seine Chefin als mehr oder weniger fehlerfrei, weil er ein Wunschbild, etwa die angenehme Seite seiner Muttererfahrung, auf sie projiziert.

Die *Introjektion* ist der umgekehrte Vorgang der Projektion. Hier werden fremde Anschauungen, Motive und Verhaltensweisen in das eigene Ich aufgenommen. Dabei geht es nicht um absichtsvolles Lernen (wenn etwa eine bestimmte Arbeitstechnik erlernt werden soll), sondern um Nachahmungen, die dem eigenen Ich eigentlich fremd sind und die z. B. der Abwehr von Minderwertigkeitsgefühlen dienen sollen. So kann es durchaus sein, dass ein Mitarbeiter, der im Grunde seines Herzens eher konservativ ist, im Gegensatz zu seinen Überzeugungen progressive Ansichten zum Besten gibt, weil er sich davon erwartet, von seinem Vorgesetzten besser angenommen zu werden.

Vorbilder müssen verlässlich sein, d. h., durch ihre Wiedererkennbarkeit Sicherheit bieten. Eine Führungskraft, die ein unstetes Bild abgibt, eignet sich weder als Projektionsfläche für Wünsche noch als Quelle der Introjektion von Verhaltensweisen. Die Vorbildwirkung hängt somit eng mit der →*Authentizität* zusammen, die in diesem Buch als Ergebnis einer besonderen, einfühlsamen Form der Inszenierung aufgefasst wird. Die Reichweite der Vorbildwirkung von Führungskräften wird oft unterschätzt. Gut eingespielte Mitarbeiter können auf die Anwesenheit ihres Vorbildes weitgehend verzichten. Sie nehmen dessen Verhaltensweisen einfach vorweg und sind auch imstande, andere dazu anzuregen (GARDNER 1997). Wir wissen heute, dass Organisationsmitglieder mit niedrigem Status die Akteure mit höherem Rang viel genauer beobachten als angenommen. Ihr Erinnerungsvermögen für scheinbar unbedeutende Ereignisse und Episoden ist ausgeprägt. Enttäuschte Erwartungen, die als Bruch des „psychologischen Arbeitsvertrages" gewertet werden, wiegen unter solchen Umständen besonders schwer. Je weniger belastbar die Identifikation ist, umso eher werden die Ursachen hierfür den Führungskräften selbst zugeschrieben („Das ist ja wieder typisch für den Chef"), auch wenn äußere Umstände im Spiel waren.

Wie sehr ein bestimmtes Führungsverhalten bei anderen Menschen, bewusst oder unbewusst, Nachahmung auslösen kann, wird auch anhand des Phänomens der *Spiegelneuronen* deutlich. Diese in unserem Gehirn reichlich vorhandenen Nervenzellen lassen uns nicht nur nachempfinden, was andere Menschen fühlen. Als Teil unseres neurobiologischen Resonanzsystems werden sie durch das Beobachten einer bestimmten Handlung auch dazu angeregt, diese nachzuahmen.

Dies ist dies zwar nicht immer und zwingend der Fall, gleichwohl steigt mit der Häufigkeit der Beobachtungen auch die Wahrscheinlichkeit des Nachahmens (BAUER 2006). Diese Sichtweise wird auch von der Psychologin VERA BIRKENBIEHL (1946–2011) unterstützt: Sind Jugendliche auch noch so bemüht, sich von ihrem familiären Umfeld abzugrenzen und ihre eigenen Wege zu gehen, mögen sie sich noch so fest vorgenommen haben, niemals so zu werden wie ihre Eltern – eines Tages werden sie möglicherweise mit der vielleicht bitteren Erkenntnis konfrontiert, dass diese Bemühungen wenig fruchtbar waren. Früher oder später wird schließlich doch das beobachtete Verhalten der Eltern in ihren eigenen Verhaltensmustern wieder aufleben.

Solche durch Spiegelneuronen unterstützte Lernprozesse können ihre Wirkung – je nach aktuellem Interesse und Entwicklungsstand – entweder sofort oder erst nach längeren Zeiträumen entfalten. Manche Szenen werden zunächst nur abgespeichert und erst in einem späteren Lebensabschnitt durch einen bestimmten Reiz abgerufen. So ist es durchaus möglich, dass ein junger Rebell, der sich lange Zeit gegen Autoritätshörigkeit gewehrt hat, plötzlich selbst autoritäres Verhalten zeigt, wenn er in eine Führungsrolle schlüpft. In diesem Augenblick werden sämtliche Spiegelneuronen aktiviert, die ihm das abgespeicherte Verhaltensmuster einer dominierenden Persönlichkeit geradezu aufdrängen. Kann man sich dagegen wehren? Ja, wenn man bereit ist, sich selbst zu beobachten und durch Üben vorhandene „Drehbücher" durch neue, passendere zu überschreiben.

Wertedynamik

Werte dienen dem Menschen als verbindliche Wegweiser für „richtiges" Denken und Handeln. Sie sind für ihn damit ein Inbegriff des Selbstverständlichen. In unserem Kulturkreis löste der zügige Übergang von der Not und Knappheit nach dem zweiten Weltkrieg zum Massenwohlstand und einem ausgebauten Sozialstaat einen Wertewandlungsschub aus. Die alten *Pflicht- und Akzeptanzwerte* wurden zum Teil gesprengt oder abgewertet und die bislang eher im Verborgenen blühenden *Selbstentfaltungswerte* (siehe Abb. 32) aufgewertet.

Pflicht- und Akzeptanzwerte	Selbstentfaltungswerte
Bezug auf die Gesellschaft	**Bezug auf die Gesellschaft**
■ Disziplin	■ Emanzipation von Autoritäten
■ Gehorsam	■ Gleichbehandlung
■ Pflichterfüllung	■ Gleichheit
■ Treue	■ Demokratie
■ Unterordnung	■ Partizipation
■ Fleiß	■ Autonomie des Einzelnen
■ Bescheidenheit	
Bezug auf das individuelle Selbst	**Bezug auf das individuelle Selbst**
■ Selbstbeherrschung	■ Genuss
■ Selbstlosigkeit	■ Abenteuer
■ Hinnahmebereitschaft	■ Spannung
■ Fügsamkeit	■ Abwechslung
■ Enthaltsamkeit	■ Ausleben emotionaler Bedürfnisse
	■ Kreativität
	■ Spontaneität
	■ Selbstverwirklichung
	■ Ungebundenheit
	■ Eigenständigkeit

Abb. 32: Die beiden am Wertewandel beteiligten Wertegruppen.
Quelle: STAHL 2010, S. 81, nach KLAGES 1984

Das *optimistische* Szenario des Politologen RONALD INGLEHART deutete den Wertewandel als Übergang vom Materialismus zum Postmaterialismus. INGLEHART sah darin einen linearen *Fortschritt* hin zu einem qualitativ höheren kulturellen und politischen Entwicklungsniveau. Das *pessimistische* Szenario der Demoskopin ELISABETH NOELLE-NEUMANN beschrieb hingegen einen beständig voranschreitenden *Werteverfall*. Als offensichtliche Symptome nannte sie den Bindungsverlusts von Gemeinschaften, Religion und Kirche, das notorische Infragestellen von Autoritäten und Hierarchien sowie die Erosion der bürgerlichen Arbeits- und Leistungsethik.

Der Soziologe HELMUT KLAGES nahm schon zu Beginn dieser Debatte einen ausgewogeneren Standpunkt ein. Für ihn war die Entwicklung der 1960er und

70er Jahre in Wahrheit „ein Wertewandlungsschub, der gewissermaßen in der Mitte des Weges abbrach, ohne dass dies allerdings zu einem Zurückpendeln der Werte in irgendeine wertkonservative Normallage führte" (KLAGES 1988, S. 115). Vielmehr verharrten die Werte immer noch in einer Art „unentschiedener Schwebelage", die von heftigen Werteschwankungen begleitet sei. Die „Schwebelage" der Werte inspirierte KLAGES zu seinem Konzept der *„Wertesynthese"*. Er fragte sich, ob nicht die *positiven* Seiten beider Wertebereiche, also der Pflicht- und Akzeptanzwerte und der Selbstentfaltungswerte, bei gleichzeitiger Ausklammerung der jeweiligen Problemseiten, miteinander verbunden werden könnten.

Diese Idee der Wertesynthese stand auch Pate für ein Forschungsprojekt, an dessen Ende KLAGES vier „Wertetypen" postulierte (1988, S. 118 ff.).

- Dem *„ordnungsliebenden Konventionalisten"* sind Pflicht- und Akzeptanzwerte viel wichtiger als die Selbstentfaltungswerte. Er scheut Freiräume, weil ungewohnte Aufgaben nicht in seine Denkschemata passen. Er orientiert sich stark an Regeln. Gegenseitiges Vertrauen ist für ihn ein Lebensgrundsatz.

- Der *„nonkonforme Idealist"* stellt den Gegenpol zum ordnungsliebenden Konventionalisten dar. Er greift tief in den Topf der Selbstentfaltungswerte. Alles Bürokratische ist für ihn ein „rotes Tuch". Er ist Änderungen gegenüber aufgeschlossen und braucht Gestaltungsräume. Auf eine Einengung seiner Autonomie reagiert er empfindlich.

- Der *„aktive Realist"* ist ein typischer Wertesynthetiker, bei dem sowohl die Pflicht- und Akzeptanzwerte als auch die Selbstentfaltungswerte deutlich bestimmend sind. Er ist ebenso freizeit- wie berufsorientiert, zeigt Eigeninitiative und übernimmt bereitwillig Verantwortung. Er stellt öfter als die anderen Wertetypen die Sinnfrage.

- Der *„perspektivlos Resignierte"* ist ein Wertesynthetiker mit umgekehrten Vorzeichen: Beide Wertekategorien sind bei ihm *niedrig* ausgeprägt. Er ist ein Opfer missglückter Sozialisation und besitzt daher ein schwaches Selbstbewusstsein. Aufgrund seiner unangepassten Werteorientierung sind ihm Anleitungen lästig. Organisatorische Freiräume meidet er sowieso.

Dass man solche Wertetypen nicht vorschnell überbewerten sollte, belegt die jüngste SHELL-Jugendstudie (ALBERT 2010). Danach sind die Jugendlichen heute wieder politischer geworden und soziales Engagement, vor allem bei Kindern von gebildeten oder wohlhabenden Familien, ist durchaus verbreitet. Nach einem immer noch aktuellen Freiwilligen-Survey (BMFSFJ 2010) waren 2009 sogar rund 70 Prozent der deutschen Bevölkerung über 14 Jahre ehrenamtlich tätig.

Wie treffend der Begriff „Werte*dynamik*" ist, beweist die Tatsache, dass wir seit einiger Zeit schon mit einem weiteren Ergebnis dieses unsichtbaren Prozesses konfrontiert werden, der *„Generation Y"* oder den *„Digital Natives"*. Dieser Wertetyp folgt auf die sog. *„Generation X"*, der meist die Geburtsjahrgänge 1966 bis 1980 zugeordnet werden. Der Name „Generation X" tauchte zum ersten Mal in den 1950er Jahren auf, um von da an regelmäßig bestimmte Jugendkulturen und Modeerscheinungen zu typisieren. In beiden Fällen ist der Begriff „Generation" fehl am Platz. Sowohl die „Generation X", die mitten im Erwerbsleben steht, als auch die Millenials, die bereits die ersten Schritte in der Arbeitswelt hinter sich haben und die „Generation Z" (etwa nach 1990 geboren), die schon am Arbeitsmarkt anklopft, sind bestenfalls einigermaßen homogene Alterskohorten, für die die Wertesynthese allerdings charakteristisch ist.

Im Moment macht die „Generation Y" vielen Organisationen zu schaffen. Ihre Andersartigkeit und die Notwendigkeit, mit „Xern", mit „Babyboomern" (Jahrgänge 1955 bis 1965) und vielleicht sogar mit Angehörigen der Nachkriegsgeneration (vor 1955 geboren) unter einem Dach zusammenzuarbeiten, erhöht die soziale Komplexität in Organisationen beträchtlich. Fasst man die zahlreichen behaupteten Merkmale der „Generation Y" zusammen, so könnte ein Profil etwa so aussehen:

- Millenials sind optimistisch, multikulturell eingestellt und gut informiert, experimentierfreudig, erlebnishungrig und technikbegeistert;
- sie leben einerseits beziehungsorientiert wie kaum eine Alterskohorte zuvor, doch ist diese Beziehungsorientierung oberflächlicher und Loyalität kein bestimmender Wert für sie;
- Millennials wollen über eigene Erfahrung, nicht aber über traditionelle Wege lernen;
- sie sind ehrgeizig, an sinnvoller Arbeit interessiert und ähneln so dem Typ Y (Freude an der Leistung) des Management-Vordenkers DOUGLAS MCGREGOR; allerdings erwarten Millenials, dass die Arbeit unbedingt Spaß macht;
- sie wurden hineingeboren in ein ständiges „Rauschen" von Reizen und Signalen, sodass es ihnen schwer fällt, über längere Zeit aufmerksam zu bleiben;
- Millenials kamen mit deutlich weniger „klassischer" Kommunikation („face-to-face") in Berührung (Ein-Eltern-Haushalte, weniger Geschwister, der Bildschirm als „Gegenüber") als frühere Altersgruppen.

Die wichtigste Konsequenz, die aus der Wertedynamik für die Führungspraxis zu ziehen ist, lautet: Führung muss *individualisiert* werden. Vor dem Wertewandlungsschub war es noch möglich, z. B. eine Abteilung mit einem Dutzend Mitarbeitern als eine *Einheit* im wahrsten Sinne des Wortes zu führen. Wer führte, konnte sich darauf verlassen, dass seine Mitarbeiter einen einheitlichen Wertekanon verinnerlicht hatten. Die Koordination der Individuen konnte so z. B. über *„fokale Punkte"* (SCHELLING 1960, S. 57) erfolgen. Dieser aus der Spieltheorie stammende Ausdruck besagt, dass sich Menschen mit übereinstimmenden Konventionen auch *ohne* Kommunikation übereinstimmend verhalten. So wie man etwa in vergangenen Zeiten seine Freunde am Sonntagvormittag ohne Absprache und ganz selbstverständlich vor oder in der Kirche treffen konnte.

Heute bedienen sich die Menschen aus den beiden Töpfen der Pflicht- und Akzeptanzwerte sowie der Selbstentfaltungswerte und „mixen" sich ihren persönlichen *„Wertecocktail"*. Soll eine Abteilung oder eine Organisation für die

Menschen attraktiv genug sein, um einen möglichst großen Teil ihrer Leistungsmotivation dort „auszuleben", so müssen die individuellen Werte- und damit Bedürfnisprofile der Menschen erkannt und genutzt werden, um sie „unter Rückgriff auf ihre eigenen Antriebe" (KLAGES 1988, S. 142) zu motivieren. Sich stattdessen auf einheitliche „Incentive"-Angebote in Form von Geld, Prestige oder Spaß zu verlassen, wird scheitern. Die unumgängliche Individualisierung von Führung wirft schließlich auch die Frage nach der „optimalen Kontrollspanne" auf. Mit dem Trend zu flacheren Strukturen werden heute dem mittleren Management Kontrollspannen von mitunter 25 Personen und mehr zugemutet. Gegen den Hintergrund der hohen sozialen Komplexität, die aus der Wertedynamik resultiert, werden solche Spannen – mit der Ausnahme von „Expertenorganisationen" – nicht zu halten sein.

Zufriedenheit

Führung hat immer mit zwei Zufriedenheiten zu tun: Mit einer nach innen gerichteten, die als Mitarbeiter- oder Arbeitszufriedenheit thematisiert wird; und einer Zufriedenheit, die sich nach außen wendet und die jeweils wichtigste externe Stakeholder-Gruppe einer Organisation im Blick hat. Die bekannteste ist die Kundenzufriedenheit, wobei statt „Kunden" natürlich Bürger, Patienten, Studierende, Vereinsmitglieder etc. gleichermaßen in Frage kommen. Da die Arbeitszufriedenheit immer auch die Zufriedenheiten der externen Interessen- und Anspruchsgruppen einer Organisation beeinflusst, verdient sie besondere Beachtung. Zuvor drängt sich noch eine Frage auf, die aufgrund des schlampigen Umgangs der Medien mit wissenschaftlichen, aber auch alltäglichen Begriffen („Vertrauen" ist ein aktuelles Beispiel dafür) eine möglichst präzise Antwort verlangt: Sind Glück und Zufriedenheit dasselbe und wenn nein, worin besteht dann der Unterschied?

Wenn etwa in Großbritannien 200.000 Bürger eingehend nach Wohlbefinden, Gesundheit und Gerechtigkeit, nach Beziehungen, Arbeit und Umwelt befragt werden und die Ergebnisse sogleich in eine „Generationenbilanz" („Generational Accounting") einfließen, so ist zwar an derem Ende viel von *„happiness"* die Rede, aber noch lange nichts von „Glück" zu spüren. Dem Begriff „Zufriedenheit" fehlt offensichtlich die notwendige Emotionalität. Deshalb heißt die neue Messzahl „Gross National Happiness" (GNH) oder „Bruttosozialglück". Wir haben diese Größe angeblich dem früheren König von Bhutan, JIGME SINGYE WANGCHUCK, zu verdanken. Er führte das Bruttosozialglück als zentrale Richtschnur „guter Staatsführung" ein. Die Bhutaner sollten künftig Unabhängigkeit, Sicherheit und Bildung sowie den Schutz von Gesundheit, Natur und Kultur genießen. All dies schließt gelegentliches Glück sicher nicht aus, aber im Grunde wird hier versucht, den Zufriedenheitsgrad eines ganzen Volkes per Staatsräson „nachhaltig" zu erhöhen. Dass im Land des Donnerdrachens immer noch viele Menschen „unglücklich" vor sich hin murren, zeigt nur, dass dies nicht so einfach ist. Was für ganze Gesellschaften taugt, muss natürlich auch für Organisationen gelten dürfen. Es ist daher nur logisch, dass dieses Glücksverständnis als „Corporate Happiness" (HAAS 2010) inzwischen auch Einzug in trendbewusste Unternehmen hält.

Zufriedenheit kommt durch einen Vergleichsprozess zu Stande. Dabei werden bestimmte Erwartungen (z. B. an die Lebensbedingungen) der aktuellen Situation gegenüber gestellt und sowohl mit dem Verstand als auch mit dem „Bauch" bewertet. Für diese Bilanzierung ist ein einzelnes Ereignis zu wenig. Zufriedenheit braucht mehrere Vergleiche, wobei in aller Regel der jüngsten Erfahrung das höchste Gewicht zukommt. Zufriedenheit lässt sich also nicht so einfach „messen". Und das Glück? Für den Soziologen RUUT VEENHOVEN ist das Messen kein Problem. Die von ihm aufgebaute „World Database of Happiness" lässt vermuten, dass er die Glücksformel längst gefunden hat. Beim näheren Hinsehen entpuppt sich das Ganze als irreführende Etikettierung. Das Projekt mit dem sich VEENHOVEN seit langem beschäftigt, handelt vom Zusammenhang zwischen Lebensführung und Lebens*zufriedenheit*.

Die klassischen Denker waren noch frei von solcher Beliebigkeit. „Werd' ich zum Augenblicke sagen: Verweile doch! Du bist so schön!" Mit dieser Aussage hebt der todgeweihte FAUST am Ende des zweiten Teils der GOETHEschen Tragödie die Flüchtigkeit des Glücks hervor. Genauer gesagt ist hier vom Glücksgefühl die Rede und nicht vom Glück im Sinne von „Schwein gehabt". Die Neurobiologie gibt GOETHE Recht. Die Episode eines Glücksgefühls dauert etwa drei Sekunden. Solange ist ein Bewusstseinsinhalt, oder die „subjektive Gegenwart" (PÖPPEL 2000), für uns verfügbar. Das ist der Glücksmoment. Klar, dass wir diesen Moment festhalten wollen („Verweile doch …") und deshalb versuchen, das Glücksgefühl im Bewusstsein zu halten. Oft gelingt es, die Glücksmomente zu verlängern und alle störenden Gedanken fern zu halten. Wir erleben dann das Glück als Episode. Solche Erlebnisse des Glücks, an die wir uns noch lange erinnern, können etwa der erste Gesang der Kohlmeise im noch jungen Jahr, der Blick vom soeben erklommenen Berggipfel oder ein Kinderlachen sein.

Der alte Zenmeister hatte sicher nicht unrecht, als er auf die Bitte, doch sein Geheimnis vom Glück zu verraten, antwortete: Konzentriere dich auf den Augenblick, dann hast du eine Chance, das Glück zu erhaschen. Ganz nebenbei hat er damit auch den Unfug des Multitasking entlarvt. Es ist die naive Manie, nur ja kein „Glück" zu verpassen. Multitasking ist ein Zeichen dafür, wie sehr Menschen von der allgemeinen Zeitverknappung vereinnahmt werden. Sie verlernen zuerst die Aufmerksamkeit und dann auch noch das Nachdenken. Weder Glück noch Zufriedenheit mögen sich unter solchen Umständen einstellen. Und schon gar nicht die Arbeitszufriedenheit, die nun skizziert werden soll.

Auch die Arbeitszufriedenheit ist das Ergebnis eines Soll-Ist-Vergleichs. Aus den vielen Versuchen, geeignete Variablen für einen solchen Vergleich zu benennen (z. B. WEINERT 1992), kristallisieren sich die folgenden drei Kategorien heraus: Persönlichkeitsmerkmale, Arbeitssituation und die Beanspruchung durch die Arbeit selbst.

- Bestimmte *Persönlichkeitsmerkmale* scheinen einen besonders günstigen Einfluss auf die Arbeitszufriedenheit auszuüben. Dazu zählen die Extraversion (eine nach außen gerichtete Haltung), ein starkes Selbstkonzept (das Wissen über die eigenen Eigenschaften, Fähigkeiten, Vorlieben etc.), eine hohe Selbstwirksamkeitserwartung (die Zuversicht, aufgrund der eigenen Fähigkeiten die gewünschten Handlungen erfolgreich ausführen zu können) und eine ausgeprägte Selbstkontrolle (die Überzeugung, selbstbestimmt handeln zu können).

- Die *Arbeitssituation* ist dann förderlich für eine hohe Arbeitszufriedenheit, wenn sie das Gefühl der Anerkennung und „Sinn" (also etwas über den bloßen Zweck Hinausgehendes) zu vermitteln mag; wenn sie die Anwendung und Erweiterung von eigenen Interessen und Fähigkeiten ermöglicht; wenn sie ein Entgelt- und Anreizsystem einschließt, das an die persönliche Leistung gekoppelt ist; und wenn sie von einem Führungsverhalten geprägt ist, das

Selbstverantwortung und Eigeninitiative unterstützt und zwischenmenschlichen Beziehungen Raum gibt.

- Die *Beanspruchung* durch die Arbeit wirkt sich dann vorteilhaft auf die Arbeitszufriedenheit aus, wenn Tätigkeiten vollständig ausgeführt werden können; wenn sich Störungen, Unterbrechungen, Engpässe, Lärmprobleme, Informationsdefizite etc. in Grenzen halten; wenn die Vorbereitung, Ausführung und Kontrolle von Aufgaben möglichst in einer Hand belassen wird. All dies fließt in die „Beanspruchungsbilanz" ein. Sie wird als vorteilhaft empfunden, wenn die positiven Gefühle der Selbstwirksamkeit und des Kompetenzerlebens die negativen Momente wie Nervosität, Gereiztheit, Verspannungen, Unbehagen etc. deutlich übertreffen (WIELAND et al. 2006).

Wozu der ganze Aufwand mit der Arbeitszufriedenheit, könnte man fragen. Drei Wirkungen einer hohen Arbeitszufriedenheit werden häufig genannt: höhere Leistung, weniger Absentismus und geringere Fluktuation.

- Trotz einer gewissen Plausibilität („Zufriedene Kühe geben mehr Milch") kann eine direkte Beziehung zwischen Arbeitszufriedenheit und *Leistung* nicht nachgewiesen werden. Empirische Studien widersprechen einander in auffälliger Weise. Einmal wird die Erwartung unterstützt, dass zufriedene Mitarbeiter bessere Leistungen erbringen. Andere Studien wiederum kommen zum umgekehrten Ergebnis (MERTEL 2007). Nach dem „Leistungsbusen" des Organisationspsychologen FRED FIEDLER bleibt die Leistung lange Zeit auf demselben Niveau, obwohl die Unzufriedenheit mit der Arbeitssituation steigt. Nimmt sie noch weiter zu, so sinkt die Leistung zunächst ab, um anschließend bei Existenzangst steil anzusteigen. Der Mensch aktiviert in diesem Stadium offenbar seine letzten Leistungsreserven. Erst danach fällt die Leistung vollkommen in sich zusammen (STAHL 2010, S. 50).

- Etwas schlüssiger sieht der Zusammenhang zwischen Arbeitszufriedenheit und *Fehlzeiten* aus. In zahlreichen Studien wird die Beziehung zwischen den beiden Variablen als signifikant negativ bestätigt, wenn auch die Korrelationen doch eher niedrig sind. Hohe Arbeitszufriedenheit muss eben nicht immer von einem geringen Absentismus begleitet sein. Fehlzeiten können auch auf andere Ursachen zurückzuführen sein als die Unzufriedenheit mit Arbeit und Umgebung.

- Arbeitszufriedenheit und *Fluktuation* bieten ein ähnliches Bild. Auch hier behaupten Studien signifikant negative Korrelationen zwischen -.25 bis -.40 (GEBERT/ROSENSTIEL 2002). Allerdings ist Arbeitsunzufriedenheit nicht das einzige Kriterium für die Abwanderung von Arbeitskräften. Die Lage des Arbeitsmarktes hat sicher einen wesentlichen Einfluss darauf.

Was die meisten Studien verschweigen, ist die Tatsache, dass eine hohe Arbeitszufriedenheit auch auf die Zufriedenheit externer Stakeholder-Gruppe – die Kunden seien hier stellvertretend für die anderen genannt – abfärbt. Besonders bei Dienstleistungen führen Tätigkeiten mit häufigen Unterbrechungen, Lärm, schlechtem Raumklima, starker Fremdkontrolle, gereizter Stimmung, fehlenden

Erfolgsaussichten etc. zu beständig negativen Gefühlen. Unter solchen Umständen ist an ein „Dienen" im Sinne eines Interesses an oder gar einer Zuwendung zu anderen Menschen kaum zu denken. Im günstigsten Fall werden die Kunden „bedient", im schlimmsten als Störfall betrachtet. Deshalb ist die betriebliche Auseinandersetzung mit dem Thema „Arbeitszufriedenheit" – trotz gemischter Studienergebnisse – keineswegs bloßer Selbstzweck oder Zeitverschwendung.

Das sehen auch viele Führungskräfte so und führen deshalb fallweise Untersuchungen der Arbeitszufriedenheit durch. Methoden dazu gibt es genügend, von Interviews und Gruppendiskussionen bis hin zu hochstrukturierten Fragebögen wie z. B. der bekannten SAZ (Skala zur Messung der Arbeitszufriedenheit) nach FISCHER/LÜCK (1972) mit 36 Items und einem 5-stufigen Antwortschema. Die schriftliche, anonyme Befragung ist wohl die am häufigsten angewandte Methode. Ihre Einfachheit verführt dazu, sich ohne Beratung einen Fragebogen selbst zurechtzuzimmern. Fragebögen mit 80 und mehr Fragen sind in der Praxis keine Seltenheit. Werden dann Inhalte und Durchführung der Methode von den Mitarbeitern abgelehnt, so scheidet ihre Anwendung für längere Zeit aus. Und bloß „fallweise" nach der Zufriedenheit zu forschen, liefert eine Momentaufnahme, die wenig aussagefähig ist. Zufriedenheitsforschung lebt von Längsschnittstudien.

Noch eines ist zu beachten. So wie fehlendes Vertrauen nicht gleich Misstrauen bedeutet, besteht der Gegenpol zur Zufriedenheit nicht in Unzufriedenheit. Wir Menschen sind keine wandelnden Bewertungsautomaten, die permanent Soll-Ist-Vergleiche anstellen. Wir entlasten uns von dieser Mühe, indem wir einen Zustand der Gleichgültigkeit oder „Indifferenz" zunächst einmal akzeptieren. Die Dinge sind eben so wie sie sind. Erst wenn wir bewusst einen Maßstab anlegen, kann sich der bewertete Zustand als Zufriedenheit oder Unzufriedenheit herausstellen (wobei es noch die Schattierungen der Nicht-Zufriedenheit und der Nicht-Unzufriedenheit gibt). Viele schlecht konzipierte Befragungen weisen Indifferenz als Zufriedenheit aus. Die Mitarbeiter beschweren sich nicht, die Fluktuationsrate ist niedrig, alles scheint ruhig und zufrieden zu sein. Dieser diffuse Zustand, in dem die Mitarbeiter ihr persönliches Anspruchsniveau bereits soweit reduziert haben, dass sie gar keinen Widerspruch mehr üben, kann zu dem führen, was die Psychologin AGNES BRUGGEMANN (1975) die „resignative Unzufriedenheit" nennt. Wenn diese überwiegt, stellt sich für die Organisation bereits die Überlebensfrage.

Zuhören

Wer führt, kann auf seine Vorbildwirkung bauen oder Symbole in Form von Handlungen, Zeichen oder Gegenständen für sich wirken lassen. Diese *indirekte* Form der Führung vermag eine Führung durch Anwesenheit wohl ergänzen, aber nicht ersetzen. Das Herzstück der direkten Führung ist und bleibt das Gespräch. Linguistisch gesprochen ist das Gespräch eine Folge von sprachlichen Äußerungen, die durch Regeln oder Rituale in eine bestimmte Ordnung gebracht werden. Damit diese Ordnung erhalten bleibt, müssen die Gesprächspartner ihre Aussagen aufeinander abstimmen. Das ist der Idealfall, gleichsam die „Kunst des Gesprächs". Seit langem wird darüber geklagt, dass sie im Verschwinden sei.

Unbestritten ist, dass der Erfolg eines Gespräches vom Verständigungswillen beider Seiten abhängt. Erst wenn ich dem Anderen genau zuhöre, verstehe ich, ob ich verstanden worden bin. Aus dem Vorrang des Rechthabens wird der Versuch, zu verstehen. Denn aus dem Mund des Anderen höre ich ja, was ich eigentlich gesagt habe, und sehe mich selbst mit den Augen des Anderen. HEINZ VON FOERSTER, Vordenker der Wissenstheorie des Konstruktivismus, meinte einmal, dass es der Hörer und nicht der Sprecher ist, der die Bedeutung einer Aussage bestimmt. (V. FOERSTER/PÖRKSEN 2004).

Gespräche zwischen Vorgesetzten und Mitarbeitern gelingen so selten, weil das Zuhören als wichtiger Teil des Führungsverhaltens nicht beherrscht wird. Und dies, obwohl sich viele Mitarbeiter von ihren Vorgesetzten zuallererst eines wünschen: „Aktiv zuhören und sich zurücknehmen; abwarten, während jemand anderes redet, ... eigene Meinungen und Bewertungen in den Hintergrund treten lassen; sein Interesse durch Mimik zeigen ..." (AKADEMIE der Führungskräfte 2008). Die Fähigkeit des bewussten Zuhörens ist also doch nicht so trivial, wie es den Anschein hat. Sie ist sogar noch anspruchsvoller als das Sprechen, weil sie Geduld, Disziplin und ein Gespür für unausgesprochene Botschaften beinhaltet.

Zwar ist der menschliche Hörapparat in der Lage, ohne Ermüdung für lange Zeit Signale aufzunehmen und weiterzuleiten. Aber in einer Welt der zunehmenden Reizüberflutung sind besonders Menschen mit Führungsverantwortung darauf angewiesen, Wichtiges von Unwichtigem zu trennen. Zuhören ist damit alles andere als ein passiver Vorgang, bei dem man alles einfach dem inneren „Autopiloten" überlässt. Das inhaltliche Erfassen ist Arbeit, denn es erfordert eine unbedingte Teilnahme und damit Energie. Bewusstes Zuhören ist keine Frage der Intelligenz. Gerade umweltoffene und geistig bewegliche Menschen, die über ein hohes Maß an fluider Intelligenz (die Befähigung zum Problemlösen, Mustererkennen und Lernen) verfügen, sind auf Grund ihrer Zielgerichtetheit oft schlechte Zuhörer.

Der Sprung vom bloßen *Hin*hören zum aktiven *Zu*hören ist auch deshalb so herausfordernd, weil er nur mit einer empathischen Grundhaltung zu schaffen ist, die wiederum Zeit voraussetzt. Unter den Bedingungen der Zeitverknappung und Beschleunigung dominiert jedoch die Ungeduld, im Dialog endlich wieder selbst zum Zug zu kommen. Ein gelingendes Gespräch wird so zu einem eher unwahrscheinlichen Ereignis (wofür manche TV-Diskussionen ein Beispiel sind). Da hilft es auch nicht, sich hin und wieder zur Ordnung zu rufen, um über eingelernte nonverbale Zeichen dem Gesprächspartner persönliche Zuwendung zu signalisieren. Menschen besitzen ein feines Sensorium für solche gekünstelten Signale, sodass ein nur scheinbares Zuhören letztlich verletzend wirken kann.

Wer tatsächlich aktiv zuzuhören möchte, sollte dem Sprecher vor allem die emotionalen Anteile der gehörten Botschaft spiegeln. Dazu kann er sich sowohl nonverbaler Aufmerksamkeitsreaktionen als auch verbaler Aussagen bedienen. CARL ROGERS (1902–1987), ein Vertreter der Humanistischen Psychologie, hat im Rahmen seiner nicht-direktiven Gesprächspsychotherapie (1972) dafür bestimmte Voraussetzungen genannt. Auf das Führungsgespräch übersetzt, ergeben sich daraus drei Grundsätze des Zuhörens:

- Es gilt erstens, die natürliche Asymmetrie zwischen Führungskraft und Mitarbeiter zu entschärfen. Dies gelingt dann am besten, wenn im Gespräch die *Person* den Vorrang vor der Sache oder dem Problem genießt.
- Daraus folgt zweitens, dass der Gesprächspartner die Möglichkeit erhalten soll, seine *Identität* mit der ihm eigenen Sprache, Mimik, Gestik etc. in das Gespräch einzubringen. Dadurch werden Gedanken, Einstellungen und Impulse freigesetzt, die den Rahmen des Gesprächs erweitern können.
- Das Gespräch braucht drittens eine Stimmungslage, in der „Resonanz" zu verspüren ist. Dieses Mitschwingen führt im Idealfall dazu, dass sich der Gesprächspartner voll verstanden fühlt: „Ja, genau so habe ich es gemeint ..."

Aus diesen Grundsätzen aktiven Zuhörens lassen sich einige konkrete Handlungsempfehlungen ableiten:

- Sich auf den Gesprächspartner *einlassen* und dies durch die Körperhaltung unterstützen; auf die eigenen Gefühle achten und versuchen, die Gefühle des anderen einzuschätzen und anzusprechen.
- Den *Blickkontakt aufnehmen*. Dies signalisiert Aufmerksamkeit und wirkt in unserer Kultur vertrauensbildend. Deshalb gibt es ja auch ein „Vier-Augen-Gespräch" (und kein „Vier-Ohren-Gespräch") oder ein Gespräch „auf gleicher Augenhöhe".
- Den *Blickkontakt halten*. Wird die Dauer übertrieben, entsteht das Gefühl der Dominanz; ist der Blickkontakt zu flüchtig, kann dies als Unaufrichtigkeit, Unsicherheit oder Ängstlichkeit gedeutet werden.
- Passende *Hörersignale* von sich geben. Dazu gehören Bestätigungslaute, wie „ah", „mhm" oder „ach"; akustisches Kopfnicken durch „genau" oder „ja, verstehe"; kurze Rückfragen, wie „Das wurde so gesagt?", „Wie bitte?!", „Das ist interessant" oder „Wie fühlen Sie sich dabei?"

- Auch das *physische Kopfnicken*, das in den meisten Kulturen Zustimmung und Verstehen signalisiert und evolutionsgeschichtlich aus einer Haltung der Demut oder Unterwerfung entstanden ist, gehört zu den Hörersignalen.
- Das *Paraphrasieren* als umschreibendes Zuhören nicht vergessen. Etwa zur Rückversicherung, „Das klingt so, als ob …", „Ich habe das Gefühl, dass …", „Das hört sich so an, als …", oder um das Verständnis abzusichern, „Wenn ich Sie richtig verstehe, …", „Ist es tatsächlich so, dass …", „Sie möchten also, …" und dergleichen.
- *Warten lernen* und den Gesprächspartner nicht unterbrechen, sondern ausreden lassen. Dazu gehört, dass man sich zugesteht, das vom Anderen Gesagte nicht gleich verstehen zu müssen.
- *Pausen aushalten*. Sie können ein Zeichen für Unklarheit, Angst oder Ratlosigkeit des Gegenübers sein, was wiederum ein Nachfragen notwendig macht.

Epilog

Mit diesem Epilog endet die Reise durch die siebzig Themenfelder zeitgemäßer Führung. Sie begann mit dem schlichten „Abbilden". Dahinter steht der überfällige Abschied von jenem naiven Realismus, der dem Führenden die Rolle eines überlegenen, weil „objektiven" Beobachters zuweist. Dagegen spricht, dass das, was ein Beobachter erkennt, stark von ihm selbst und seinen Erfahrungen abhängt. Es ist unbestritten, dass die Welt, wie wir sie wahrnehmen, ohne unser Zutun so nicht existiert.

Wir sind keine passiven „Abbildner", sondern aktive „Konstrukteure". Diese gar nicht mehr so neue *erkenntnistheoretische* Wende verlangt von den Führenden eine gehörige Portion an *Bescheidenheit*. Sie ist die Grundhaltung all jener, die Führung als Profession betreiben. Dazu passen Achtsamkeit und Authentizität ebenso wie ein Nachdenken über das eigene Menschenbild, über Gerechtigkeit und die eigene Vorbildwirkung.

Nachdenken ist jedoch alles anders als typisch für das klassische Rollenbild von Führung. Wer führt ist ständig in Bewegung und da bleibt kaum Zeit für Reflexion oder gar Kontemplation. Führung bedeutet indes heute – und morgen wird dies nicht anders sein – eine ständige Auseinandersetzung mit Gegensätzen, Widersprüchen und Dilemmata. Das gewohnte Entweder-oder muss durch ein pragmatisches Balancieren mit Hilfe des Sowohl-als-auch ersetzt werden. Nachdenken ist ein Probehandeln und daher für zeitgemäße Führung unverzichtbar.

Dieses Nachdenken verlangt allerdings einen weiteren Abschied. Genauso wie Erkennen nichts mit Abbilden der Realität zu tun hat, ist das Denken kein Vorgang, der nur über den Verstand abläuft. Denken und Fühlen sind auf das Engste miteinander verknüpft. Diese *emotionale* Wende ist zwar in Management und Führung bereits angekommen. Gleichwohl wehren sich noch viele Führende dagegen, in den scheinbaren Strudel von Affekten und Emotionen, von Gefühlen und Stimmungen hineingezogen zu werden. Deshalb wurde auf dieser Reise durch die Landschaft der postklassischen Führung versucht, auch diese Begriffe festzuzurren und Zusammenhänge deutlich zu machen.

Daraus ergeben sich wieder neue Anknüpfungspunkte, die in der klassischen Führung bestenfalls unbemerkt mitlaufen. *Sprache* schafft Wirklichkeit und das Erzählen von Geschichten bietet die Möglichkeit, Abstraktes und Kompliziertes bildhaft in den eher phantasielosen Führungsalltag zu schleusen. Dazu gehören auch der Humor und das Lachen, die Empathie und das Überzeugen. Alles Begriffe, ohne die Führung als Profession nicht zu denken ist.

Wenn Führung ein sozialer Beeinflussungsprozess sein soll, dann dürfen die sozialen Werte nicht außer Acht gelassen werden. Weit entfernt davon, als zeitlich stabile und homogene Handlungsorientierungen von Generation zu Generation weitergegeben zu werden, sind diese Werte heute Ausdruck einer bislang nicht gekannten *Individualisierung*. Menschen „mixen" sich ihren eigenen „Wertecocktail", dessen Ingredienzien sie den beiden Töpfen der „alten" Pflicht- und Akzeptanzwerte und der „neuen" Selbstverwirklichungswerte entnehmen und dessen Rezept sie den sich ändernden Umständen anpassen.

Für Führung bedeutet dies, neben der erkenntnistheoretischen Abkehr vom naiven Realismus und der Aufwertung der Emotionen, eine *dritte Wende*. Die Blaupausen für erfolgreiche Führung, wie sie in vielen Lehr- und sonstigen Büchern feilgeboten werden, haben endgültig ausgedient. Der „one best way" muss schon an der fehlenden Uniformität der Menschen scheitern. Deshalb nehmen in diesem Buch Begriffe wie Kontingenz und Komplexität, Wertedynamik und Macht einen so hohen Stellenwert ein. Wer heute führt, darf sich nicht mehr auf einen einheitlichen Wertekanon, auf gleichartige Bedürfnisse und ähnliche Motivstrukturen verlassen.

Die notwendige Hinwendung zum einzelnen Mitarbeiter als unvergleichliches Individuum stellt vermutlich die größte Herausforderung heutiger Führung dar. Im Hinblick auf „Zeit", weil die abgeflachten Hierarchien hohe Führungsspannen nach sich ziehen und damit eine Individualisierung von Führung erschweren. Und im Hinblick auf „Energie", weil man sich als Führender nicht mehr so einfach auf die sogenannte Sachebene zurückziehen darf, sondern sich vielmehr dem prallen Leben des ganz normalen Führungsalltags stellen muss. Führungswissen ist dafür kein Patentrezept. Aber es hilft sehr, in Zeiten voller Unübersichtlichkeit die Orientierung zu behalten.

Literaturverzeichnis

AKADEMIE der Führungskräfte der Wirtschaft (2008): Führung beim Wort nehmen. Wie kommunizieren deutsche Manager? Akademiestudie 2008. Überlingen.

AMON, I. (2000): Die Macht der Stimme. Wien.

ARGYRIS, CH. (1998): Empowerment: The Emperor's New Clothes. In: Harvard Business Review, Jg. 76, Mai/Juni, S. 98–105.

ASSMANN, A. (1999): Erinnerungsräume. Formen und Wandlungen des kulturellen Gedächtnisses. München.

AXELROD, R. (1991): Die Evolution der Kooperation. 2. Aufl., München.

AYAN, ST. (2008): Bitte recht fröhlich! In: Gehirn & Geist, Heft 11, S. 16–25.

BARNARD, CH. (1938): The Functions of the Executive. Cambridge (Mass.).

BATESON, G. (1983): Ökologie des Geistes. Frankfurt am Main.

BAUER, J. (2006): Warum ICH fühle, was DU fühlst. Hamburg.

BECKER, M. (2008): Messung und Bewertung von Humanressourcen: Konzepte und Instrumente für die betriebliche Praxis. Stuttgart.

BELBIN, R. M. (2003): Management Teams: Why they succeed or fail. 2. Aufl., Oxford.

BERK, L. E. (2005): Entwicklungspsychologie. München.

BERSCHEIDER, W. (2011): Wenn Macht krank macht. Hünfelden.

BIRKENBIHL, V. F. (2010): Kommunikationstraining. Zwischenmenschliche Beziehungen erfolgreich gestalten. 31. Aufl., München.

BLEICHER, K. (2004): Das Konzept Integriertes Management. Frankfurt am Main.

BÖCKMANN, W. (1999): Sinn in Arbeit, Wirtschaft und Gesellschaft. Bielefeld.

BOSETZKY, H. (1992) Mikropolitik, Machiavellismus und Machtkumulation. In: Küpper, W.; Ortmann, G. (Hrsg.): Mikropolitik: Rationalität, Macht und Spiele in Organisationen, Opladen: S. 27–37.

BOTE, H. (1978): Till Eulenspiegel: Ein kurzweiliges Buch von Till Eulenspiegel aus dem Lande Braunschweig. Münster.

BREITHAUPT, F. (2009). Kulturen der Empathie. Frankfurt am Main.

BRIZENDINE, L. (2008): Das weibliche Gehirn. Warum Frauen anders sind als Männer. München.

BRÜDERL, J.; PREISENDÖRFER, P.; ZIEGLER, R. (1996): Der Erfolg neugegründeter Betriebe – Eine empirische Studie zu den Chancen und Risiken von Unternehmensgründungen. Berlin.

BRUGGEMANN, A.; GROSKURTH, P.; ULICH, E. (1975): Arbeitszufriedenheit. Bern 1975.

BRUNER, J. (1986): Actual Minds, Possible Worlds. London, Cambridge (Mass.).

CARNEGIE, D. (1986): Wie man Freunde gewinnt: Die Kunst, beliebt und einflussreich zu werden. 46. Aufl., Frankfurt am Main.

CIALDINI, R. B. (2010): Die Psychologie des Überzeugens. Bern.

COHN, R. C. (1991): Von der Psychoanalyse zur themenzentrierten Interaktion. Stuttgart.

CONRAD, P. (2010): Bedingungen und Möglichkeiten einer Anwendung von Selbst-Management als Führungskonzept. In: Koch, R.; Conrad, P.; Lorig, W. H. (Hrsg.): New Public Service. 2. Aufl., Wiesbaden.

CRUM, TH. (2007): The Magic of Conflict. New York.

CSIKSZENTMIHALYI, M. (1997): Finding Flow. New York.

DAHL, R. A. (1957): The Concept of Power. In: Behavioral Science, 2. Jg., Juli, S. 201–218.

DAMASIO, A. R. (1994): Descartes' Irrtum. Fühlen, Denken und das menschliche Gehirn. München.

DE SHAZER, ST. (2004): Das Spiel mit Unterschieden. Wie therapeutische Lösungen lösen. Heidelberg.

DÖRNER, D. (2003): Die Logik des Misslingens. Strategisches Denken in komplexen Situationen. 10. Aufl., Reinbeck.

DRUCKER, P. F. (2005): Managing Oneself. In: Harvard Business Review, Jan. 2005, S. 2.

DUTTON, K. (2010): Gehirnflüsterer. Die Fähigkeit, andere zu beeinflussen. München.

EISENFÜHR, F.; WEBER, M. (2002): Rationales Entscheiden. Heidelberg.

EWERT, F. (2008): Themenzentrierte Interaktion (TZI) und pädagogische Professionalität von Lehrerinnen und Lehrern. Erfahrungen und Reflexionen. Wiesbaden.

FETCHENHAUER, D.; ENSTE, D. H.; KÖNEKE, V. (2010): Fairness oder Effizienz? Roman-Herzog-Institut. München.

FINE, C. (2012): Die Geschlechterlüge. Die Macht der Vorurteile über Mann und Frau. Stuttgart.

FISCHER, B. (2007): Bedeutung und Entwicklung der inszenatorischen Kompetenz. Diplomarbeit, Interdisziplinäre Abteilung für Verhaltenswissenschaftlich Orientiertes Management, Wirtschaftsuniversität Wien.

FISCHER, H. R. (1987): Sprache und Lebensform. Wittgenstein über Freud und die Geisteskrankheit. Frankfurt am Main.

FISCHER, H. R. (1998): Coaching: Nichts für Vorgesetzte? Möglichkeiten und Grenzen aus systemischer Sicht. Vortrag auf der Handelsblatt Personalkonferenz: Personal im 21. Jahrhundert, München 1998.

FISCHER, H. R.; CLEMENT, U.; RETZER, A. (2007): Wie eine Therapie anfangen? In: Familiendynamik 32, S. 80–89.

FISCHER, L.; LÜCK, H. E. (1972): Entwicklung einer Skala zur Messung von Arbeitszufriedenheit (SAZ). In: Psychologie und Praxis, Bd. 16, S. 64–76.

FOERSTER, H. V.; PÖRKSEN, B. (2004): Wahrheit ist die Erfindung eines Lügners. Gespräche für Skeptiker. 6. Aufl., Heidelberg.

FRANCK, G. (1998): Ökonomie der Aufmerksamkeit: Ein Entwurf. München.

FRANKL, V. (1993): Der Mensch vor der Frage nach dem Sinn. 9. Aufl., München und Zürich.

FRENZEL, K.; MÜLLER, M.; SOTTONG, H. (2006): Storytelling. Das Praxisbuch. München und Wien.

FREUD, S. (1960): Das Unbewusste – Schriften zur Psychoanalyse. Frankfurt am Main.

FUCHS, P. (2004): Der Sinn der Beobachtung. Begriffliche Untersuchungen. Weilerswist.

GARDNER, H. (2002): Intelligenzen. Die Vielfalt des menschlichen Geistes. Stuttgart.

GEBERT, D.; BOERNER, S. (1995): Manager im Dilemma – Abschied von der offenen Gesellschaft? Frankfurt am Main 1995.

GEBERT, D.; ROSENSTIEL, L. V. (2002): Organisationspsychologie: Person und Organisation. 5. Aufl., Stuttgart.

GEISSLER, J. (1977): Psychologie der Karriere. München

GERGEN, K. J. (2002): Konstruierte Wirklichkeiten. Eine Hinführung zum sozialen Konstruktionismus. Stuttgart.

GERSHON, M. (2001): Der kluge Bauch – Die Entdeckung des zweiten Gehirns. München.

GOFFMAN, E. (1959): Presentation Of Self In Everyday Life. New York.

GOLEMANN, D. (1999): EQ Emotionale Intelligenz. 10. Aufl., München.

GOLEMANN, D.; BOYATZIS, R.; MCKEE, A. (2007): Emotionale Führung. 4. Aufl., Berlin.

GRAF, H. (2007): Die kollektiven Neurosen im Management. Wien.

GREGORY, R. L. (2001): Auge und Gehirn, Psychologie des Sehens. Reinbek.

GREENBERG, J. (1990): Employee theft as a reaction to underpayment inequity: The hidden cost of pay cuts. In: Journal of Applied Psychology, 75, No. 5, S. 561–568.

GUÉGUEN, N. (2011): Die Lachkur. In: Gehirn & Geist, Heft 7–8, S. 50–54.

HAAS, O. (2010): Corporate Happiness als Führungssystem. Berlin.

HANDY, CH. (1996): Gods of Management. Oxford.

HAWKING, ST.; MLODINIW, L. (2010): Der große Entwurf. Eine neue Erklärung des Universums. Reinbek bei Hamburg.

HEJL, P. M. (2011): Wahrnehmung, Wirklichkeit, Handeln. Konstruktivistische Ethik als Ressourcen für Führungshandeln. Ronneburger Texte, Frankfurt am Main.

HEINTEL, P. (1993): „Vision" und Selbstorganisation – In: Sollmann, U.; Heinze, R. (Hrsg.): Visionsmanagement, Zürich.

HERSEY, P. (1986): Situatives Führen. Landsberg am Lech.

HINTERHUBER, H. H. (2011): Strategische Unternehmensführung. I. Strategisches Denken. Berlin.

HITZER, B. (2011): Gefühle heilen. In: Frevert, U. et al. (Hrsg.): Gefühlswissen. Eine lexikalische Spurensuche in der Moderne. Frankfurt am Main.

HOERSTER, N. (2008): Was ist Moral? Eine philosophische Einführung. Stuttgart.

HOSSIEP, R.; PASCHEN, M.; MÜHLHAUS, O. (2000): Persönlichkeitstests im Personalmanagement. Göttingen.

INSAM, A.; REIMANN, A. (2009): KPMG Konfliktkostenstudie. Die Kosten von Reibungsverlusten in Industrieunternehmen. Frankfurt am Main.

JÄGER, W.; KOHTES, P. J. (Hrsg.) (2009): zen @ work – Manager und Meditation. 2. Aufl., Bielefeld.

JANSEN, ST. A. (2008): Schwärmen für Schwärme. In: Brand Eins, Heft 12, S. 166–167.

KABAT-ZINN, J. (2010): Im Alltag Ruhe finden: Meditationen für ein gelassenes Leben. München.

KANTER, R. M. (1989): When Giants Learn to Dance: Mastering the Challenge of Strategy, Management, and Careers in the 1990s. New York.

KAPPLER, E.; STAHL, H. K. (1999): Managervisionen sind Strategien ohne Erfolgszwang. In: Frankfurter Allgemeine Zeitung, Nr. 164, S. 25.

KAST, B. (2007): Wie der Bauch dem Kopf beim Denken hilft. Frankfurt am Main.

KELLER, H. (2003): Socialization for competence. Cultural models of infancy. In: Human Development. Band 46, Nr. 5, S. 288–311.

KERNBERG, O. (1978/1990): Borderline-Störungen und Pathologischer Narzissmus. Frankfurt am Main

KIRSCH, G. (2005): Angst in Deutschland. In: Frankfurter Allgmeine Zeitung, Nr. 229, 1.10.2005, S. 15.

KLAGES, H. (1984): Werteorientierung im Wandel. Frankfurt am Main/New York.

KNILL, M. (1991): natürlich zuhörerorientiert aussagezentriert reden. Aarau.

KÖGLER, H. H. (2004): Foucaults Machtbegriff: Eine Definition in sieben Stichpunkten. In: Kögler, H. H.: Michel Foucault. 2. Aufl., Stuttgart.

KÖHLER, A. (2009): Zur Validität reaktionszeitbasierter Motivmessung im Kontext der Personalauswahl. Dissertation, Fakultät für Geistes- und Sozialwissenschaften der Helmut-Schmidt-Universität Hamburg.

KRAINZ, E. E. (1998): Der Narzissmus der Mächtigen – Zur Psychologie exponierter Positionen. In: Krainz, E. E.; Groß, H. (Hrsg.) (1998), Eitelkeit im Management. Kosten und Chancen eines verdeckten Phänomens. Wiesbaden, S. 167–206.

KRAMER, R. M. (1996): Divergent Realities and Convergent Disappointments in the Hierarchic Relation. In: R. M. Kramer; T. R. Tyler (Hrsg.): Trust in Organizations – Frontiers of Theory and Research. Sevenoaks (Cal.).

LAY, R. (1991): Manipulation durch die Sprache. 2. Aufl., Frankfurt am Main/Berlin.

LEDOUX, J. (2004): Das Netz der Gefühle. München.

LEHKY, M. (2011): Leadership 2.0. Wie Führungskräfte die neuen Herausforderungen im Zeitalter von Smartphone, Burnout & Co managen. Frankfurt am Main.

LICHTENBERG, G. CH. (1968): Schriften und Briefe I. München.

LIEBIG, ST. (2010): Warum ist Gerechtigkeit wichtig? Empirische Befunde aus den Sozial- und Verhaltenswissenschaften. In: Fetchenhauer, D.; Goldschmidt, N.; Hradil, St.; Liebig, St. (Hrsg.): Warum ist Gerechtigkeit wichtig? S. 10–25. Roman-Herzog-Institut, München.

LOOSE, A.; SYDOW, J. (1994): Vertrauen und Ökonomie in Netzwerkbeziehungen – Strukturationstheoretische Betrachtungen. In: Sydow, J.; Windeler, A. (Hrsg.): Management Interorganisationaler Beziehungen, Opladen, S. 160–193.

LUHMANN, N. (1988): Macht. 2. Aufl., Stuttgart.

LUHMANN, N. (1989): Vertrauen. Ein Mechanismus der Reduktion sozialer Komplexität. Stuttgart.

MACKENZIE, A. (1995): Die Zeitfalle. Heidelberg.

MAGYAR, K. (1990): Es muss vieles stimmen, um Visionen zu finden! io Management Zeitschrift 59, 3, 27–30.

MAINZER, K. (2008): Komplexität. 6. Aufl., Stuttgart.

MANN, R. (1990): Das visionäre Unternehmen: Der Weg zur Vision in zwölf Stufen. Wiesbaden.

MARGULIS, L. (1970): Origin of Eukaryotic Cells. New Haven.

MATURANA, H.; VARELA, F. (2011): Der Baum der Erkenntnis – Die biologischen Wurzeln menschlichen Erkennens. Frankfurt am Main.

MAYER, B. (2007): Die Dynamik der Konfliktlösung. Stuttgart.

MAYERHOFER, M. (2010): Mikropolitische Ziele und Mittel von Ärztinnen und Ärzten im Krankenhaus. Master Thesis, Studiengang MBA für Health Care Management, Wirtschaftsuniversität Wien.

MCCLELLAND, D. C. (1975): Power: The inner experience. New York.

MCCORMACK, M. H. (1984): What you don't learn at Harvard Business School. New York.

MEAD, G. H. (1991): Geist, Identität und Gesellschaft. 8. Aufl., Frankfurt am Main.

MERTEL, B. (2007): Arbeitszufriedenheit – Diagnose, Erfassung und Modifikation. Saarbrücken.

MEYER, J. P.; ALLEN, N. J. (1991): A three-component conceptualization of organizational commitment: Some methodological considerations. In: Human Resource Management Review, 1, S. 61–98.

MINTZBERG, H. (1983): Power In and Around Organisations. Englewood Cliffs (N. J.).

MINTZBERG, H. (2010): Managen. Offenbach.

MÜLLER-CHRIST, G.; WEßLING, G. (2007): Widerspruchsbewältigung, Ambivalenz- und Ambiguitätstoleranz. Eine modellhafte Verknüpfung. In: Müller-Christ, G.; Arndt, L.; Ehnert, I. (Hrsg.): Nachhaltigkeit und Widersprüche. Eine Managementperspektive, Wien-Zürich.

NEUBERGER, O. (1988): Was ist denn da so komisch? Thema: Der Witz in der Firma. Basel.

NEUBERGER, O. (1995): Führungsdilemmata. In: Kieser, A.; Reber, G.; Wunderer, R. (Hrsg.): Handwörterbuch der Führung. Stuttgart. S. 533–540.

NEUBERGER, O. (2006): Mikropolitik und Moral in Organisationen. Stuttgart.

NOELLE-NEUMANN, E. (1985): Politik und Wertewandel. In: Geschichte und Gegenwart, 1, S. 3–15.

OERTER, R.; MONTADA, L. (2002): Entwicklungspsychologie. Weinheim, Basel, Berlin.

PASSIG, K.; LOBO, S. (2008): Dinge geregelt kriegen – ohne einen Funken Selbstdisziplin. Berlin.

PIAGET, J. (2010): Meine Theorien der geistigen Entwicklung. Weinheim.

PLUTCHIK, R. (1980). A general psychoevolutionary theory of emotion. In Plutchik, R.; Kellerman, H. (Hrsg.): Emotion: Theory, research, and experience. Vol. 1.: Theories of emotion, New York, S. 3–33.

PÖPPEL, E. (2000): Grenzen des Bewusstseins. Wie kommen wir zur Zeit, und wie entsteht Wirklichkeit? Frankfurt am Main.

PÖPPEL, E. (2008a): Zum Entscheiden geboren. Hirnforschung für Manager. München.

PÖPPEL, E. (2008b): Auch Blinde träumen in schönen Bilder. In: Frankfurter Allgemeine Zeitung Nr. 106, 7.Mai 2008, S. 33.

POPPER, K. (1965): Conjectures and Refutations. New York.

RADATZ, S. (2006): Systemisches Coaching. Heidelberg.

RIZZOLATTI, G.; SINIGAGLIA, C. (2008): Empathie und Spiegelneurone. Die biologische Basis des Mitgefühls. Frankfurt am Main.

RHEINBERG, F. (2010): Intrinsische Motivation und Flow-Erleben. In: Heckhausen, J.; Heckhausen, H.: Motivation und Handeln. 4. Aufl., Berlin und Heidelberg, S. 365–388.

ROCH, A. (2010): Claude E. Shannon: Spielzeug, Leben und die geheime Geschichte seiner Theorie der Information. Berlin.

ROGERS, C. (1972): Die nicht-direktive Beratung. München 1972; Original: Counselling and Psychotherapy, Boston 1942.

ROSA, H. (2011): Ändere doch wieder mal dein Leben. In: Frankfurter Allgemeine Zeitung, Nr. 172, 27.7.2011, S. N4.

ROTH, G. (1998): Das Gehirn und seine Wirklichkeit. Frankfurt am Main.

ROTH, G. (2008): Persönlichkeit, Entscheidung und Verhalten. Warum es so schwierig ist, sich und andere zu ändern. 4. Aufl., Stuttgart.

RUSSEL, B. (1938): Power. London.

RÜTTINGER, R. (2011): Im Rausch der Geschwindigkeit. Die Beschleunigungsfalle. In: Manager Seminare, Heft 155, Februar 2011, Bonn.

SACKS, O. (2010): Der Mann, der seine Frau mit einem Hut verwechselte. Reinbek.

SARGES, W.; WOTTAWA, H. (2004): Handbuch wirtschaftspsychologischer Testverfahren. Band I: Personalpsychologische Instrumente. Lengerich.

SCHAUB, H. (1996): Exception Error: Über Fehler und deren Ursachen beim Handeln in Unbestimmtheit und Komplexität. In: gdi impuls, 4/96, S. 1–12.

SCHMALT, H.-D.; HECKHAUSEN, H. (2010): Machtmotivation. In: Heckhausen, J.; Heckhausen, H. (Hrsg.): Motivation und Handeln, 4. Aufl., Heidelberg, S. 211–236.

SCHMID, H. B. (2005): Wir-Intentionalität. Band 75, Alber Praktische Philosophie. Freiburg/München.

SCHNORRENBERG, L. J. (2007): Sevant Leadership – die Führungskultur für das 21. Jahrhundert. In: Hinterhuber, Hans H.; Pircher-Friedrich, A. M.; Reinhardt, R.; Schnorrenberg, L. J. (Hrsg.): Servant Leadership. Berlin, S. 17–39.

SCHÜTZ, A. (1971): Gesammelte Aufsätze 3. Studien zur Phänomenologischen Philosophie. Den Haag.

SCHULZ VON THUN, F. (1998): Miteinander reden 3 – Das „innere Team" und situationsgerechte Kommunikation. Reinbek.

SCHULZE, G. (1992): Die Erlebnisgesellschaft: Kultursoziologie der Gegenwart. Frankfurt am Main.

SEARLE, J. R. (1997): Die Konstruktion der gesellschaftlichen Wirklichkeit. Zur Ontologie sozialer Tatsachen. Reinbek.

SELIGMAN, M. E. P. (1979): Erlernte Hilflosigkeit. München, Wien/Baltimore.

SENGE, P. M. (2008): Die 5. Disziplin. Kunst und Praxis der lernenden Organisation. 10. Aufl., Stuttgart.

SHANNON, C. E.; WEAVER; W. (1949): The Mathematical Theory of Communication. Urbana.

SIMON, W. (2010): Persönlichkeitsmodelle und Persönlichkeitstests. Göttingen.

SOEFFNER, H.-G. (1989): Auslegung des Alltags – Der Alltag der Auslegung. Frankfurt.

SPORKET. M. (2009): Alternsmanagement in der betrieblichen Praxis. In: Zeitschrift für Gerontologie und Geriatrie, Band 42, Heft 4, S. 292–298.

SPRENGER, R. K. (1991): Mythos Motivation. Wege aus einer Sackgasse. Frankfurt am Main.

STAHL, H. K. (2003a): Unternehmer und Manager – Wie unvereinbar sind die beiden Rollen? In. Hinterhuber, H. H.; Stahl, H. K. (Hrsg.): Erfolg im Schatten der Großen – Wettbewerbsvorteile für kleine und mittlere Unternehmen. Berlin, S. 3–29.

STAHL, H. K. (2003b): Führungskräfte als Mentoren. In: Hinterhuber, H. H.; Stahl, H. K. (Hrsg.): Erfolg im Schatten der Großen – Wettbewerbsvorteile für kleine und mittlere Unternehmen. Berlin 2003, S. 65–82.

STAHL, H. K. (2004): Mittleres Management: Stützen des Unternehmens. In: Harvard Business Manager, April 2004, S. 24–35.

STAHL, H. K. (2005): Stationen auf dem Weg zum Servant Leadership. In: Hinterhuber, Hans H.; Pircher-Friedrich, A. M.; Reinhardt, R.; Schnorrenberg, L. J. (Hrsg.) (2005): Servant Leadership. Berlin, S. 139–154.

STAHL, H. K. (2013): Leistungsmotivation in Organisationen – Ein interdisziplinärer Leitfaden für die Führungspraxis. 2. Aufl., Berlin.

STAHL, H. K.; RISSBACHER, CH. (2009): Was uns die Bienen über „Management" sagen können. In: zfo Zeitschrift Führung + Organisation, 78. Jg., Heft 1, S. 34–36.

STAHL, H. K.; STEYRER, J. (2007): Change Management im Wanderzirkus Unternehmen. In: Organisations-Entwicklung, Nr. 4, S. 65–72.

STARSICH, E. (2012): Die Bedeutung von Persönlichkeitstests bei der Auswahl und Entwicklung von Führungskräften. Diplomarbeit, Interdisziplinäre Abteilung für Verhaltenswissenschaftliches Management, Wirtschaftsuniversität Wien.

STEINBERGER, M. (2009: Die Saarbrücker Formel des Humankapitals – Kritische Würdigung, Möglichkeiten der Anpassungen und Anwendungen in der Praxis. Abschlussarbeit General Management am MCI, Management Center Innsbruck.

STEINER, C. (1997): Emotionale Kompetenz. München und Wien.

STELZIG, M. (2008): Keine Angst vor dem Glück. 5. Aufl., Salzburg.

STEYRER, J. (2009): Theorien der Führung. In: Kasper, H., Mayrhofer, W. (Hrsg.): Personalmanagement, Führung, Organisation, S. 25–93, Wien.

STEYRER, J.; STAHL, H. K. (2008): Die Inszenierung von Führung: Narzissmus und Charisma in der Politik. In: Zimmer A.; Jankowitsch, R. (Hrsg.): Political Leadership. Berlin, München, Brüssel, S. 203–233.

STORCH, M. (2006): Wie Embodiment in der Psychologie erforscht wurde. In: M. Storch (Hrsg.): Embodiment. Die Wechselwirkung von Körper und Psyche verstehen und nutzen, S. 35–72, Bern.

STORCH, M.; KRAUSE, F. (2009): Selbstmanagement – ressourcenorientiert. 4. Aufl., Bern.

STORCH, M.; SCHETT, J. (2009): Den Rubikon überschreiten. Lerncoaching als Beitrag zum selbstgesteuerten Lernen. In: Lernende Schule (45), S. 12–15.

STRASSER-WEIPPL, K. (2012): Die praktische Relevanz des Humankapital-Konzepts für das Gesundheitswesen am Beispiel der Onkologie. Master Thesis, MBA Studiengang Health Care Management, Wirtschaftsuniversität Wien.

TOMASCHEK, N. (2003): Systemisches Coaching. Wien.

TOMASELLO, M. (2010): Warum wir kooperieren. Berlin.

TRUMMER, M. (2006): Emotionen in Organisationen. Discussion Paper Nr. 2/2006, Helmut-Schmidt-Universität, Institut für Personalmanagement, Hamburg.

TYLER, T. R.; BLADER, S. (2003): Procedural justice, social identity, and cooperative behavior. In: Personality and Social Psychology Review, 7, S. 349–361.

WACHSMUTH, I. (2006): Der Körper spricht mit. In: Gehirn & Geist, Heft 4, S. 40–47.

WALACH, H.; BUCHHELD, N.; BUTTENMÜLLER, V.; KLEINKNECHT, N.; GROSSMANN, P.; SCHMIDT, ST. (2004): Empirische Erfassung der Achtsamkeit – Die Konstruktion des Freiburger Fragebogens zur Achtsamkeit (FFA) und weitere Validierungsstudien. In: Schweizerische Zeitschrift für Psychologie und ihre Anwendungen, S. 729–772.

WALLENTIN, M. (2009): Putative sex differences in verbal abilities and language cortex: a critical review. In: Brain and Language, 108 (3), S. 175–183.

WATZLAWIK, P.; BEAVIN, J. H.; JACKSON, D. J. (1990): Menschliche Kommunikation. Formen, Störungen, Paradoxien. 8. Aufl., Bern.

WEBER, M. (1976): Wirtschaft und Gesellschaft – Grundriss der verstehenden Soziologie, 1. Halbband. 5. Aufl., Tübingen.

WEBER, M. (1981): Die protestantische Ethik 1. Gütersloh.

WEICK, K. E. (1976) Educational Organizations as Loosely Coupled Systems. In: Administrative Science Quarterly, 21 (1), S. 1–19.

WEICK, K. E. (1995) Sensemaking in Organizations. Foundations for Organizational Science. London.

WEINELT, H. (2005): Chronos und Kairos – Die zwei Gesichter der Zeit. In: Abenteuer Philosophie, 4, S. 19–21.

WEINERT, A. B. (1992): Lehrbuch der Organisationspsychologie. 3. Aufl., Weinheim.

WELZER, H. (2002): Das kommunikative Gedächtnis. Eine Theorie der Erinnerung. München.

WICKHORST, V.; GEROY, G. (2006): Physical Communication and Organization Development. In: Organization Development Journal, 24, Nr. 3, S. 54–63.

WIELAND, R.; KRAJEWSKI, J.; MEMMOU, M. (2006): Arbeitsgestaltung, Persönlichkeit und Arbeitszufriedenheit. In: Fischer, L. (Hrsg.), Arbeitszufriedenheit – Konzepte und empirische Befunde, 2. Aufl., Göttingen.

WIFI UNTERNEHMERSERVICE DER WIRTSCHAFTSKAMMER ÖSTERREICH (2009): Generationen-Balance im Unternehmen. Schriftenreihe des Wirtschaftsförderungsinstituts Nr. 341. Wien.

WILLIAMS, B. (2008): Von der Neurobiologie zur Pädagogik: Implikationen aus Systemischer Therapie und Beratung im Kontext Deutsch als Fremdsprache. Dissertation, Fakultät für Verhaltens- und Empirische Kulturwissenschaften, Institut für Bildungswissenschaft, Universität Heidelberg.

WUNDERER, R. (2009): Führung und Zusammenarbeit. 8. Aufl., München.

WUNDFRER, W. (2010): Führung in Management und Märchen. Köln.

WÖSS, F.; MATUSEK, P. (1986): Untersuchung über den Stellenwert von Zen in japanischen Unternehmen. In: Bonner Zeitschrift für Japanologie Vol. 8, Bonn.

YUKL, G. A. (2006): Leadership in Organizations. 6. Aufl. Upper Saddle River (NJ).

ZAPF, D.; SEIFERT, C.; MERTINI, H.; VOIGT, C.; HOLZ, M.; E. VONDRAN, E.; ISIC, A.; SCHMUTTE, B. (2000): Emotionsarbeit in Organisationen und psychische Gesundheit. In: Musahl, H.-P.; Eisenhauer, T. (Hrsg.): Psychologie der Arbeitssicherheit. Beiträge zur Förderung von Sicherheit und Gesundheit in Arbeitssystemen, S. 99–106, Heidelberg.

ZOHAR, D.; MARSHALL, I. (2000): Spirituelle Intelligenz. Frankfurt am Main.

Personenregister

Adler, Alfred 142, 204
Adlers, Alfred 204
Argyris, Chris 63
Aristoteles 132, 138
Auerbach, Leopold 66
Axelrod, Robert 137, 227

Baecker, Dirk 146
Balmer, Steve 177
Barnard, Chester 32
Bateson, Gregory 112, 119, 193
Belbin, Meredith 221
Benz, Carl 230
Berg, Insoo Kim 193
Birkenbiehl, Vera 235
Blake, Robert R. 91
Blanchard, Ken 38, 106
Bleicher, Knut 229
Böckmann, Walter 205
Brecht, Bertolt 172
Breuer, Josef 127
Brizendine, Louann 98
Bruggemann, Agnes 243
Bruner, Jerome 213

Capra, Fritjof 160
Churchill, Winston 230
Cohn, Ruth 29, 124
Cooperrider, David 194
Crum, Thomas 128
Csikszentmihalyi, Mihaly 71
Curie, Marie 97

Dahl, Robert 149
Dahrendorf, Ralf 28
Damasio, Antonio 54
de Shazer, Steve 193 f.
Decartes, René 9, 84, 163
Demokrit 9
Diamonds, Jared 141
Doppler, Klaus 25
Dörner, Dietrich 101
Drucker, Peter 200
Duttweiler, Gottlieb 230 f.

Einstein, Albert 230
Erickson, Milton 193, 233
Eulenspiegel, Till 68, 74

Federer, Roger 192
Fiedler, Fred 242
Fine, Cordelia 98
Fisch, Richard 193
Fischer, Hans Rudi 6, 79
Foerster, Heinz v. 12, 33, 164, 244
Ford, Henry 203
Foucault, Michel 149 f.
Franck, Georg 13
Frankl, Viktor E. 204 f.
Freud, Sigmund 65, 80, 100, 127, 174, 204, 234
Friedrich der Große 230
Fuchs, Peter 112

Gardner, Howard 160, 234
Gebert, Diether 179, 242
Gergen, Kenneth 12
Gershon, Michael 66
Ghandi, Mahatma 230
Giddens, Anthony 179
Gisborne, Thomas 97
Glasersfeld, Ernst v. 10 f.
Goethe, Johann Wolfgang 241
Goffman, Erving 28, 114, 118
Goleman, Daniel 54, 57 f.
Graf, Helmut 205
Gray, John 98
Greenleaf, Robert K. 96
Gutenberg, Erich 57

Hahn, Carl 216
Hahn, Kurt 71
Hall, Edward 47
Hayek, Friedrich v. 196
Hebb, Donald 17
Heintel, Peter 70
Hersey, Paul 38, 106
Hinterhuber, Hans H. 229
Honda, Sôichirô 230 f.
Hossiep, Rüdiger 190

Inglehart, Ronald 236

Jackson, Don 117, 193
Janis, Irving 88
Jesus 96
Jung, Carl Gustav 190 f.

Kabat-Zinn, Jon 14
Kanfer, Frederick H. 200
Kant, Immanuel 51, 54, 182
Kanter, Rosabeth Moss 63
Kekulè, August 230
Keller, Heidi 145
Kennedy, John F. 230 f.
Kernberg, Otto F. 175
Kirsch, Guy 25
Klages, Helmut 236 f., 239
Klopp, Jürgen 52
Koestler, Arthur 139
Kohut, Heinz 174 f.
Kotter, John P. 79
Krupp, Alfred 230

Ledoux, Joseph 54
Lee, Vernon 60
Leonardo da Vinci 145
Lewin, Kurt 90 f.
Lichtenberg, Georg Ch. 172
Likert, Rensis 103
Lindblom, Charles E. 101
Lippitt, Ronald 90
Lipps, Theodor 60
Loose, Achim 228
Loyola, Ignatius v. 158
Luhmann, Niklas 149, 226

Machiavelli, Niccolo 169
Mackenzie, Alec 44
Magyar, Kasimir 229
Maier, Hermann 192
Malik, Fredmund 229
Marc, Franz 9
Margulies, Lynn 135
Marston, William Molton 190
Maslow, Abraham H. 162, 203
Maturana, Humberto 11
Mayer, Bernard 125 f., 128, 130 f., 155
Mayo, Elton 57, 163
McClelland, David C. 142, 149
McCormack, Mark H. 100

McCulloch. Warren St. 197
McGregor, Douglas M. 206, 238
McKenzie, Alec 44
Messier, Jean-Marie 79
Mintzberg, Henry 32, 53, 150
Montessori, Maria 71
Mouton, Jane S. 91
Müller-Jung, Joachim 17

Napoleon 230
Negele, Rolf 6
Neuberger, Oswald 32, 139 f., 164, 169, 217
Nietzsche, Friedrich 149
Noelle-Neumann, Elisabeth 106, 236

Parsens, Talcott 133
Piaget, Jean 137
Piech, Ferdinand 216
Popper, Karl 6, 101, 150, 179
Precht, Richard David 182
Puccini, Giacomo 230

Radatz, Sonja 39
Rapaport, Anatol 137
Reddin, William J. 91
Reiss, Steven 106
Renoir, Auguste 203
Rheinberg, Falko 72, 143
Rizzolatti, Giacomo 61
Roddick, Anita 230 f.
Rogers, Carl R. 163, 245
Rosa, Hartmut 68
Roth, Gerhard 183
Russell, Bertrand 147, 149

Schmid, Hans Bernhard 220
Scholz, Christian 104
Schopenhauer, Arthur 182
Schröder, Gerhard 90
Schulz von Thun, Friedemann 201
Schumacher, Michael 192
Schütz, Alfred 48
Searle, John 219
Seligman, Martin 26
Senge, Peter 229
Shakespeare 114
Shannon, Claude E. 117
Shaw, George Bernard 119
Siemens, Werner v. 230

Simon, Hermann 25
Simon, Walter 187, 190
Soeffner, Hans-Georg 114
Sokrates 201
Sporket, Mirko 21
Sprenger, Reinhard 146 f.
Steiner, Claude 54
Stelzig, Manfred 138
Steyrer, Johannes 6, 35, 80, 175 f.
Storch, Maja 30, 116, 200
Sydow, Jörg 228

Taylor, Frederick 57, 163
Tereschkowa, Valentina 97
Thyssen, August 230
Titchener, Edward 60
Tomasello, Michael 219

Uexküll, Jakob v. 132

van Gaal, Louis 52
Varela, Francisco 11
Veenhoven, Ruut 240

Walach, Harald 15, 16
Wangchuck, Jigme Singye 240
Watzlawick, Paul 117, 119, 193, 215
Weakland, John 193
Weaver, Warren 117
Weber, Max 35 f., 54, 57, 79, 90, 142, 149 f., 152, 196
Weick, Karl E. 168
Werner, Götz 166
White, Ralph 90
Wimmer, Rudolf 123
Wittgenstein, Ludwig 194, 207, 212
Wöss, Fleur Sakura 159
Wunderer, Rolf 44, 82, 211

Zohar, Danah 160

Stichwortregister

Adhocratie 180
Affekt 30, 55 f., 127, 160
Agency-Probleme 199
Aktionismus 88, 166, 200
Ambiguierung 209
Argumentatives Denken 213
Artefakte 48
Assoziation 60, 139, 208, 214
Ausgebranntsein 58
Außenorientierung 175, 179, 181
Ausstrahlung 29 f., 36, 155
Autopilot 13, 65, 71, 244

Bauchhirn 66
Belohnung 78 f., 144, 147, 154, 156, 226
BIP Bochumer Inventar zur berufsbezogenen Persönlichkeitsbeschreibung 187 f.
Bisoziation 139
Boreout-Syndrom 73
Bürokratie 57, 65, 90, 170, 180, 209

Chaos 123
Charakter 56, 103, 158, 182, 203
CPI California Psychological Inventory 187, 189 f.

Depression 26 f., 58, 138
Disambiguierung 209
DISG-Modell 187 ff.
Disuse-Modell 18
Double bind 38, 119

Eindruckssteuerung 115
Einfluss 19, 26, 54, 90, 145, 150, 163, 171, 184 f., 222, 230, 241 f.
Empfindung 13 f., 55 f., 67
Ethik 171

Fairness 35, 171
Feedback 25, 83, 85, 145, 165
Fordismus 203
Fremdsteuerung 51, 199, 220
Furcht 25 f., 45, 58, 61, 63 f., 184, 200

Gefühl 11, 13 ff., 25 f., 28 ff., 41, 45, 54 ff., 58, 60, 62, 65 f., 71 f., 75, 88, 101, 115, 121, 123 ff., 131, 138, 142, 147, 150, 161 f., 166, 171, 174, 181, 201, 204, 212, 215 f., 219, 223 f., 227, 241 ff., 245 f.
Gewissenskosten 41 ff., 171
Glück 71, 98, 240 f.
Group Think 88
Gruppe 10, 26, 46, 57, 76, 78, 85, 87 f., 90, 94, 115, 124, 136, 138 f., 149, 162, 170, 189 f., 193, 196, 199, 215 f., 218 ff., 228, 230, 232, 240, 242

Herrschaft 35, 55, 90, 149 f., 180
Heterarchie 196 f.
Heuristiken 66, 100 f., 122
Hierarchie 63, 106, 122, 177, 195 f., 236
Hilflosigkeit 26 f.
Hormone 96, 98

Identifikation 41, 108, 233 f.
INSIGHTS MDI Potentialanalyse 187, 190 f.
Interaktion 29 f., 60, 75 ff., 98, 114, 118, 124 f., 131, 135, 150, 185, 207
Introjektion 234
Intuition 13, 65 f., 96, 122, 190
Involvement 41, 107

Kollektive Intelligenz 196
Kompliziertheit 121
Konstruktivismus 10 ff., 244
Kontrolle 30, 32, 44, 54, 63, 71, 90, 92, 123 f., 135, 149, 154, 160, 163, 165 f., 168, 189, 199, 242
Koordination 23, 30, 135, 181, 238

Leadership 79, 92, 106, 161
Lebenswelten 48 f., 81, 84
Leitbild 44, 80, 85, 107, 138, 173, 209, 215, 232
Logotherapie 204

Machiavellismus 169
Manipulieren 222, 224
Märchen 87, 211
Metakommunikation 39, 119
Misstrauen 32 ff., 95, 177, 226 f., 243
Motivation 5, 38, 63, 105, 138, 143 f.

263

Motive 95, 104, 106, 141, 143, 149, 200, 220, 234
Multitasking 13, 136, 241

Nachahmung 134, 234
Narratives Denken 213
NEO-FFI 187 f.
Neuroplastizität 17

Offenheit 14, 29, 32 f., 48, 85, 102, 108, 132, 179 ff., 187, 196, 231

Paradoxe Interventionen 39
Paraphrasieren 74, 112, 130, 246
Pragmatismus 11, 150, 194
Projektion 60, 234
Psychologischer Arbeitsvertrag 234
Pygmalion-Effekt 125

Redundanz 32, 86, 113, 130, 197
Reframing 76, 130
Reifegrad 38, 63 f., 106, 109, 124, 134
Relationship Management 82
Relevanz 26, 111 f., 118
Resignation 26, 68, 84, 101, 108
Resilienz 158

Saarbrücker Formel 104 f.
Sanktionen 137, 154, 165, 171 f., 180, 226
Satisficing 67
Selbstöffnung 49, 122, 228
Selbststeuerung 51, 220
Selbstüberwachung 114
Servant Leadership 171
Sozialisation 43, 161, 176, 185, 211, 228, 233, 237

Spiritualität 159 f., 204
Spontaneität 41, 53, 65, 82, 137, 152, 179 f., 198, 216, 236
Stakeholder 123, 181, 240, 242
Stigma 22, 36
Stimmung 26, 29, 55 f., 58, 92, 127, 147, 153, 201, 242

Tao-Mentoring 166 f.
Teamgeist 51 f., 219
Theory of Mind 52, 61
Tit for Tat 137, 211
Trait Theory 92

Verantwortung 21, 44 ff., 81, 99, 108, 158, 206, 209, 237
Verinnerlichung 41, 45, 85, 233
Viabilität 11
Vielfalt 19, 32, 67, 83, 91, 99 f., 106 f., 110, 122, 132, 141, 149, 152, 160, 162, 169, 173, 179 ff., 185, 197, 201, 205, 219, 222
Vorbild 5, 166, 173, 176, 179, 212, 223, 233 f.

Weltbild 9, 161
Wertschätzung 23, 30, 39, 42, 80, 85, 101, 147 f., 194
Wir-Intentionalität 51, 137, 219 f.
Wissen 5 f., 11 f., 19, 24, 26, 39, 58, 61 f., 66, 81, 100, 103 ff., 107 f., 156, 159, 167, 169, 178, 185, 211, 213, 216, 223, 241
Wissensbilanz 104
Witz 48, 139 f., 207

Zirkularität 166